眼睛和世界：视觉心理万花筒

孙　潜　罗云放　著

文匯出版社

图书在版编目(CIP)数据

眼睛和世界：视觉心理万花筒 / 孙潜，罗云放著.
—上海：文汇出版社，2023.4
ISBN 978-7-5496-3952-6

Ⅰ.①眼… Ⅱ.①孙… ②罗… Ⅲ.①心理学—青少年读物 Ⅳ.①B84-49

中国国家版本馆 CIP 数据核字(2023)第 041812 号

眼睛和世界：视觉心理万花筒

著　　者 / 孙　潜　罗云放

责任编辑 / 吴　华
封面装帧 / 王　翔

出版发行 / 文匯出版社
　　　　　上海市威海路 755 号
　　　　　(邮政编码 200041)
经　　销 / 全国新华书店
排　　版 / 南京展望文化发展有限公司
印刷装订 / 浙江天地海印刷有限公司
版　　次 / 2023 年 4 月第 1 版
印　　次 / 2023 年 4 月第 1 次印刷
开　　本 / 890×1240　1/32
字　　数 / 350 千字
印　　张 / 13.5

ISBN 978-7-5496-3952-6
定　　价 / 78.00 元

《眼睛和世界》说明（代序）

视觉心理学是20世纪中叶以后迅速发展起来的一门新兴科学，是心理学的一个分支，有着丰富、深广的内涵，对认识论、信息科学、文艺理论、美学、教育等学科的进展都有重大影响。但这门科学也并不枯燥艰深，它是以大量具体、生动、有趣和出人意料的事实、各种图像来表述和论证的。它完全有可能被广大青少年和稍有文化的群众理解和接受并引起浓厚兴趣。这本书就是以尽可能通俗易懂的表述方法来介绍这门科学的普及读物。这样的读物在我国尚未见过，国外也很少通俗性的专书，有关内容只散见于实验心理学和艺术心理学著作中。

这本书约17万字，分为135节，每节数百字到千余字，少数几节超过两千字。每节都有两三张乃至更多插图，集中介绍关于视知觉的一件事实，各节都能独立，其中有一些以启发读者的方式提出问题，从而导入下一节的内容。

这本书先介绍眼睛的生理机制和探讨眼睛为什么能看出远近和大小。提出若干人们平常注意不到的事实和问题（如镜中人脸的大小、从玻璃窗上看见的景物有多大、人在行进时所见物体的大小的变化等）以及经常发生的对于物体大小的错觉，证明视觉并不全决定于眼球的机能，大脑机制的参与是不可缺少的。书中还以较多的篇幅介绍眼睛对于物体形象和图形的认识，说明知觉主体在识别形象中的作用。其中包括怎样把形象和背景区分、怎样把握住线条、轮廓线、主观轮廓线和公共轮廓线等（以手影、填图游戏、天穹观念的形成和立体画派的两面人脸等来说明），还有如何把形象加以分离、组合，形象的读解和多义性（以"兔子还是鸭子"，"老奶奶还是少妇"等多义图来说明)，以及形象读解和文化环境的关系等等。书中还以具体图形说明固定图形如何引起动感，墨迹画、光效应图的主观读解以及对于形象的某些错觉形成的原因。书中还说明了眼睛能够看出立体形象的原因，对单眼视觉和双眼视觉加以分析，以游戏和简易实验来证明立体感的形成过程，立体图形的多义性(如会翻筋斗的立方体和可变楼梯等)和透视图形制作的是非等。书中还介绍了眼睛对色彩、运动和速度的知觉，介绍了日常生活中所见到的似动运动(如"彩云追月"的现象)频闪运动(灯光屏)以及对运动形象的错觉(如"马怎样奔跑"等)。书中最后介绍了眼睛的超感功能，如能直接得到的触感、美感以及对数和抽象关系、本质的直觉等，由此得出理性认识产生于感性知觉和大脑对视觉信息的处理过程等结论。

本书主要参考贡布里奇爵士的多种艺术心理、视觉心理学著作和葛斯塔派心理学家阿恩海姆的《艺术与视知觉》，此外还有普通心理学和实验心理学中的有关资料，并结合我国文化史和人们日常生活中的常见事实来解说。语言简明、浅显，除一小部分内容较复杂，表述较单调而外，大部分是具有较大可读性的。

本书的最重要特点是引导读者自己直接观察，不仅观察外部世界，而且也观察自己的主体活动，这对启发读者的自觉探讨和思维能力是有良好效果的，可以说，掌握视知觉心理知识是发展科学和艺术创造能力的重要津梁，是发展智力的一种有效手段。

本书作者于20世纪80年代后期

目次

一

二

三

四

五

六

七

八

九

十

一

1. 从塔刹大小说起

我国许多著名的旅游胜地都有古代留传下来的佛教寺庙和佛塔。有些地方，寺庙已经湮没，看不出痕迹，但佛塔依旧巍然屹立，吸引着游人对它久久凝视。

你留意过佛塔吗？从下往上看去，佛塔好像从平地涌起，直刺天空。塔身的建筑很美，它的尖顶更是精巧玲珑，使人喜爱。塔顶有个专门名称，你可知道吗？那就是“塔刹”。

当你仰看塔刹时，可曾经估量过它有多大？

通常，人们是不会想到这个问题的，大概谁也没有认真估量过塔刹的大小。可是，在一些人，特别是在孩子们的头脑里往往产生了这么个印象：塔刹没有多大，它的形状很复杂，结构精巧，最上面那个细腰葫芦更是好玩，也许可以把它拿下来当作玩具，抓在手里摆弄吧。

有一年，一个古镇上的佛塔进行大修，整个塔刹被拆卸下来，吊放在地面上。许多人跑过去围在周围观看。不论成年人还是孩子，蓦然看见地面上的塔刹都很惊讶，他们异口同声地说：“真没想到它有这么大！”

那座古塔大约有五十米高，塔刹比起整座佛塔当然小得多，可是它的高度也达到五米左右，一个少年站在它旁边，大约只有它的四分之一高。图1－1（书中未注明出处的插图均为作者自作图）就是塔刹高度和少年身高的比较。现在，塔刹在我们心中的印象就完全改变了，它真是够高大的，说它是个庞然大物谁也不会反对吧。

为什么当塔刹安放在佛塔最高处时人们不觉得它高大，而当它被放在地面上时，人们就觉得它高大得出乎意料呢？

图 1－1

松江方塔塔刹

（根据实物绘图）

图 1－2

（取材于《图像与眼睛》P. 331）

这个问题决不会使聪明的读者为难，你肯定会这样来回答：

当塔刹安放在佛塔上面时，离我们远，所以看起来显得很小；当它放在地面时，离我们近，看起来就显得高大了。

你的回答是对的。

你还可以举出其他许多例子来说明这个道理。比如，飞越过城市上空的民航飞机，看起来跟一只飞鸟差不多大小，而当我们走进飞机场，看见停在停机坪上的民航机时，就会发现它是那么巨大，比我们当初想象中的飞机要大得多。又比如，在野外画风景写生画时，看见远处的树木、房屋都很小，手握铅笔，眯上一只眼去看，去量，它们才几厘米高。试试按照图 1－2 所示的方法去测量远方的物体，它们不都是很小的吗？

不过，你的回答还不能消除下面的疑问：为什么物体距离远看起来就小，距离近看起来就大？

这个问题看起来简单，而实际上却很复杂，要牵涉到许多方面，牵涉到视知觉心理学的一些重要原理。如果你想追根究底，弄明白这个问题，就得耐心地继续看下去……

不过，这个问题还不能马上得到答案，得暂时把它搁一搁，先来看看我们自己的眼睛。

2. 看看自己的眼睛

我们每个人都有一双眼睛。应该说,我们对眼睛再熟悉不过了。

先别忙这样说。还是让我们仔细观察一下吧。

请对着镜子看,尽量把眼睛睁得大些。

你能看见的只是露出眼眶的那一部分眼睛,也就是眼睛的正面。眼睛正面的中央是黑眼珠,有些方言管它叫"眼乌珠"。它的周围是眼白,也叫"白眼珠"。

为什么管眼睛叫眼珠呢?

因为眼睛的整体是球形,珍珠,也是球形,整个眼睛就像一颗大珍珠,所以称它为"眼珠"。眼珠是俗名,它的学名叫"眼球"。

眼球的外面有一层白色厚膜,叫作"巩膜"。你从镜子里看见巩膜了吗? 在图 2-1 中,你也可以看出它。

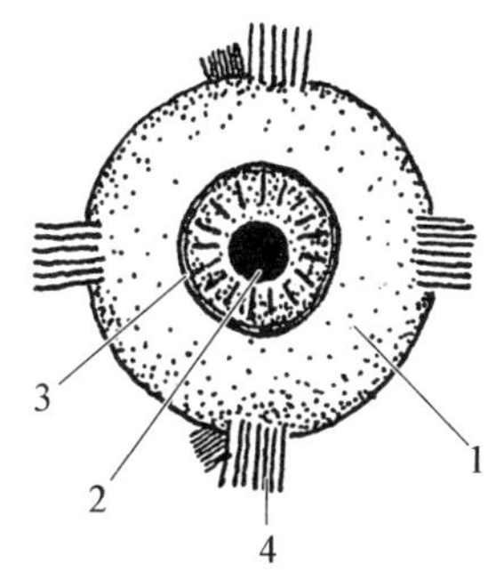

图 2-1

1. 巩膜 2. 瞳孔
3. 虹膜 4. 眼外肌肉
(图片取材于《心理学纲要》下册 P. 158)

整个眼球只有黑眼珠外面没有被巩膜包住,那里是一层透明的膜,叫作"角膜"。角膜后面有一层含有色素的膜,叫作"虹膜"。不同人种的虹膜所含的色素不同,就是同一个人种,虹膜里含的色素也不一定完全相同。我们黄种人的虹膜是接近黑色的深褐色,有些人的虹膜颜色深些,有些人的虹膜颜色浅些。白种人的虹膜多数是浅蓝色或淡黄褐色。虹膜中央有一个小孔,叫作"瞳孔"。瞳孔后面是晶状体,它像一面小小的透镜。你从镜子里可以看见自己的瞳孔和它后面的晶状体的一小部分，那是一个亮晶晶的小圆点，深黑色。其实，它是透明的，只是由于眼球里面很暗，从外面看起来就成了黑色的圆点了。从图 2－1 中看见的瞳孔同你从镜子里看见的自己的瞳孔是一样的。

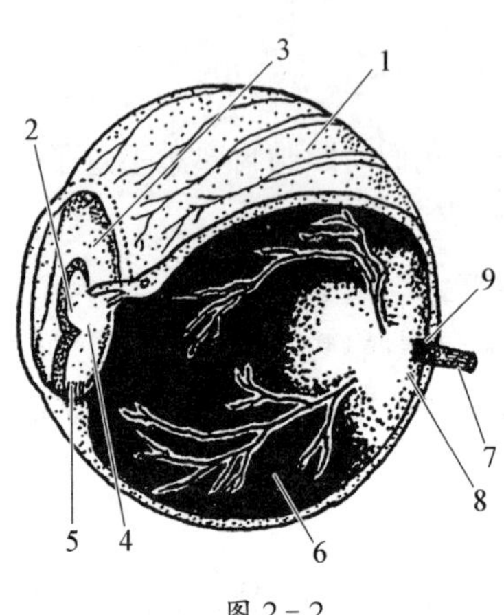

图 2－2

1. 巩膜 2. 瞳孔 3. 虹膜
4. 晶状体 5. 睫状肌 6. 网膜
7. 视神经 8. 中央凹 9. 盲点
（图片取材于《心理学纲要》下册 P. 158）

图 2－2 中的眼球同镜子里看见的眼球就大不一样了。这是一张眼球解剖图，保存着一部分眼球的外貌，大部分是剖面，可以看出角膜、虹膜、瞳孔和晶状体。从图 2－2 上还可以看出晶状体周边的睫状肌，它收缩或放松，就可以改变晶状体的形状，使它变得平些或凸些。虹膜也可以放松或收缩，这样就能调节瞳孔的大小。

在图 2－2 中，最引你注意的也许是那黑乎乎的一片吧，那上面还分布着一条条有许多分枝的河流状的东西。你知道那是什么吗？那就是眼球的内壁，靠底部的那一片就是网膜，河流状的东西是血管。那里还有眼睛看不见的一亿多感光细胞和一百多万条视神经纤维，它们相互联结着，组成了一张网。正因为它很像人们用麻线编织成的渔网，所以称它为“网膜”。

物体自身发出的光，或者物体表面的反光通过瞳孔投射到眼球里的网膜上，就在网膜上形成一个投影。这个投影就是物体在网膜上的映像，叫作“网膜映像”或“网膜像”。

当网膜像产生时，网膜上的视神经细胞就接受到外部世界传来的光信息。这信息转化成神经电脉冲，由视神经传送到大脑里，在那里同人的意识机制会合，经过处理加工，于是我们就看见了物体的形象。

3. 小小网膜容万物

眼球的直径是 3 厘米多，网膜当然就更小一些，大约有一张普通邮票那么大。而我们看见的物体并不都是很小的，许多物体比眼球和网膜都大得多，那么，网膜上怎么能容得下它们的映像呢？

这就得归功于瞳孔后面的那个晶状体了。

前面已经说过，晶状体像个小凸透镜。你知道凸透镜的特点吗？它能够聚光，光线通过它就会发生向内侧的折射。因此，光线穿过凸透镜形成的映像就会缩小。透过晶状体的光在网膜上形成的映像也是这样的，它也比原来的物体缩小了许多。现在，你该明白小小网膜上能容得下巨大物体映像的原因了。

前面还说过，晶状体周围有一种睫状肌，它能调节晶状体的形状，使它变得凸起一些或扁平一些。当眼睛看远处的物体时，晶状体的形状变得扁平，网膜映像就比较小，图 3－1 是眼睛看较远处物体

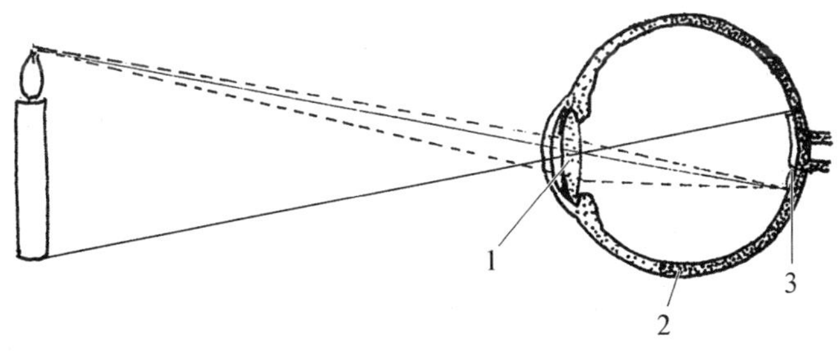

图 3－1 眼看远方物体时的情况

1. 晶状体 2. 网膜 3. 网膜像

（《心理学纲要》下册 P. 158）

形成网膜映像的示意图。再请看图 3－2，物体离眼睛比较近，晶状体的形状变得比较凸起，网膜映像就比较大。在这两个图中，物体的大小是一样的，由于眼睛离物体的远近不同，网膜映像的大小也就不同了。

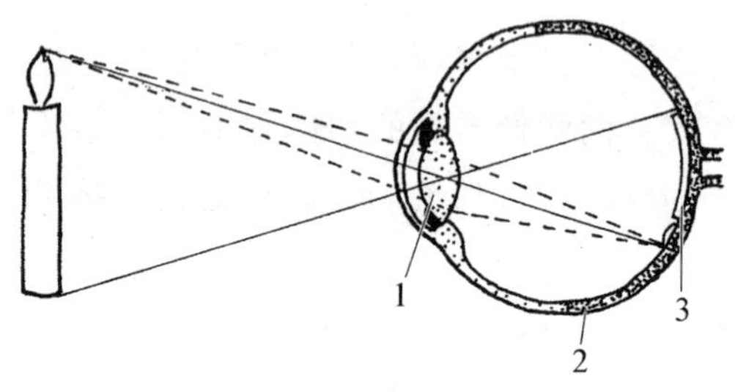

图 3－2　眼看近处物体时的情况

1. 晶状体　2. 网膜　3. 网膜像

（《心理学纲要》下册 P. 158）

现在我们就能回答第 1 节中提出的那个问题了。为什么物体距离远看起来比较小，而距离近看起来就比较大呢？那就是由于网膜上形成的映像大小不同的缘故。

不过，说到这里，问题并没有真正解决。前面说的只是针对同一个物体或大小相同的物体说的，由于距离的远近不同，在眼睛看来，它们的形象的大小就随着发生变化。如果物体原来的大小不同，离我们的远近也不同，那么眼睛又该怎样辨别它们的大小呢？

再说，晶状体的形状变化和网膜映像的大小并不是人们自己所能知道的。我们既看不见晶状体形状的变化，也看不见网膜映像究竟是怎样的，那么，我们又怎样能知道物体的大小和远近呢？

我们平常说眼睛能看出物体的远近和大小，其实，单靠眼睛只能形成网膜像，而网膜像并不等于头脑中最后形成的视知觉。从网膜像到视知觉还要经过很复杂的生理、心理过程。因此，仅仅了解眼球的构造和功能，了解网膜像形成的原理，还不能说明眼睛能看出大小远近的原因。何况，我们依靠眼睛还能看出其他许许多多复杂的情况，那更不是用网膜像的形成所能说明的。视知觉同人的意识活动紧密地联结在一起，视知觉既然是知觉，它也就是一种意识活动形式。因此，要理解视知觉活动是怎么一回事，必须从心理学的角度对它进行探索。

4. 当小王向你跑来的时候

有一天，你在街上闲逛，看见同学小王站在离你 20 多米远的地方。他也看见了你，就一溜小跑向你跑来。

这时，小王和你的距离就很快地缩短了。

根据前面说的那个道理——距离愈近，网膜映像愈大，你眼睛里的小王就该愈近愈大，当他跑到你的身边时，比起 20 多米之外的小王要高出许多倍。

有没有这样的事呢？

你一定会摇头说：

“从来也不会有这样的事。小王跟我一般高，不管他站在远处还是站在我身边，他总是那样高。他怎么会在向我跑来的十几秒钟里变高了呢？”

你说的有理。可是，你有没有注意过这样的事？如果站在你对面的小王伸出手臂，把手掌推到你的眼前，你就会看见他的手掌迅速变大，从原来的那么点儿大变得像一把芭蕉扇那么大。你有过这样的感觉吗？（见图 4－1）

图 4－1　手掌向前伸变得比人脸还大

这一回，你可能不再像刚才那样坚决否认了。有一句俗语说，“一手遮得住天”，手掌有时看起来比远方的天空还大，不就是由于手掌距离眼睛比天近得多吗？

请你再看看公路边成排的电线

杆或者行道树吧。它们站在那里不会移动,但排成了一列,的确是靠我们近的显得高大,离我们远的显得矮小。请量一量图 4-2 里最近的树和最远的树,高度相差多少。但我们平时不会注意这种大小区别,而只是看出树的行列一直伸向远方。

图 4-2

走进空空的剧场或礼堂,你只注意到那些座椅绝大多数都空着,而没有发现那些座椅渐远渐小,像图 4-3 里的那样。从这张图上,你应该看得出座椅的形象愈远愈小,但你决不会对此感到惊奇,因为你知道,所有的座椅实际上一样大小,只是它们远近的不同罢了。

图 4-3

(据《图像与眼睛》P.389)

以上所说的形象大小的变化,是由于距离远近造成的。我们能看出这种不同的大小,是由于网膜映像的大小不同。可是我们平常却不会注意这种大小变化，或者只是从这种变化中看出了不同的远近。这正是由于大脑对网膜映像进行不同加工以后，形成了不同知觉内容的缘故。

我们的眼睛能够大致看出物体的实际大小，不管它离我们多么近或多么远，也不管网膜映像实际上有多大和网膜映像的大小发生了怎样的变化。心理学上把这种性质称为大小知觉恒常性，它是视知觉恒常性的一种。如果没有这种恒常性，我们就简直没法靠眼睛观看来认识世界了。下面让我们再多看一些这类事例。

5. 玻璃窗外的景物

请你站到这窗边来，看看窗外的景物。

窗外不就是几棵树和一些房屋？那有什么好看的。

如果你按照我说的话来看来想，就会发现一些新鲜的事情。现在请你看窗外的树和房屋，告诉我，你看见它们有多大？

它们不就是那么大吗？它们原来有多大，我就看见它们有多大。

你的话我相信。通常人们也都是这样想的：眼睛能看出物体原来的大小。尽管眼睛不像尺那样准确，但大致能看出物体有多高，有多宽。比如这窗外的树吧，大约有 10 米高，又比如这窗上的每一块玻璃吧，大约每边有 40 厘米长，这都是符合实际的。前一节里曾经说过，有一种大小知觉恒常性，靠这种恒常性，我们的眼睛就能看出物体的实际大小。

不过，现在我们且把物体的实际大小放在一边，而来注意一下眼睛所见形象的大小。请你用毛笔蘸上墨汁在一块窗玻璃上勾画出你所看见的窗外景物。只要画出一棵树的树干和部分房屋就行。现在看吧，画在玻璃上的树和房屋有多大？你会发现，那段树干大约只有 40 厘米高，和窗玻璃的高度一样，那远处的房屋更小，大约只有 10 厘米长。

可是，原来那树，那房屋看起来比画在玻璃窗上的图形要大许多倍呢。

这简直不可思议，难道我们就是从玻璃窗上那样小的形象中看出窗外树木、房屋实际大小的吗？

让你感到不可思议的事还多着呢。前面曾说过不止一遍：物体距离近，看起来大；距离远，看起来小。从玻璃窗上看见的景物是不是也这样呢？

那就试一试吧。

你先站在离窗较近的地方，看一看窗外景物的大小。图 5－1 就是站在那地点看见的景物。然后你向后退几步，再看看那窗外景物的大小，看到的就将会像图 5－2 中表示的那样。现在你说，从窗口看见的景物是离窗口近大还是离窗口远大？请比较一下两张图中树木和房屋的大小吧，真是出人意料，反而是近看小、远看大。

图 5－1

图 5－2

这又是怎么回事？

那么，请你先注意一下那玻璃窗，玻璃窗才是你眼睛直接看见的东西。你同玻璃窗距离的远近决定着玻璃窗形象的大小。你离它近，它显得大；你离它远，它显得小。这完全符合前面说过的近大远小的规律。

而那窗外的景物就是另外一回事了。玻璃窗和窗外景物的距离一直没有变化，变化的只是你和玻璃窗的距离。你站得离窗口近时，玻璃窗的面积就显得大，透过它的景物就多，每一件物体的形象就变小；你站得离窗口远时，玻璃窗的面积就显得小，透过它的景物就少，每一件物体的形象就变大。请再看一下图 5－1 和图 5－2，它们的差别在哪里？为什么造成这样的差别呢？就是由于你站的地点不同，由于眼睛离窗口的远近不同。

尽管眼睛看见的物体形象大小有这么多的变化，但眼睛从来也没有迷惑，总是能够看出物体原来的大小。请记住前面说的大小知觉恒常性吧，有了它，我们就能信赖自己的眼睛，不至于因为距离发生了变化而弄得昏头昏脑、大小莫辨。

6. 照镜子时的发现

你一定常常照镜子吧？你可知道镜面上映照出的脸有多大？

你也许会认为这个问题毫无意义，镜面上的脸和照镜人的脸当然一样大，那还有什么疑问。

这话是否正确，还得用事实来检验。

如果是寒冷的天气，你可以向穿衣镜或向大橱门上的镜子呵几口气，让镜面上罩上一层水汽，这时，从镜面上依旧可以看见你自己的脸。请用手指绕着镜面上的脸画一圈，指头画过的地方，水汽就给抹去，于是，镜面上留下了脸的大致轮廓，脸的大小就可以分明地看出来了。（图 6－1）

如果天气不很冷，你可以用记号笔或其他可以在玻璃上留下颜色的材料来画，同样可以看出镜面上脸形的大小。

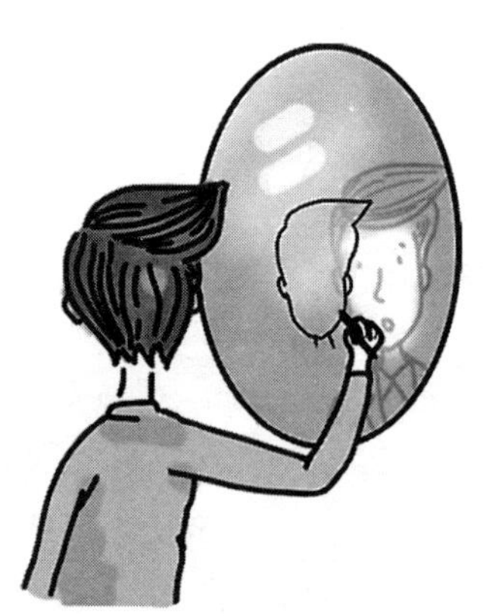

图 6－1　人照镜子并在镜面画脸的大致轮廓（画一圈）

现在你该看明白了，镜面上的脸同你自己的脸是不是一样大？

大概又会出乎你的意料，镜面上映照出的脸比自己的脸形要小得多！这对于你大概是一个新发现，对于其他许多人来说，可能也都是新的发现。你不妨也用这个问题去考考别人，让他们也用事实检验一下他们的答案，让他们也惊奇一下吧。

为什么镜子上的脸形比自己的脸形小得多，而平常我们照镜子时却从来没有发现过呢？为什么在镜面上画出脸的映像以后，才能看出映像的实际大小呢？

这也可以用大小知觉的恒常性来说明。我们已经知道，通过眼睛观看得到的知觉同网膜映像不是一回事。平时我们照镜子是为了看出自己的面容，看看面部是否清洁、光润，是否有污迹或瘢痕等等，并不是要看它的大小，因而总是相信它和自己的脸一般大。这种观念正是从知觉的恒常性来的。当你在镜面上画出脸的轮廓以后，你的注意力就从面容上被吸引到那画出的轮廓上来，它只是一条封闭的曲线，而不是你的脸，因而你就能够看出它的实际大小。

7. 镜面上的脸为什么变小

当你发现镜面上映出的脸比自己的脸小以后，可能还是怀疑，总不大相信这个事实。如果你抹去画在镜面上的脸形轮廓，再去照镜子，就会发现镜面上的脸又恢复了原状，又和自己的脸一样大了。其实这也并不奇怪，因为这时你又开始把注意力集中在面容上，大小知觉恒常性又恢复了对你的视知觉的支配。

现在，你该进一步思考的问题是：为什么镜面上的脸形会变小？它究竟变小了多少？

请看图 7－1。M 表示镜面，F_1 是照镜人的脸，F_2 是镜子里面人脸映像的位置。为什么 F_2 不在镜面上，而在镜子里面呢？因为镜子不仅反映出了人脸，同时也把人脸同镜子之间的那段距离反映进去了。如果你不相信，不妨拿一根较长的直尺放在自己的脸和镜面之间，就可以看出镜子里的脸的确是在那根直尺的映像后面。这时，也就能明显地看出，人脸和镜子里脸的距离是脸同镜面距离的二倍。照镜人的眼睛不是观看镜子表面上的映像，而是观看两倍于人脸同镜面距离之外的映像。不过，人所看到的脸形，却似乎是紧紧贴在镜

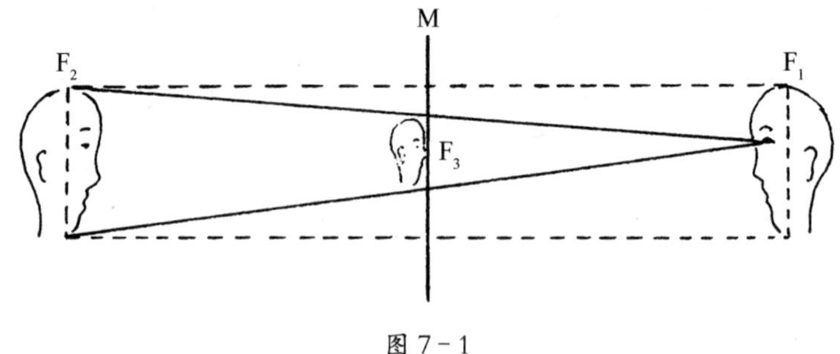

图 7－1

面上的，就同前面所说从玻璃窗上看到的窗外景物形象紧紧贴在窗玻璃上一样。图中的 F_3，就是人所看见的镜面上脸的形象。这个形象比 F_2 和 F_1 都小，只有它们的一半大。

为什么 F_3 是 F_1 或 F_2 的一半大呢？

如果你学习过平面几何，就很容易弄懂这个道理。把照镜人的眼睛看作三角形的顶点，把 F_2、F_3 分别看作三角形的底边，就可看出那是有共同顶点的两个三角形，它们的底边 F_2、F_3 是平行线，因此不难证明这两个三角形是相似三角形，而且 $F_3 = \frac{1}{2}F_2$。即使你还没有学习过平面几何，单凭眼睛看或者用尺量一量，也能相信这个结论。

从镜面上看见自己的脸只有脸实际大小的一半。但我们平时觉察不到这一点，正如透过玻璃窗看见的窗外景物已缩小了许多倍，而我们平常却看不出来一样。这也都是由大小知觉恒常性造成的。

8. 野牛被看成了小虫

在非洲内陆的刚果盆地，住着一群身材矮小的俾格米人。他们成年累月地生活在丛林中，只有一些面积很小的田野供他们耕种。他们的眼睛从来也没有看见过很远的地方，没有看见过遥远的天边和地平线。他们一眼望出去，最远处也不会超过四分之一英里(402米左右)。

有一次，有一位名叫特恩布尔的学者来到俾格米人居住的丛林中调查研究。他带了几个俾格米人走到丛林区外，来到辽阔的原野上，发现原野的尽头有一群野牛。特恩布尔便对那几个俾格米人说：

“你们瞧！那儿有野牛！”

图 8 - 1　矮小黑人看远处野牛群

俾格米人抬起头向远方看了一眼，对着特恩布尔摇摇头说：

“不，哪是什么野牛，那是虫子！”(见图 8 - 1)

后来，他们又向刚果河走去，远远就看见了那条河流，河面上还有航行的船只。特恩布尔说：“你们看见那些船了吧，我们也要去乘船。”

那几个俾格米人却不相信地说：“怎么？那是船？都那么小，我们这么大的人怎么能乘上去呢?”

俾格米人为什么把野牛看作虫子,为什么觉得船很小,不能乘人呢?你能找到原因吗?

请你不要忽略了前面说过的话:俾格米人生活的地方是一片丛林,没有开阔的原野,因此,他们的眼睛只能在 400 米以内看得出物体的大小,超出这个距离,他们就不再能判断远近,不再能看出物体的大小。这也就是说,他们只能在 400 米以内保持住大小知觉的恒常性,在陌生的广大平原上,就不能根据网膜映像信息估计出物体的实际大小。

你觉得俾格米人可笑吗?其实是一点也不可笑的。如果我们像他们一样也生活在一个很狭小的地域中,一定也会像他们那样把远处的野牛看成虫子。再说,就是在我们生活的地方,如果离一个物体很远很远,我们没法估计出那一段距离有多长,你能保证不看错那物体的大小吗?

9. 太阳和月亮的大小

没有离开过故土的俾格米人眼界狭小，把远处的野牛看成了虫子，闹出了一场笑话。可是，难道我们就比他们高明多少吗？其实，地球上所有的人都免不了受居住环境的限制，都被束缚在地球上，凭肉眼没法看出远离地球的物体实际上有多大。我们只能从有关的科学知识读物上，或者从百科辞典上，查找到太阳、月亮和其他天体的直径、体积、距离地球多远等比较准确的数据。那是科学家们运用望远镜和其他天文仪器进行观测，并经过繁复的计算和验证才得出的。单靠我们的眼睛，无论如何也看不出来。

太阳比月亮大，这一点，我们的眼睛能看得出，可是，太阳的直径比月亮大四百多倍，这我们能看得出吗？在人们眼里，星星都十分微小，我们习惯于称它们小星星，其实，它们绝大多数都有很大的体积；而且，它们之间的大小也相差很远。这些，眼睛也都没法看出来。从地球上看天空，黄昏时常有一颗很明亮的星出现在西方空中，那就是金星，有时它运行到离月亮很近的地方，形成金星合月的景象（见图9－1）。不论在谁的眼里，金星比月亮要小得多，而实际上，金星的直径是月亮的三倍有余。我们的这些错误不也同俾格米人一样可笑吗？

图9－1　金星合月

我们不但看不出太阳和月亮的大小，而且，它们的大小在我们眼里还常常变化不定。在高山顶上或者在海边看日出，那景象十分壮观：一轮红日从万顷波涛中涌起，它显得多么巨大，世界上几乎没有任何物体能比得上它。落日的瑰丽景象也不比这逊色，向地平线沉落下去的鲜红夕阳也是同样巨大，地面的树丛、村庄似乎承受不住它的重量。可是，中午时仰望高空中的太阳，尽管金光刺目，它的形象却只有篮球那般大小。月亮的大小也同样令人难以捉摸，几个人同时向月亮看去，各人对月亮的大小往往有不同的判断，相去悬殊。

难怪在我国古代的神话中，把太阳想象成翅膀下面发光的乌鸦，当它飞在天空时，人们就看见了光芒四射的太阳；而月亮呢，它有时被想象成一座宫殿，有时被看成只能容得下一棵树、一只玉兔或者一只被称作蟾蜍的蛤蟆。图 9－2 和图 9－3 是长沙马王堆一号汉墓出土的帛画中太阳和月亮的图形，太阳里只容得下一只乌鸦，月牙上只能站着一只蟾蜍。由此看来汉代人眼里的太阳和月亮不就只比乌鸦和蟾蜍大不了多少吗？

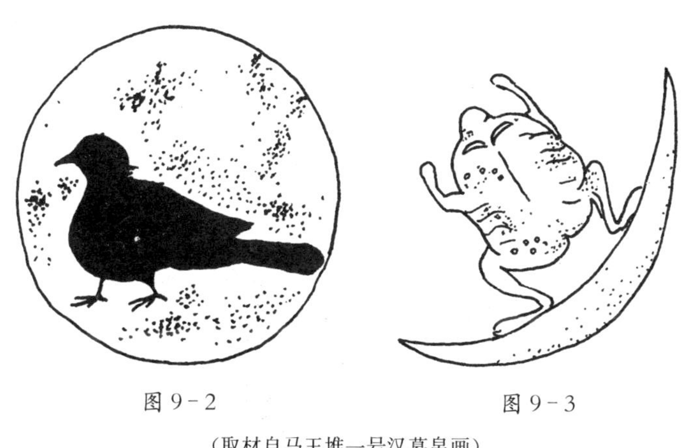

图 9－2　　　　图 9－3

（取材自马王堆一号汉墓帛画）

眼睛为什么看不出遥远天体的大小？

为什么大小知觉的恒常性在距离过于遥远的情况下就不再能生效了呢？

10. 这棵大树有多粗

眼睛看不出遥远天体的大小，不仅因为它们离我们太远，而且因为我们不能直接接触它们，不能走到它们近旁去，不能用手去触摸它们。

还记得前面说过的小王向你跑来时的情况吗？你并不觉得他愈靠近愈变得高大，那是因为他的身高是你所熟悉的。你常常和他肩并肩，面对面站在一起，他和你几乎是一样高。正是由于你知道他的身高是怎样的，所以当他离你很远时，他的身躯投射在你网膜上的映像虽然很小，你还是觉得他和平时一样大；当他渐渐靠近你时，网膜上的映像愈来愈大，你也并不觉得他的身躯变大。大小知觉恒常性是由生活经验造成的，这种经验的获得主要是靠直接接触，也就是靠生活实践。

请看图 10－1。图上一群孩子围着一棵大树站着，他们的胸脯紧紧贴着树干，伸长双臂，尽量让每一个人的手接触到另一个人的手。

图 10－1

他们是在干什么呢?

他们是在量大树树干的粗细。

估计一下吧,他们一共几个人?得几个人才能把那大树的树干围抱起来?至少得七个人吧。那么,我们就可以说那大树的树干,大概是七个人合抱那么粗。

经过这样的实际接触,眼睛就能看出那株大树的树干究竟有多粗了。从此以后,哪怕在五十米、一百米之外看见它,也能看出它的大小。

如果我们接触的是不太大的物体,要知道它们的确实大小,只要用手去量就行。用力张开手指,从大拇指到中指指尖,或者从大拇指到食指指尖,这样的长度叫作“一拃”(图 10-2)。如果要知道你坐的椅子有多高,用手量一量是几“拃”,心中就有数了。

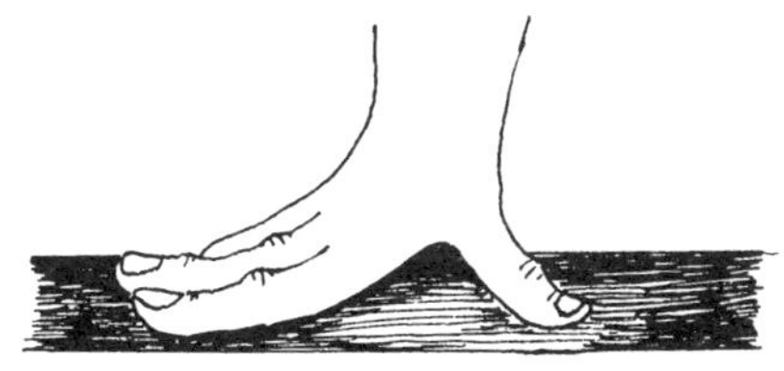

图 10-2

也许你要说,为什么不用一把尺来量呢?

当然,用尺也行。如果要量得准确些,就必须用尺量。可是,古代的尺也是根据人们肢体的一段长度来制定的。比如英尺在英语中叫“foot”,foot 原来的意思是脚,一英尺最初是指一位英国国王一只脚的长度。我们现在有时也用脚来量长短,要知道一间房大概有多宽,只要脚尖挨着脚跟一步步走过去量一量就行。

通常,我们说眼睛能看出物体的大小,并不是说它能看得像尺一样准,而只是说能看出一个大概。眼睛在看的时候,实际上已经用人的身体做了比较。所谓大小,正是同人体或其他某种物体比较以后得到的结论。不过,这种比较的过程人们自己不一定能觉察到。我们说过,视知觉同人类其他知觉一样,并不是直接从眼睛或其他感官中产生,而是产生在大脑里。大脑里有许多信息储存着,它们随时被提取出来同网膜映像相比较，相印证，最后才能确定当时所看见的物体有多大。这些过程我们自己都不能觉察到，我们只能知道最后的结果。

大脑里储存的信息是从哪里来的呢？也正是从生活实践中来的。我们说形成视知觉不仅要依靠网膜映像，而且要依靠大脑里的信息储存，其实这也就是说，视知觉不仅要靠眼睛观看，也要靠生活实践。如果眼睛看见的物体不在我们生活实践的范围中，除了网膜映像而外，我们对它毫无所知，眼睛也就无法看出它的大小。

11. 婴儿看得出大小吗

有些心理学家认为，辨别大小远近的能力是人类和其他一些动物的本能，不需要学习或通过实践来训练培养。

为了证明这种认识，他们用大白鼠做了这样的实验：

把刚生出来的大白鼠关在黑暗的笼子里，只是在每次喂食时让暗淡的灯光照亮几秒钟。这样过了一百天以后，把这些从未见过光亮世界的大白鼠放在一个特制的高架平台上，同时在隔开一段距离的另一个高架平台上放上食物，让大白鼠向放食物的平台跳跃（如图11－1所示）。经过短暂训练之后，大白鼠都能顺利地跳跃到那一定距离（从24厘米到40厘米）之外的平台上。以后，不断改变两个平台之间的距离，除了偶尔有几次失误之外，这些大白鼠基本上都能跳跃成功。

图 11－1

（据《心理学纲要》下册 P.113 改作）

这实验证明，大白鼠的眼睛能看出远近，能根据看出的远近适度地用力跳跃；而且这种能力是天生的，是本能。

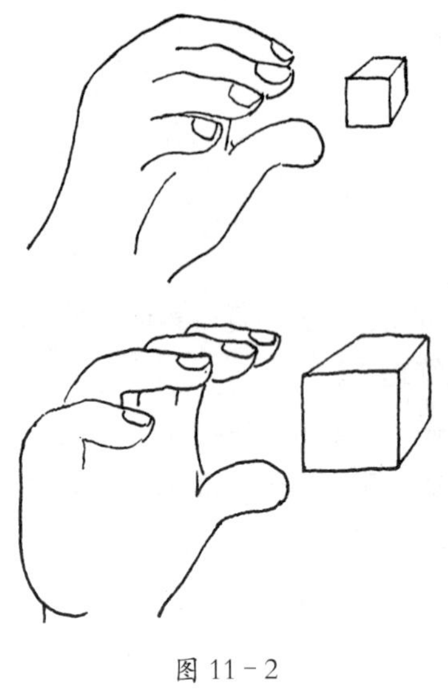

图 11-2

连大白鼠都有这样的本能，我们人类自然更应该有这种本能了。

心理学家对出生三四个月的婴儿做了一种十分简便的实验：将大小不同的物体放在离婴儿不远的地方给婴儿看，婴儿就伸出小手想抓住它们。如果物体比较大，婴儿的手指也揸开得比较大；如果物体比较小，婴儿的手指就揸开得比较小(如图 11-2)。婴儿不会说话，但从他们的动作中可以看出，他们的确能够看出物体的大小。

你有兴趣也来做做这个实验吗？最好用一些色彩鲜明的立方木块或塑料球给婴儿看，引起他的兴趣和注意，要耐心多试几次。

你发现婴儿在看见木块或塑料球时把手指揸开了吗？他的手指是否随着物体的大小而揸得大些或小些？

如果上述的实验做成功了，是不是就能证明人的眼睛天生有辨别大小的能力呢？

据一位心理学家说，他用不同大小的立方体在离婴儿眼睛不同远近的地方做了几次实验后，可以确定婴儿的确能看出物体的大小。但他发现这不是由网膜映像的大小决定的。他看出婴儿在观看物体时，同时还不时转动头颈。眼睛观看和转动头颈的活动相互配合，才使婴儿看出物体的大小。

婴儿为什么要在观看时转动头颈呢？那是为了从不同角度来看物体。只有在网膜上产生过几个从不同角度投射的映像以后，物体的大小才能被看出来。婴儿能这样做，并不是天生的，而是在逐渐长大的过程中学会的。

大白鼠跳平台的本领实际上也是逐渐学会的。在前面所说的实验进行之前，曾在一个固定的距离上让大白鼠试跳，让它们接受初步训练；而且，据统计，在以后的跳跃实验中也还有少数失误，失误的次数约占22%。由此可见，大白鼠辨别远近的能力也并不是天生的，后天的训练、学习对培养这种能力起了很大的作用。

我们有理由这样说：眼睛看出远近、大小的能力，同眼球、视神经以及大脑皮质的生理机制有关，这些机制是天生的，是由遗传因素决定的；但眼睛辨别大小、远近的能力起初只是一种潜在的能力，只有在不断扩展的生活实践中才能得到进一步的发展。

12. 使眼睛迷惑的奇异世界

我们在一个环境中生活长久了，对一些经常看到的物体就很熟悉，它们大概离我们多远，大概有多大，我们心中都有个数，眼睛一看就知道。可是到了一个陌生的环境中，眼睛辨别远近、大小的能力就大大降低，甚至会丧失。前面说过的俾格米人闹的笑话（第 8 节）就证明了这一点。现在不妨再多看一些事例。

据深水潜水员们说，他们在海底有时看见一些从来没有看见过的海鱼和其他海底生物，常感到难于确定它们究竟有多大，这就是由于环境改变了的缘故。在深海下面，人体经受着很大的海水压力，又穿着笨重的潜水服，戴着头盔，移动身体和转头都很不方便，再加上隔着一层能折射光线的海水，眼睛辨别大小的能力就几乎全都失去。

有一位心理学家设计了一种奇异的空间环境，人到了那里面就分不清周围物体的大小。在那里，放了一张比普通扑克牌大许多倍的特制的扑克牌，人们看了却以为它跟自己平常玩的扑克牌一样大。在那里，人们以为看见了一块很普通的手表，实际上，那是一个特制的手表模型，比普通手表大得多。为什么眼睛会受骗呢？就是由于不知道那是一个特殊的环境，同我们日常生活的环境已大大不同。

另外还有一位心理学家设计建造了一间奇特的房屋，在墙壁上开一个小孔，让人们通过小孔向屋里窥视，就像过去儿童们看的西洋镜那样。

那屋里有些什么呢？

人们看见的就像图 12－1 中画的那样，房屋是普通的，长方形，面对着开了小孔的墙壁站着两个人，左面的一个是成年人，右面的一个是孩子。如果你看得仔细一些，就会感到奇怪：这孩子怎么这样高大，大概他是一个身材特别魁梧的巨型少年吧？

图 12－1

（根据《心理学的体系和理论》上册 P.199 图改作）

只要把迎面的那爿墙拆除，就会真相大白。原来那孩子并不是特别高大的人，比左面的成年人矮小得多。

为什么从窥孔里看时会觉得孩子比成年人还高大呢？这奇特的房屋究竟有着什么样的秘密？

原来那房屋并不是长方形的，左面的墙壁比右面的墙壁长，后墙是斜行的，同迎面的那爿墙并不平行。请看图 12－2，这就是房屋的平面图，实线是房屋墙壁的实际位置，虚线是眼睛看见的虚假墙壁的位置，一看就能知道这房屋究竟是怎么回事了。虽然两个人都靠后墙站着，但孩子站的地方比大人站的地方离我们近得多。因此，孩子在网膜上的映像就显得大，同远处那成人在网膜上的映像几乎同样大小。用一只眼睛通过窥孔看屋内情景时，看不出后墙是斜的，也看不出两个人的位置远近不同，就以为两个人是一样高大了。拆了迎面的墙壁以后，双眼一起观看，就能分辨出远近，因而也就能看出房屋的真相和人的实际大小，不再发生错觉。

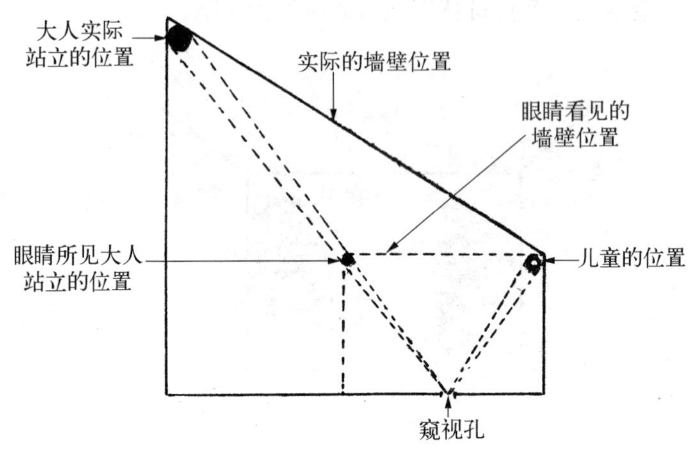

图 12－2

（据《艺术与视知觉》P.354 改作）

13. 是大人国，还是小人国

眼睛在辨别大小时，常常要用比较的方法，把看到的一个物体同另外一个物体相比；或者，把它同头脑里记忆的另一些物体的大小相比。这种比较的过程有时我们自己知道，有时我们不知道，会直接在大脑皮质的神经过程中进行，没有表现出有意识的思维活动。因此，平时我们以为只是眼睛直接看出了大小，而忽略了大脑的作用。

如果没法进行比较，物体的大小就很难识别，遇到这样的情况，眼睛就只好自认无能为力了。

请看图 13－1，图上有一个巨人，她的手掌里站着一个小人。看到这张图，也许你会想起童话里说的大人国和小人国。那么，你看出这图里画的究竟是大人国还是小人国？要回答这个问题，你必须先弄清楚，图画中哪一个人是同我们一样大小的正常的人。如果你确定图中的大人是正常的人，那么她现在是到了小人国，那小人一定是小人国的人；如果你确定图中的小人是正常的人，那么她是到了大人国，她遇到的是大人国的巨人。

图 13－1

为什么必须先知道哪一个是正常的人呢？就是为了要确定一个比较的标准。没有正常人做比较的标准，当然就看不出图上画的是大人国还是小人国了。

再举一个例子。我国现在通用的

金属硬分币有伍分、贰分和壹分三种，分币上的图案完全一样，只有大小不同和币上压印出的数字不同。如果眼前有大小不同的三枚分币，你不需要看币上的数字，一眼就能准确地看出它们是几分的硬币，这是毫无疑问的。为什么会这样呢？因为它们放在一起，从相互比较中鲜明地显示出了它们的大小。最大的当然是伍分硬币，最小的当然是壹分硬币……

图 13－2

不过，如果像在图 13－2 中那样，只有一枚分币，币面上表示币值的数字又没有写出，那么，你能看得出它是哪一种分币吗？恐怕你要迟疑不决了。

现在你的眼睛为什么会失去辨别大小的能力了呢？

因为你现在失去了可以信赖的比较标准。这个分币的大小虽然一眼看得出，但不能把它同真实的分币相比较。你会这样想，图画是可以把实物缩小或放大的，只画出一枚分币，就没法确定它同其他分币的大小关系，因此也就没法确定它的币值。

14. 哪一根直线长

根据前面说过的道理，如果两个物体同时投射映像在网膜上，我们就很容易看出它们的大小。请看图 14 - 1 里的两根直线，你说，哪一根直线长？

你当然能够正确地回答。

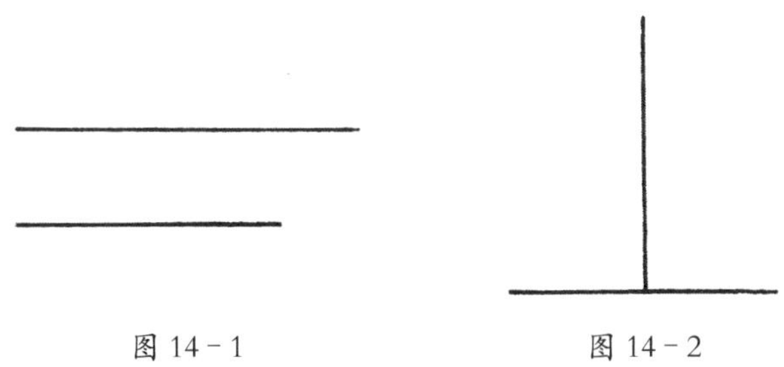

图 14 - 1　　图 14 - 2

可是，事情并不都这样简单，有时眼睛也会看错，即使同时看见两根直线，也不能正确分出它们的长短。你相信有这样的事吗？不信，就请你看图 14 - 2。一根直线横躺着，另外一根直线竖立着。这两根直线相互垂直。你说，哪一根直线长？

有人做过许多次实验，绝大多数人看了这图形都认为是竖立着的那根直线长。你是不是也有同样的看法呢？

究竟是哪一根直线长，还是用尺来量一量吧。

你会出乎意料地发现，原来它们一样长。

眼睛的这种失误，在心理学上称作“错觉”。错觉的形式是各种各样的，造成错觉的原因也是各种各样的。造成上面所说这种错觉的原因主要是：两条直线的位置不便于相互比较，人们就不由自主地凭印象来猜测它们的长短。人的一双眼睛是左右分离平列着的，不用转动眼球和头颈，就能看到横线的左右两端，而看竖线时，眼球就得上下运动，甚至头颈也要跟着上下运动。这样，人们就会觉得横线短些，竖线长些。

请再看一看图 14－3。

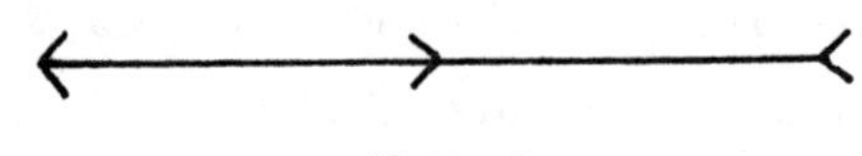

图 14－3

（参照《艺术与错觉》P.371 《心理学纲要》下册 P.68）

一根直线被箭头形的标志分成两段，整根直线的左右两端也各有一个箭头。

你说，是左面一段线长还是右面一段线长？

你大概跟许多人一样，会认为是右面一段线长。

这回你又错了。这两段线一样长。用尺量了以后你就会信服。

为什么会造成这种错觉呢？

因为眼睛在观看这个图形时，受到了图中箭头形状的干扰，不知不觉把箭头的长度也算在右面线段的长度里了。

这个图形造成的错觉是很著名的，在心理学上用发现这种错觉的学者的名字命名，称作“米勒-莱尔错觉”。

15. 哪一个大，哪一个小

比较，是眼睛辨别物体大小最常用的方法，可是，有时比较也会让眼睛陷入迷惑，产生错觉。

图 15 - 1 中，有两个类似扇面的图形，白色的扇面形在上面，灰色的扇面形在下面。如果要你辨别哪一个扇面形比较大，眼睛在把它们相互比较之后，会悄悄告诉你："当然是下面那一个大。"

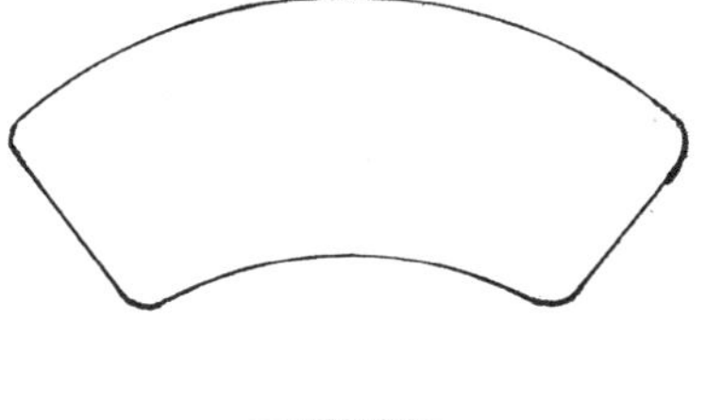

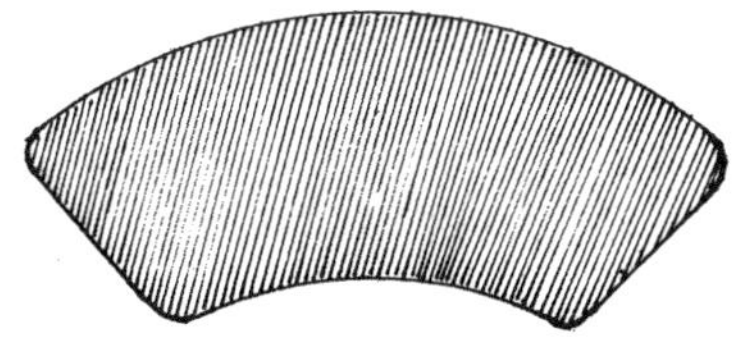

图 15 - 1

(参照《Experiments in Visual Science》P. 124)

这回答正确吗？

请你用一张白纸和一张灰纸分别按照图上的扇面形的大小剪出两个图形，把它们一上一下排列在一起，然后再交换一下上下的位置。这时你就会发现：不论把哪一个扇面形放在下面，都会觉得下面的一个大些。你终于发现，实际上，它们是一样大小。

那么，为什么我们总是觉得放在下面的那个图形大呢？

因为这种图形的形状比较复杂，眼睛在把它们相互比较时，常常忽略整体，而只注意相互靠近的部分，总是把比较短的下边和比较长的上边相比，于是就造成了错觉，以为下面的图形比上面的图形大了。

如果需要比较的图形不是孤立的，而是各自包含在一组图形中，在比较它们的大小时，就更容易失误。请看图 15 - 2，左面的图形和右面的图形有一个共同点，都是周围六个圆圈围绕着中央的一个圆圈，请比较中央的两个圆圈，它们哪一个大？

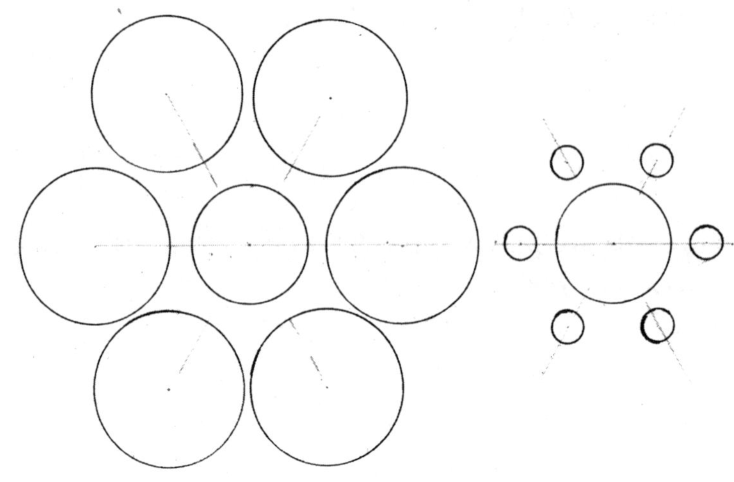

图 15－2

（据《心理学纲要》下册 P.69）

通常，人们都会觉得，右面图形中央的那个圆圈比左面中央的圆圈大些。你是不是也有这样的感觉呢？

如果量一下它们的直径，就会发现它们原来是一样大。

为什么会产生这种错觉呢？

因为在被比较的圆圈周围另外有六个圆圈，它们各自形成了一个参考系。视知觉在它们的影响下，便会把在各自参考系中观察出的大小印象带到现在进行的比较中，于是把右面图形中央的圆圈看得比左面中央的圆圈大了。

在日常生活中，由于参考系不同而造成的大小判断失误是经常可以遇见的。在女子排球队里，一个身高 1 米 70 的女队员会被当作矮个子，因为她周围的那些同伴都是 1 米 80，甚至是 1 米 90 高的人。参考系偏高，她就被看得矮了。当这位 1 米 70 高的女性同从事其他职业的妇女在一起时，又会被看成高个子，因为那些妇女只有 1 米 60 甚至只有 1 米 50 高。参考系偏低，她就自然会给人们身材很高的印象。

16. 走向远方的三个黑色小人

在这里，在这16－1图上，我们又将看见什么呢？

瞧吧，这里有三个黑色的小人，都是背朝着我们。每个人都挟着公文包，戴着阔边帽，低着头，姿势一模一样。他们的脚步迈开得都不是很大，好像正在吃力地向远方走去。

图16－1

(《艺术与错觉》P.338)

为什么看出他们是向远方走去呢？

因为我们看见在他们的脚下、身旁和头顶上，有一根根直线自左向右倾斜延伸，这些斜线将要交合在一点上。从这些斜线构成的图形中可以看出，三个人的脚下是一条路，左边是墙壁，头顶上有天花板。我们看出，路和墙壁愈到右边愈窄，天花板愈到右边愈低，因此，根据我们的经验可以断定，这路是通向远方的，这三个人正在向远方走去。

说得很对。那么现在请告诉我，这三个人中，谁的身材最高？

如果你回答说：是走在最前面的那个人最高，那么，这一回你又看错了。

告诉你，他们三个人一样高。

为什么眼睛会产生这个错觉呢？

因为我们已养成这样一种习惯：当我们看远处物体时，都要根据距离的远近，对网膜映像提供的物体大小信息加以调整，把远处物体的体积、宽度、高度适当地估计得大一些，这样才能比较符合物体大小的实际情况。前面说的那种大小知觉恒常性，正就是由于视知觉系统对网膜像提供的信息进行调整而产生的。可是，在看这张图时，我们的眼睛受到了捉弄。因为这是一张特意设计用来引起人们错觉的图形，没有把远处的人形画得小一些，视知觉系统按照常规进行大小知觉调整时，就把他看成三个人中身材最高的一个。

在实际生活中通常很少发生类似的错误。只要物体距离我们同样远近，它们的网膜映像就一定会按同样比例缩小；同样大小的物体如果离我们的远近不同，它们的网膜映像就一定会变得大小不同。由于眼睛具有大小知觉恒常性，不管网膜像发生了怎样的变化，都能知觉到物体原来的大小，不会发生错觉。错觉的发生一般都是由于环境的突然改变，或者由于看见的不是真实的世界，而是人们故意造成的虚假形象。在这一类情况下，大小知觉的恒常性就遭到了破坏。

17. 将错就错

眼睛的错觉是不是有害呢?

那得看是什么性质的错觉。在实际生活、工作和科学实验中,决不容许错觉发生,错觉会造成各种伤害事故和经济损失,会使科学研究失败。不过,在审美领域,错觉并不可怕。如果懂得视知觉是怎样形成的以及它对人们的审美感受有什么影响,反而可以将错就错,利用错觉这种特殊的心理现象来增进艺术创造和日常生活中的美。

图 17-1

(据《艺术发展史》P.45)

请看图 17-1,这是古希腊雕塑家菲狄亚斯在公元前五世纪创作的《处女雅典娜》雕像,形象浑厚匀称,表现出端庄的美。人们看不出这雕像的造型在比例关系上有什么违背真实的地方。其实,雕像的上半身与下半身相比稍嫌大一些,同真实的希腊人躯体各部分的比例并不相符。为什么雕塑家偏要这样制作呢?柏拉图在一部著作中向我们揭示了其中的秘密:由于通常雕像安放的位置比观众高,观众得仰起头来看它们,它们的上半身离观众的眼睛比下半身远，在观众的眼睛里会相对变小。为了让观众看见的雕像形象上下均衡，雕塑家必须放弃人体的真实比例，而迁就错觉的印象，把上半身制作得大一些。

古希腊人的宏伟建筑物也表现出类似的情况。请看图 17－2，这是雅典卫城帕提农神庙立面的图形。你看这一排八根巨大的圆锥形石柱多么挺拔壮观。其实，圆柱体的上半部分比人们眼睛看见的要粗大一些。有人对这样的建筑设计进行了测量、研究，发现古代的建筑师们在设计时也是故意不遵守正确的数学关系，而迁就人们的错觉。如果不这样设计，那么观众从下往上看去，就会觉得圆柱的中央部分太纤细，似乎承受不住建筑顶部的重量。

图 17－2

（据《艺术发展史》P.39 图改作）

在我国古代和现代的建筑物上，也可以发现不少考虑到观看者错觉的一些结构形式。

在日常生活中，利用错觉来进行装饰和美容的事例就更多。请看图 17－3，左右两张人脸的形象给人的感觉是不同的。如果你单看脸部，就会看出它们并没有任何区别，是同一张画像的复制品。只是由于左面的脸可以看出头发，右面的脸沉浸在一片黑暗中，看不出头发，整个脸形给人的印象就发生了明显的变化。你还记得前面说过的“米勒-莱尔错觉”吗？两根一样长的线段只是由于两端箭头的方向不同，就使人错误地认为其中一根线段要长得多。人脸的形状也一样，如果把头发挽在头顶上或掠在头颈后面，脸型就会显得狭窄些；如果让一些发丝覆在额角上，再让大部分头发披散在面颊两侧，脸型就会显得宽阔些。图 17－3 中两个脸型给人印象不同的原因也就在这里。

图 17－3

（据《图像与眼睛》P. 149 改作）

在面部化妆和服装样式的设计上，也常常利用错觉。不过，那些错觉不仅同形象的大小有关，还涉及形象的其他因素，今后还有机会谈到它们，在这里就不举例介绍了。

二

18. 苹果和苹果的形象

从前面所谈的内容中，你一定已经了解，眼睛看出物体的大小是多么不容易。不知道你注意到了没有，大小是从物体的形象上表现出来的，因此，眼睛在看出大小以前，必须先看出物体的形象。没有看见形象，也就看不出大小。请看图 18－1，这里是两个苹果，一个大，一个小。你能把苹果的大小从苹果的形象上分离出来吗？当然不能，谁也没有这个本领。

图 18－1

你也已经知道，同一个物体，距离眼睛近时，形象显得大，距离推远，形象就变小。因此，单单看形象，不一定能看出大小。从图 18－1 中，看出的大小是苹果图形的大小，这图形所表示的真实苹果究竟有多大，从图形上看不出来。这一点你大概不会不同意吧。

不过，我们能够了解客观世界的状况，毕竟还是靠眼睛看到的形象。从现实中看见的形象同人画出的图形不同，它不是凝固不变的。正因为客观世界中物体的形象变化多端，眼睛才能从种种相互有区别、有矛盾的形象中捕捉住客观世界的真实信息。

“形象”这个词，我们常常接触到，也常常运用，可是，许多人并不明白它究竟是什么意思。形象，主要是指物体的形象。前面说的苹果就是一种物体，它不仅看得见，而且还摸得着，咬它一口就可以尝到滋味，把它吃下去就可以转化成人体所需的某些营养成分。形象和物体不同，它不能吃，也摸不着，它只是物体表面发出的反光，对于人来说，它是物体向眼睛发来的光信息。当物体受到光照时，眼睛就能看到它的形象，就能知道那物体大概是怎样的。

形象包含着丰富的信息内容，凡是眼睛看得见的，都包含在形象里面。比如，物体的大小、颜色、形状和其他可以看见的性质、特征等，都是构成形象的因素。在形象中，主要的因素有两种，那就是形状和颜色，其他性质多半是依靠这两种因素表现出来，使我们知觉到的。

现在，让我们再来看图 18－1，能不能说这图形是苹果的形象呢？苹果是有颜色的，这图形上没有；苹果的形状是一个不规则的球体，这图形上却只是一条简单的封闭曲线；苹果成熟的程度怎样？有没有伤斑？图形上都看不出。因此我们可以肯定地回答，这不是苹果的形象，而只是一张画出苹果大概形状的图形。即使是苹果的一张彩色照片，或者是一张以苹果为题材的色彩鲜明的油画，画里的苹果看起来同真实的苹果几乎完全一样，那也不是真实苹果的形象，而是一张苹果的图形或苹果的艺术形象。

只有当我们面对客观存在的真实物体时，眼睛看见的才是物体的形象。当我们面对着一个真实的苹果时，我们看见的才是苹果的形象。我们向后退几步，苹果的形象变得小一些；退得更远，它就变得更小。如果我们透过手指拈着的一片玻璃看苹果，并且在玻璃片上画出它的轮廓，连续退后几次，在许多玻璃片上画出一连串的苹果轮廓，那就会得到一连串的图形，由大逐渐变小，像图 18－2 表示的那样。单看这图形上的轮廓，它不是苹果的形象，而当我们透过玻璃片看真实苹果时，不论距离苹果多么远，看见的苹果多么小，看见的都是苹果的形象。这个实验告诉我们，苹果的形象和苹果是不能分离的，同时也决不能把苹果的形象和苹果的存在混为一谈。即使你的手里抓着一个苹果，你的眼睛看见的也只是那个苹果的形象。

而且，不管有没有人看都一样，只要有光照，苹果的形象就随着

图 18－2

光线的反射投向四面八方。这样散发出的光信息都能表现出苹果的形象。不过，人的眼睛在一瞬间只能从一个方向和一定的角度看见苹果一个侧面的形象。

曾经有人认为，眼睛看见物体的形象就像镜子或照相机反映出的物体形象一样。其实，这是一种误解。人的视觉是一种能动的、主动的活动，它不是消极地、被动地接受外部传来的光信息，因此，人所看见的客观形象同物体向外部散发的光信息并不完全相同。而且，眼睛里的网膜映像还得转化为头脑里的神经过程，还得同头脑中原有的信息储存联结在一起，经过复杂的分析、组合，最后才能成为视知觉的内容。因此，视知觉内容和形象也并不完全相等。

下面，将要说的就是眼睛怎样从物体上看出形象，在其中，主要说的是怎样看出物体的形状。

19. 白纸上哪来的船影

让我们先来做一个小实验。请看图 19－1 中的白色帆船，让你的眼睛注视着帆上的那个数字，耐心看上一分钟。在这以前，你要准备好一张较大的白卡纸，或者选一处有白色墙壁的地方。一分钟过去了，好，现在你迅速抬起头，向白色墙壁或竖立起的白卡纸上看去。

你看见了什么？

图 19－1

（《心理学纲要》下册 P.38）

这时你会看见一无所有的白色背景上突然出现了一艘帆船的黑影，就同你刚才看的图 19－1 中的白帆船一模一样，只不过它是黑色的。

这船影是哪里来的呢？

前面曾经说过，网膜映像不能成为眼睛观察的对象，我们看不见自己的网膜，而只能根据网膜映像传递到大脑中的信息看见眼前物体的形象。设计这个实验的目的就是为了让网膜映像能在我们眼前显现出来。

真是这样的吗？

现在就把这里面的奥妙告诉你。

在网膜上约有一亿三千一百万个感光细胞，其中有六百万个前端形状尖锐，称为锥体，另外一亿二千五百万个前端形状圆平，称为棒体。图 19－2 中，a 是锥体细胞，b 是棒体细胞，这两种细胞中各有一种对光线十分敏感的色素。当光线通过瞳孔射向网膜时，这些细胞里的色素就开始分解，变成不能感光的物质，同时把感受到的光信息传递到大脑里。不过，那些不能感光的物质只能存在短暂的瞬间，它们随即又还原成原来的色素。外界物体的形状是怎样的，网膜上被分解的感光细胞群体也就会呈现出怎样的形状。请看图 19－3，这就是网膜上部分感光细胞发生分解后的示意图。白色的小圆点是未发生分解的细胞，黑色的小圆点是色素已发生分解的细胞。有了这样两种不同的状况，网膜上就会产生出物体形象的映像。

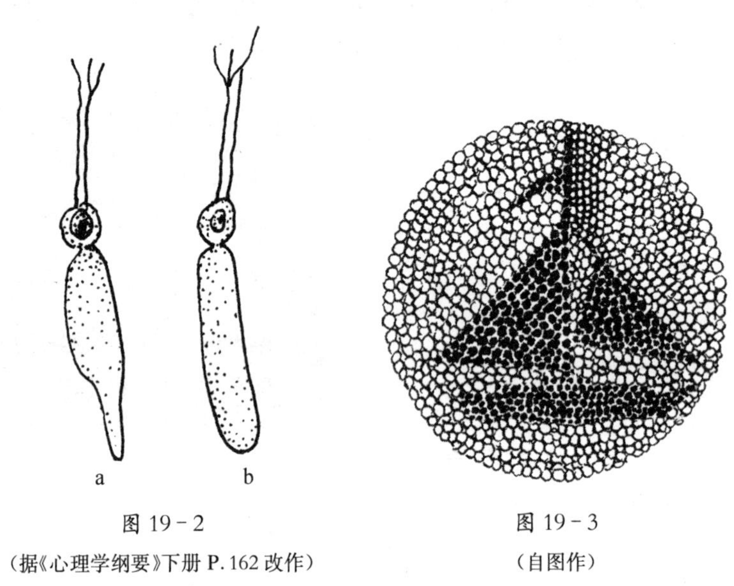

图 19－2
（据《心理学纲要》下册 P. 162 改作）

图 19－3
（自图作）

在这样的情况下，当眼睛迅速向一片光亮的白纸或白墙看去时，已发生分解而尚未复原的感光细胞就不再能感受光的刺激，只有未发生分解的那些感光细胞才能感受到光的刺激，因此，眼睛看见的就是围绕着帆船的一片白色背景，那什么也看不见的地方恰恰成了显现出帆船形状的一片黑影。

这就是从白色背景上看出帆船黑影的原因。

因为这图像是眼睛看了帆船图形以后从白色背景上看出来的，

所以在心理学上称它为“后像”。

后像存在的时间很短暂，很快就会消失。在上面的实验中，视线必须很快从帆船图移向白色背景，动作太慢就可能会失败。

为什么后像很快会消失？

因为被光线分解的感光细胞色素很快又会复原，重新有了感光的能力。既然网膜上的全部感光细胞都恢复了同等的感光能力，那么在白色背景上，除了一片白以外就什么也不能看见了。

20. 是黄纸褪色了吗

请准备好一张长方形的黄纸，长边比短边约长一倍；另外，再准备一张灰色的纸，它的大小要能遮住黄纸的一半。在黄纸的中央画上一个“×”，像图 20－1 中那样。把灰纸盖在黄纸左面的一半上，让“×”恰好露出来。图 20－2 就是灰纸遮盖住一半黄纸的样子。

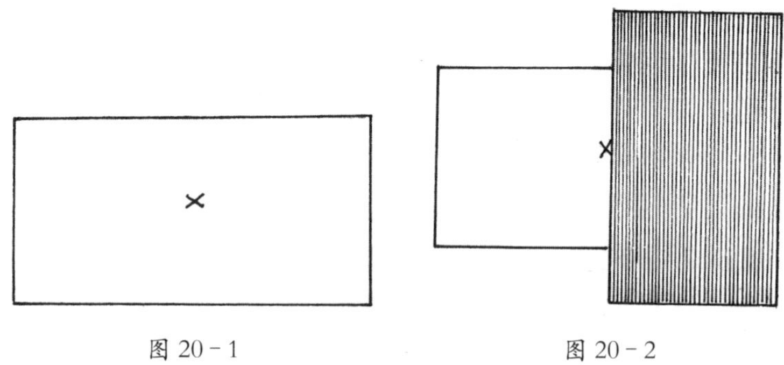

图 20－1　　图 20－2

（据《心理学纲要》下册最后所附彩色图④制作）

现在，实验可以开始了。

眼睛注视黄纸上的“×”，注视一分钟。千万不要让目光在纸上移动。

一分钟后，把灰纸从黄纸上移去。但眼睛仍继续看着黄纸。这时，你发现了什么变化？

你会发现，那张长方形的黄纸好像分成了两半，左面原来被灰纸遮住的一半颜色比较深，另外一半颜色比较浅。

是右面一半黄纸褪色了吗？

我们只听说过，有些颜色在太阳光下晒久了会褪色，难道这黄纸被目光注视了一分钟也会褪色吗?

当然,这不是褪色。瞧,只过了一会儿,现在黄纸的两边又一样深浅,没有区别了。

这究竟是怎么一回事呢?

原来这也跟网膜感光细胞中色素的分解有关。前面说过,网膜上有两种感光细胞,一种叫棒体,一种叫锥体,它们中含有的色素遇到光就会分解。不过锥体的色素同棒体的色素成分不一样,性质也不同。棒体色素的感光力比较强,不管光强光弱,它都能感受到。在暗弱的光线下,我们只能看出黑、白和灰色,就是由于只有棒体能感受弱光的刺激。锥体色素的感光能力比较弱,必须在较强的光线下才能接受到光的刺激,但它有一种特别的本领,就是能分辨出颜色。我们能看见彩色缤纷的世界,靠的就是锥体感光细胞。

在刚才的实验中,眼睛注视黄纸一分钟后,感受黄色的锥体有较多的色素发生了分解,因此感受颜色的能力就大大降低,而另外一些感受灰色刺激的锥体,色素却没有分解,仍然有着较强的感受颜色的能力。因此,当灰纸移开后,眼睛从左面一半刚露出的黄纸上看见了较深的黄色。相比之下,右面一半黄纸好像褪了色。

片刻之后,网膜上的锥体恢复了常态,它们受着整张黄纸的同样刺激,锥体中的色素发生了同等程度的分解,因而看见的黄色也就一样深浅了。

21. 眼睛怎样才能看得清楚

魔术师在舞台上表演时，常伸出双手给观众看，同时一再向观众说："我手上什么也没有，看清楚了吧？"

听了这话，观众就会盯着魔术师的手看，而不再注意舞台上发生的其他事情。这往往正是魔术师和他的助手做手脚的时候。所有的魔术师都善于调动观众的目光，吸引他们的注意，借以掩盖变把戏的手法。

目光集中是看清楚的必要条件，愈想看得清楚，就愈要集中目光。

现在就来试一试吧。

请从一本书里任意选一页来看。你先看一整页。你的确能一眼看见整页书，可是，这时你能看清楚其中的字吗？如果你看清楚了其中几个字，那么你就不再能看见整页书了。现在缩小看的范围，就只看三四行的一小段吧。当你看出这一小段时，还是不能看清楚其中的字。你要是想看清楚几个字，那么整个一小段就又变得模糊不清。

平时我们是怎样阅读的呢？总是依着次序看，先看一行最初的几个字，接着看后面的字；看完一行最后几个字，目光再转到下一行最初的几个字上。眼睛每次通常只能看清楚四五个汉字。你也试一试吧，你一眼能看清楚几个字呢？

我国古代称赞一个人的阅读能力很强时常说他能"一目十行"，意思是眼睛一下能看清楚十行汉字。这可能吗？"一目十行"是一个成语，是夸张的说法，实际上并不能真的做到。如果你不能做到"一目十行"，也决不要气馁，因为世界上没有一个人能够做得到。不过，人们看书的速度的确是有很大差别的，只要目光能很快地移动，虽然

图 21－1

（据《秩序感》P. 171）

（原载霍格思《认读的眼睛》1753 年）

每一次只注意一个字或几个字，在急速的一瞥中也能扫描很大一片文字。心理学家霍格思曾画了一张题为《认读的眼睛》的示意图（图 21－1），表明了眼睛是怎样看一排字母 A 的。不过，眼睛虽然同时在看几个 A，但真正看清楚的只有中间的那一个。

为什么眼睛不能看清楚更大的范围呢？

因为，在视网膜上只有中央一处很小的地方感光细胞最密集，这地方叫作“中央凹”。只有当物体形象的映像落在中央凹上时，它才能被眼睛清楚地看见。从第 2 节的图 2－2 上，你可以找到网膜中央凹的位置。

22. 眼球为什么不停地运动

你听说过“眼神”这个词吗？人的眼睛总是不停地运动，在眼球运动中能显示出人的内心状态。比如他在思考什么，情绪怎样，有什么企图，等等，都能从目光中看出来，因此，人们把目光也称为“眼神”。有人说“眼睛是灵魂的窗口”，也是由于这个缘故。

眼睛的运动有着多种多样的原因。大脑中的某些神经过程，也会引起动眼肌的收缩，使眼球发生轻微的运动，但眼球运动的主要原因是为了把需要看的物体形象看清楚。前一节中说过，网膜上只有中央凹那一小处地方感光细胞最密集，接受光信息的能力最强，因此，眼睛在观看时必须不时地运动，才能让物体各个部分的映像逐一落在中央凹上。

文字的排列是先后有序的，因此，在阅读文字时眼球运动的规律很明显，而在看图画或物体形象时，情况就复杂得多。形象总是整个地同时展现在人们眼前，从形象的结构上看不出决定目光注视先后次序的因素，眼睛先看哪里，后看哪里，那是不一定的。心理学家设计了一种专用仪器来控制摄影机，把人们观看图画时不断移动的注视点记录下来。从这种记录中发现，各人目光移动的路线有很大区别，就是同一个人在反复观看同一幅画时，每次目光移动的路线也不尽相同。不过，在观看同一个图形时，人们的注视点主要落在哪些地方却有共同性。图 22－1 就

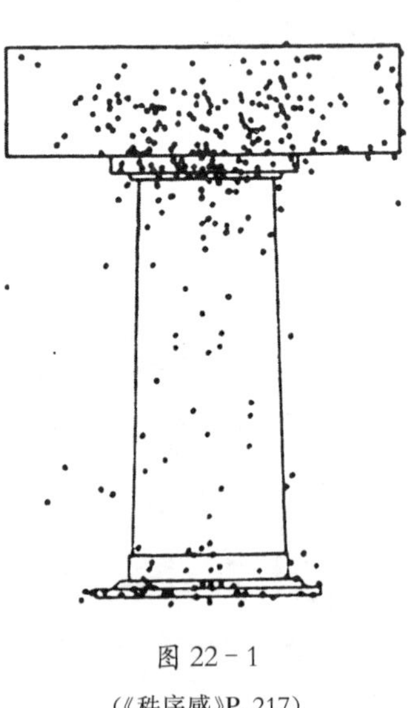

图 22－1

(《秩序感》P. 217)

是标出观众目光注视点的一张图形。图上画的是一个托着横梁的石柱，那一个个黑色小点所表示的就是目光注视点。

在图形的哪些地方注视点最集中？

注视点主要集中在柱顶靠近横梁的地方，其次是集中在横梁中部和石柱的基础上。由于这些地方最易引起观看者的关注，或者由于这些地方的形状结构最复杂，不容易一下把它们看清楚，所以探索的眼睛在这些地方得来回往复地观察。石柱的中间一段以及周围的空间注视点最稀少，因为这里的形状最简单或不重要，一看就能明白。

眼球的运动是一种不随意运动。也就是说，它并不是由人的意识和意志决定的，而是由视知觉系统实行自动控制。你不妨试试看，你在看一张画时能自己决定先注视哪一点，后注视哪一点吗？哪怕只是粗略地看一下，眼球就已经运动了不知多少次，在画面上投下了不知多少注视点。这样的运动过程是人的意识所不能觉察的，当然更不可能由意识事前规定。

如果不让眼球运动，那会产生什么样的后果呢？

不但不能看清楚任何形象，而且连最起码的视知觉也会丧失。

心理学家做过这样的实验：用一种特制的仪器戴在受试者的眼睛上，使他看见的形象持久不变，这样观看的效果就同眼球不运动时完全一样。戴上这种仪器观看几秒钟之后，眼睛看见的形象就开始模糊，再继续这样看下去，眼睛就什么也看不见了。

我们没有这种仪器，不可能做这样的实验，但有一种简易的方法可以得到类似的结果。

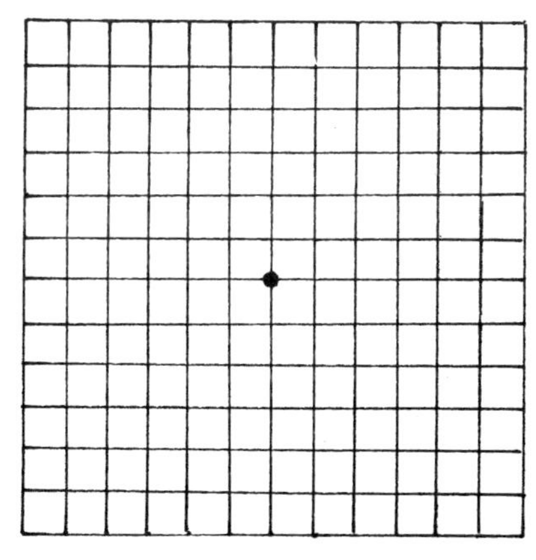

图 22－2

（《心理学纲要》下册 P.136）

请看图 22－2，那是一些小

方格，方格中心有一个黑点。让眼睛注视着这个黑点，坚持不让目光移向别处。不久以后，方格图的一部分就会渐渐隐去。事实上，我们很难长久地这样坚持下去，如果能做到，我们就会暂时完全丧失视觉。当你坚持注视黑点时，你会感到眼球有一股力量要运动，你很难制止这股力量。从这个事实上，你就可以进一步理解眼球的运动为什么叫作不随意运动。

23. 黑点突然消失了

还有另外一种情况，眼睛也会暂时丧失视觉。

请看图 23－1。把这张图放在距离眼睛大约三四十厘米的地方，闭上你的左眼，让右眼的目光注视着左边的小黑点。这时，你虽然没有看右边的那个大黑点，但它仍然在你的视野中，能隐隐约约看见它。不过，你切不可把目光注视点转移到它上面，否则，下面的实验就没法进行下去。

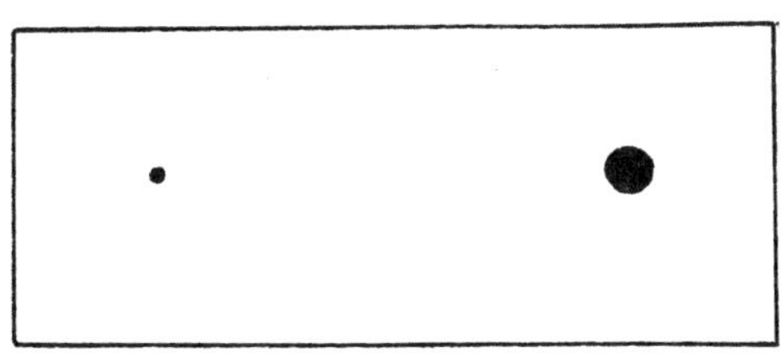

图 23－1

（《心理学纲要》下册 P.31）

好吧，你现在继续让右眼注视左边的小黑点，等注意力确实集中以后，把图慢慢向眼睛移动。当图和眼睛的距离缩短到某个程度时，你会发现，右边原来隐约可见的大黑点突然消失，变得无影无踪。

大黑点为什么会消失呢？

因为，在这个距离处，大黑点的映像正好落在右眼网膜的盲点上。

还记得第 2 节中那张眼球解剖图（图 2－2）吗？你可以翻到那一页，从图上找到盲点。盲点的位置也在网膜中间，就在中央凹近旁。

网膜上为什么会有盲点？

那是网膜上许多视神经纤维聚集成一束穿过网膜造成的。视神经穿过网膜，才能通向大脑，把光信息传送到大脑皮层的视觉区。在穿过网膜的地方，得有一个孔隙，那里自然不可能有感光细胞。因此，进入瞳孔的光线或某种光信息如果正落在这里，就不可能产生视觉。

24. 网膜映像是颠倒的

现在我们已经知道，眼睛之所以能看出物体的形象，是由于物体把形象投射在网膜上，形成了一个网膜映像。照理说，网膜映像是怎样的，人们看见的形象也就是怎样的。但实际上，情况并不这样简单。

网膜映像，是物体反射的光经过眼球前方的晶状体投射在网膜上形成的。晶状体的形状和凸透镜相似，光线经过晶状体造成的映像应该上下颠倒，就像光线经过凸透镜造成的映像是上下颠倒的一样。你看见过旧式的照相机吗？旧式照相机后面毛玻璃上的映像正是颠倒的。（图 24－1）

图 24－1

为什么网膜映像是颠倒的，而眼睛看见的物体形象却没有颠倒呢？

这个问题曾经使许多人感到困惑不解。

19 世纪末，美国心理学家斯特拉顿在加利福尼亚大学的心理实验室里做了一次著名的实验。他设计制作了一种带有特殊装置的透镜，把它戴在人的眼睛上，眼睛看见的物体形象就会颠倒过来。

请你设想一下人戴上那透镜以后的情况吧。眼前的一切不但上下颠倒，而且左右相反。他伸出手想拿一件东西，却摸不着它；吃饭时，用叉子叉食物非常困难，连往嘴里送也不容易做到。这样过了三天，才渐渐对这个颠倒的世界习惯了，才学会该怎样辨认方向和用手操作。八天以后，他对这个新环境已比较适应，生活不再感到困难。又过了几天，他简直忘记了眼前看到的世界是颠倒的，觉得同正常的世界没有什么两样。可是，当他把那个透镜从眼睛上取下以后，反而觉得世界又变得颠倒了。好在这样的时期不长久，很快就恢复了常态。

在20世纪60年代，又有几位心理学家重新做了这个实验。他们运用的是先进的光学仪器，接受实验的人数很多，运用的方法更精细周密，但得到的结果基本上相同。

这个实验给我们一些什么启发呢?

戴上特制透镜的人就好像面对着网膜映像一样，他看见的颠倒世界，正就是世界在网膜上的映像。他看惯了那个颠倒世界以后，便能通过那颠倒的形象看见世界原来的形象，看见正常的世界。

我们的视觉系统有一种能力，使我们能看见世界的真实形象，而不是看见网膜上的倒像。不论把外部传来的光信息怎样颠来倒去，大脑皮质都有办法从这颠三倒四的信息中找到可靠的线索，从而知觉到外部世界的形象究竟是怎样的。

25. 千变万化的桌面形状

如果问你正方形桌面的形状是怎样的，你一定觉得很好笑，这样提问不是把答案说出来了吗？正方形桌面的形状当然是正方形的。

对，的确是这样的。图 25 - 1 就是这个桌面的形状。不过，你眼睛看见的正方形桌面一直是这样的吗？你只有紧紧靠近桌子，俯身从上向下看，让目光垂直于桌面，才能看出这样的形状。如果站得离桌子稍远一些，目光向前向下斜看，桌面的形状就会成了等腰梯形，如图 25 - 2；如果你再向后退几步，离桌子更远些，那么，桌面的梯形就又变了，梯形的高度变小，桌面变得更狭窄，像图 25 - 3 那样。试试看，是不是这样的？

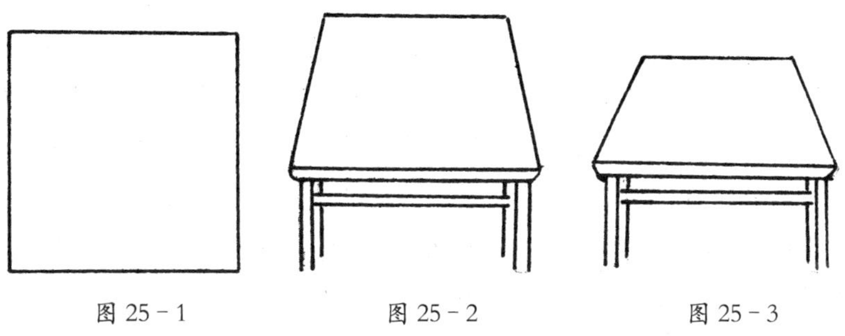

图 25 - 1　　图 25 - 2　　图 25 - 3

现在你该恍然大悟了。在你的眼睛里，桌面的形状并不是固定不变的。

其实，前面举出的桌面的几种形状，只不过是眼睛看见的无数桌面形状中的极少几例。如果人不是站在距离桌子两边一样远的一条中线上看那桌面，而是偏在一边斜看过去，桌面的形状就不会再是正方形或等腰梯形，而成了不等腰梯形或近似平行四边形的形状，如图

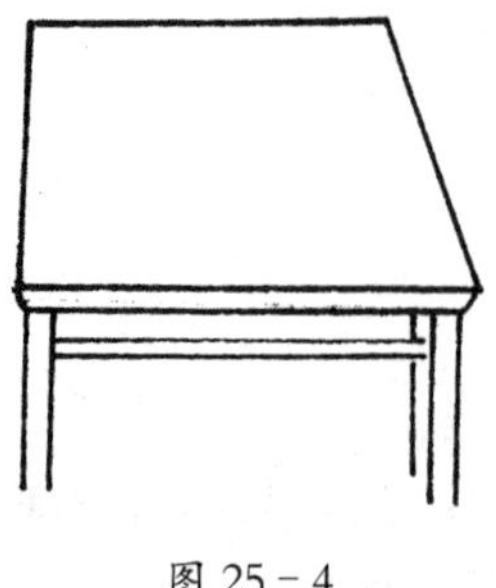
图 25 - 4

25 - 4 所示。人站的位置和日光的角度只要发生微小的变化，眼睛里看到的形状就会发生变化。这种变化是无穷无尽的。

桌面的形状是有规则的，也是比较简单的，许多物体的形状比它复杂得多。那些形状复杂的物体在人们的眼睛看来就更加变化莫测，难以捉摸了。

不过，物体的形象尽管千变万化，但它的实际形状并没有变。变的只是视觉形象，而不是物体本身的形状。长方形桌面的实际形状永远是长方形的。我们的眼睛通常只注意物体的实际形状，而不关心眼睛看到的形象是怎样的。眼睛看到的千变万化的形状，是视觉形象的形状，它们同网膜映像相一致。但人通过眼睛也可以认识到物体的真实形状，这种真实形状，虽然从来也没有出现在网膜上，人的视知觉系统却能从物体千变万化的网膜映像中把握住它。心理学把视知觉的这种性质称为“形状知觉恒常性”。

请闭上眼睛想一想你所熟悉的各种物体的形状吧。比如，书、钢笔、树、花、人等，在你的头脑中都形成了一定的形状记忆，那种形状是它们的恒常形状，而不是眼睛直接看见的一瞬间的形状。但是，每当你看到了这些物体，虽然只看了一眼，出现在网膜上的映像非常短暂，你也能看出它们是什么。由此可见，在人的视觉系统里，物体的恒常形状同变化不定的形状是相互紧密地关联着的，头脑能从同一物体许多不同的视觉形状中归纳出恒常形状，而且以后每看到一种视觉形状就会在头脑里把有关的恒常形状召唤出来。

26. 不同的视点，不同的形状

在日常生活中，我们看见的物体多数是我们熟悉的，头脑里已经对它们的形状形成了一种恒常的观念，哪怕只看见它们的一部分或一个侧面，也能认出它们。但有时我们也会对熟悉的物体感到生疏，一时认不出它是什么。经过仔细的辨认，才认出它来，那时心里往往不由得嘀咕一句："没想到它还有这么一种形状！"

比如，平时我们总是从南面看一座小山，它的形状接近于不等边梯形，上面比较平，因此人们就把它叫作"平山"。后来有机会绕到它的西面，从西面看见它，一时简直不认识它了，以为是另外一座山，因为眼睛看见的是一座尖尖的山峰。图 26－1 表示的就是这座山从两个不同视点所看见的不同形状。难怪宋朝著名诗人苏轼在一首咏庐山的《题西林壁》诗中说："横看成岭侧成峰，远近高低各不同。"这诗句真实地表达了山峰形状和观看者所取视点的关系。

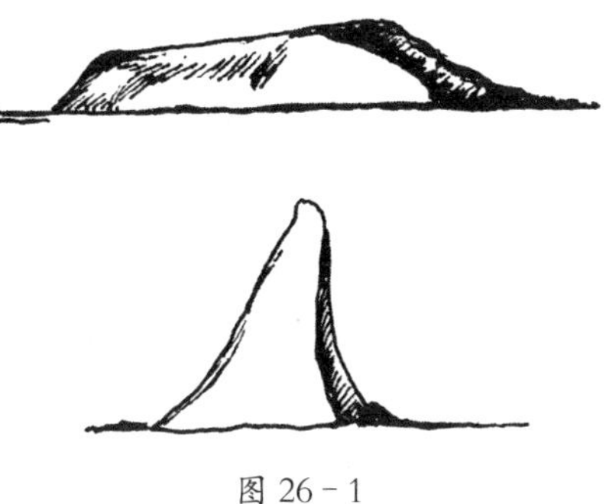

图 26－1

不仅山峰如此，还有许多我们很熟悉的东西也是如此，如果从一个比较特殊的视点来看，就会看出一种令人意想不到的形状。不给你一点提示，也许你真的难于看出它是什么呢。

下面就举几个例子看看吧。

请看图 26－2，这是一头面正朝着我们的大象。平时我们看见的大象多半是从侧面来看的，因此在头脑中留下的大象的印象多半是

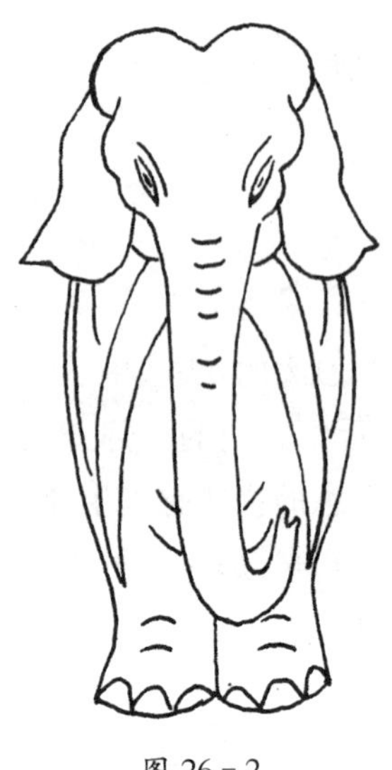

图 26－2

侧面的形象。这头大象的形象对我们就比较陌生了，一眼看去也许不能马上看出它是什么。

再看图 26－3，这是一个人的脸部。这个人平躺着，从他的脚头向他的脸看去，看见的就是这样一个形象。平常我们看人脸都是面对面地看，很少从这样一个视点看，因此脸形变了。哪怕你认识这个人，从这样的视点观看时也不容易看出他是谁。

图 26－4 是一幅鸟瞰图，也就是从高处往下看时所看见的地面形象。一般的鸟瞰图是从高处往下侧看，而这幅图是从高处垂直往下看，因此看见的形状更特殊，蓦地看见它比较难以识别。仔细看了之后，才能看出原来是一个端端正正坐着的人。他的两腿并紧，双手放在膝上。如果不是双手五个手指的形状提醒你这是人形的话，也许很难看出是什么吧。

图 26－3

（据曼特尼亚《哀悼基督》改作）

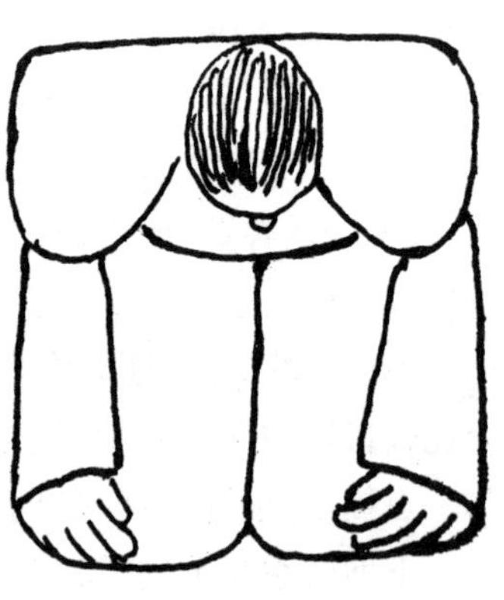

图 26－4

（《艺术与视知觉》P. 140）

图 26 - 5 是一大一小两个圆圈，小圆套在大圆里面，是两个同心圆。这是什么物体呢？大概谁也看不出来。这张图是一位心理学家画给人们看的，他告诉人们，这是一个头戴阔边草帽的墨西哥人。你知道这是怎么一回事吗？原来这也是一幅从上垂直向下看的鸟瞰图，戴草帽的墨西哥人的身体全都被草帽的阔边遮掩住了。

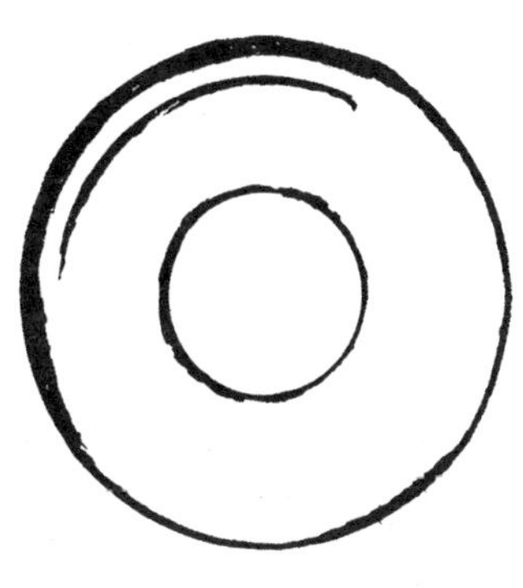

图 26 - 5

（《艺术与视知觉》P. 129）

最后，再看看图 26 - 6，这又是什么？这是五个喝酒的人，正兴高采烈地碰杯呢。原来这图形画的是蹲在五个人中间，仰起头从下往上看见的形状。

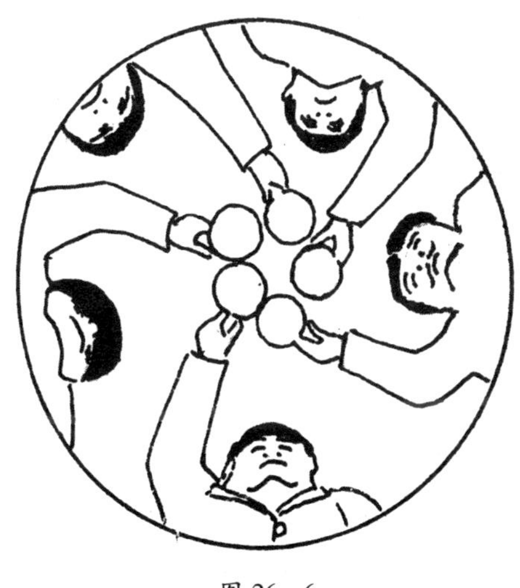

图 26 - 6

27. 椅子的形状是怎样的

我们天天看见椅子，常常坐在椅子上，可是你能说得出椅子的形状是怎样的吗？

你可能会这样说：椅子有四条腿，有一个椅背，可以让人倚靠，还有一块平板，不知该叫它什么，就叫它坐板吧，……

这样说，能够使我们了解椅子的构造，但椅子的形状并没有清楚地表达出来。你一边说，还一边做手势，借手势来补足语言说不清楚的地方。但你的解释依然很难让向你提问的人满意。

既然用语言说不清楚那就用图画来表示椅子的形状吧。

你拿起笔试着画了画，就会发现要画出椅子的形状更加不容易。

有位心理学家曾经让一些儿童画椅子，让他们把自己所了解的椅子的形状画在纸上。他告诫那些儿童说：一定要按照自己所了解的画，不要模仿别人画的椅子图形。

图 27－1 就是那些儿童画出的椅子形状。

请你一个一个看下去吧。你能料想得到那些孩子竟然会这样来画椅子的形状吗？在这 27 个图形中，大约有三四个比较令人满意，其他图形都是奇形怪状的，使人觉得笨拙可笑。

受过绘画技巧训练的人总是先选择一个视点，眼睛一直从那个固定不变的点来看椅子，而后把眼睛看见的形状如实地画在纸上。这就是说，他得像一架照相机那样摄下椅子的形象，而不是根据自己头脑里形成的对椅子的理解来画。换句话说，他要画的是椅子在视网膜上留下的映像，而不是画头脑里关于椅子的观念或概念那一类东西。当然，这个视点必须选择得很恰当，否则同样也很难让人看出那是一把椅子。

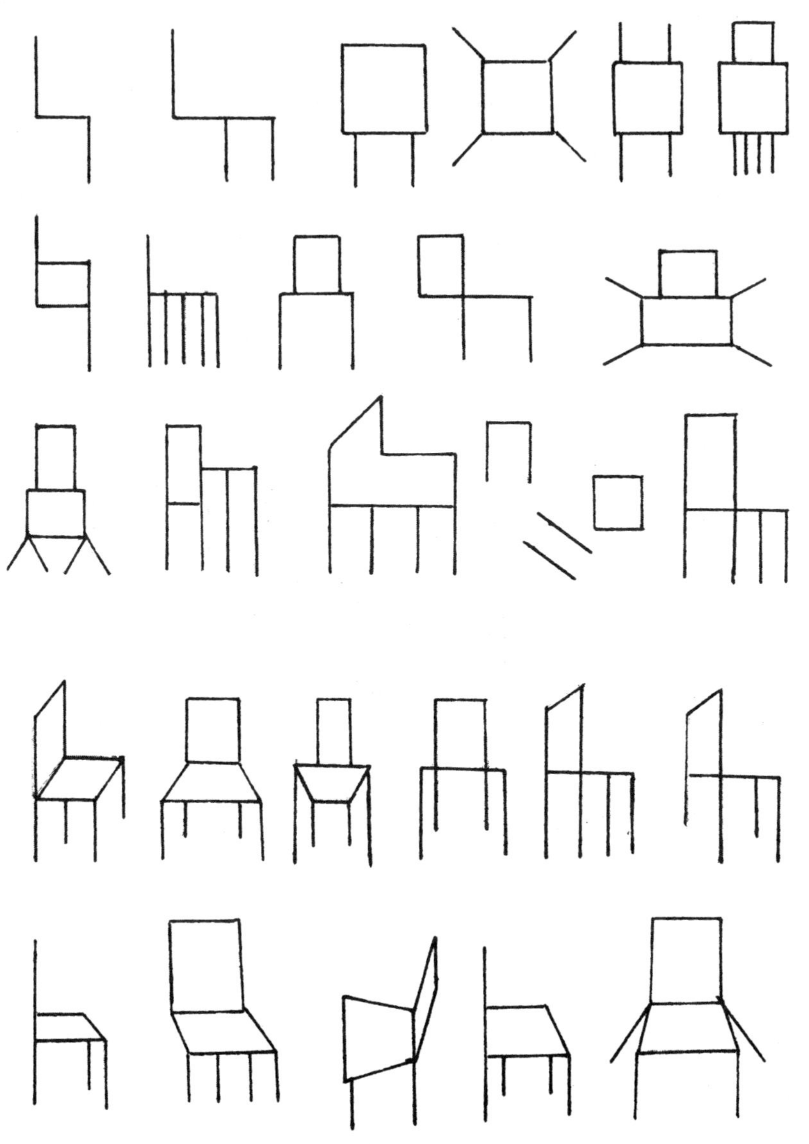

图 27-1

（据《艺术与视知觉》P. 132）

图 27－2 中有五个图形，中间那个图形就是从一个比较适合的视点看到的椅子形状。可是，对于一个从来没有看见过椅子的人来说，或者，对于一个需要准确知道椅子的构造和各个部件具体形状的人来说，这图形也仍然不能令他完全满意。我们的头脑里所知道的椅子的形状比这图形还要全面、具体、精细得多。由此可见，视觉系统对椅子形状的把握虽然十分周密，但没有一种很完美的方法能把它表达出来。

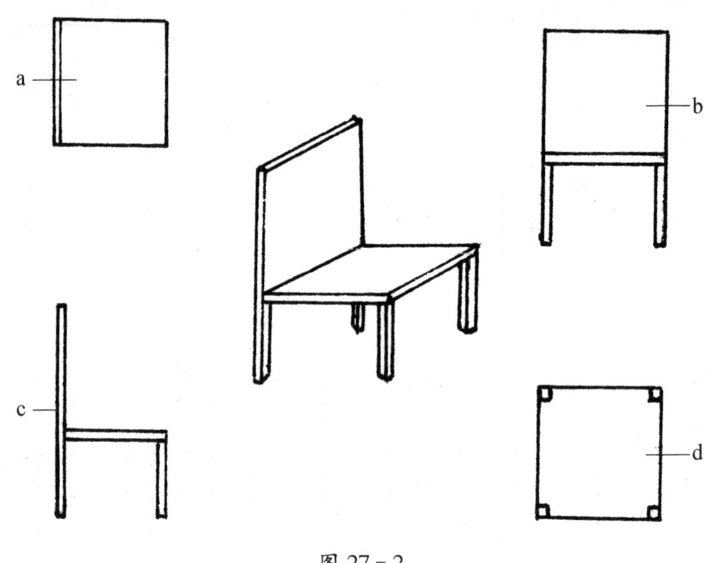

图 27－2

（《艺术与视知觉》P. 131）

为了把椅子的形状比较具体、全面地表达出来，必须从几个不同的视点来观看，把椅子几个不同侧面的形状分别绘制出来。在图 27－2 中，a 图，是从上垂直向下看的椅子形状；b 图，是从椅子正前方看到的形状；c 图，是从椅子的一侧看到的形状；d 图，是从椅子下部向上看到的形状。把这些图形综合起来，才能理解头脑知觉到的椅子的形状究竟是怎样的。

说到这里，善于思考的读者也许又会产生一个疑问：我们从来也没有看到过图 27－2 中 a、b、c、d 那样几种椅子的分解形象，没有从那样一些视点来看过椅子，为什么能在头脑中把握住椅子完整的实际的形状呢？

这个问题接触到了视知觉心理的一个重要问题。由眼睛观看产生的知觉，并不是把一些网膜映像叠加起来就能得到，而是经过大脑分析综合之后得到的。大脑皮质的视知觉系统能把同一物体的各种网膜映像加以比较、选择；能从已经把握住的形状推导出未知的形状，从记忆存储的信息中找到理解当前网膜信息的线索。不过这样的过程并不是以思维的方式来进行，而是以我们自己所不能知觉到的神经过程来进行。因此，我们虽然信赖自己的眼睛，深知它看见的世界形象是真实的，但却说不出眼睛是怎样看出那一切的。正因为这样，我们才觉得自己的视知觉能力十分神秘，产生了对它进行探索的兴趣。

28. 人像剪影和手影游戏

你看见过人像剪影吗?

人像剪影是剪纸艺术的一种。擅长剪影的人一边看着你的侧面,一边用剪刀剪一张黑纸,很快就能剪出你的一帧侧面像。看了的人都称赞这侧面像剪得很像,抓住了你的面貌特征,一看就知道是你。图 28 - 1 就是一帧人像剪影。

如果有人给你剪了一帧剪影像,你最好把它贴在一张白纸上。这样,既便于保存,又能把剪影的形象衬托得更清晰。

现在,你可以看出,在黑色的剪影和白纸之间,现出了一条黑白分明的界线,人的侧面形象正是靠这条线显示出来的。这种能显示形象的线,通常称作“线条”。

用一张半透明的打字纸蒙在人像剪影上,用笔沿着黑白分界线画一圈,你可以得到一张同样的侧面人像,但它不是黑色的,不能称作剪影像,而成了一张用线条勾描出的侧面人像轮廓。再加上眉毛、眼睛等,就成了图 28 - 2 这样的人像图,从这图上可以更明显地看出,形象是由线条显示出来的。不但人脸的形象必须依靠线条显示,任何物体的形象也都离不开线条。眼睛能看出形象,正是由于眼睛先看见了线条。

不过,并不是所有的线条都能显示物体的形象。图 28 - 3 中是直线、折线、波纹线和不规则的曲线,它们能表现出什么物体的形象呢?谁也回答不出,因为从它们的形状上看不出究竟是什么。能显示物体形象的线条主要是首尾相连的封闭线,大多数是封闭曲线,也有由直线和曲线混合组成的封闭线。因为它们能表现出物体形象的轮廓,所以被称为轮廓线。

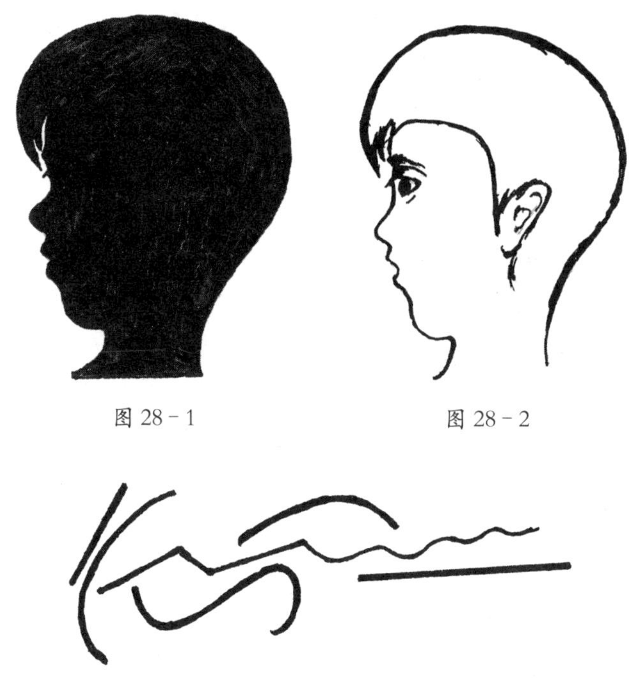

图 28-1　　图 28-2

图 28-3

单靠轮廓线来表现的形象是最简单的形象。当光线从物体的一边射来，眼睛从相反的一边逆着光线看那物体时，你看到的就是那物体的剪影。或者，光线把物体的影子投射在对面的墙上，如果角度适宜，也会形成一个酷似物体形象的投影。剪影和投影造成的形象就是单靠轮廓线表现的形象。

比较复杂的形象不仅有轮廓线，还有其他一些辅助线条，可以把物体的形状结构和其他特征显示出来。图 28-2 中的线条已经比构成剪影像的线条复杂得多。

儿童常玩的手影游戏正是利用投影来显示形象的。用手和手指组成一定的样式，直接看手的形状可能看不出它像什么，而当灯光把它的影子投射在墙壁上时，看起来就像某种动物或其他物体，形态栩

图 28－4

栩如生。请看图 28－4，就是用双手做的兔子手影。

做手影游戏不但要把手和手指摆成规定的样式，而且要调整好灯光照射的角度，把手放在适宜的地方，才能使墙壁上的手影像动物的形象。稍有差误，投影就会变得无法辨认，游戏就会失败。这也像制作人像剪影一样，必须按照人的侧面形象来剪纸，才能把人的额角、眉、眼、鼻子、嘴和下颏等能看出面貌特征的形象表现出来。

从手影游戏的投影形象上也可以找到轮廓线。请把一张白纸钉在墙上，让手影正好投射在这张白纸上面，再请另外一个同伴用铅笔沿着影子周围画一圈，就可以得到一张能够长久保存的手影图。在这样的手影图上，你就能很清楚地看出形象的轮廓线。

29. 物体上的线条在哪里

当我们看见物体的形象时，我们就看见了线条。可是，物体上的线条在哪里，你可曾寻找过没有？

前面曾经谈过苹果的形象，图 18 - 1 中的苹果就是由一圈轮廓线表示的。在一个真实的苹果上，你能找到那样的轮廓线吗？你手握着那苹果，转过来，转过去地察看，看出它是一个不规则的球体，上一半比较大，到下面逐渐变小。眼睛看到的和手指摸到的都是弯曲的面，根本找不出一条线来。

又如人脸的剪影，那显示面部特征的轮廓线在真实的人脸上也找不出。如果把剪影上的那根轮廓线硬移放在人脸的正面，把它勉强同高高的鼻梁中线合在一起，那么，表现额部、下颏的轮廓线又该放在哪里呢？如果人脸上真有那么一根轮廓线，我们看见的人脸就会像图 29 - 1 那样。当然，真实的人脸不可能是那样的。

图 29 - 1

从手影游戏的手影上，我们能看见动物形象的轮廓线，但在人的手上，绝对找不出那样的线条。尽管我们能够分辨出，动物形象的哪一部分是由手的哪一部分投影造成，但构成那一部分形象的轮廓线，在手的相应部位上也还是不能找出。

事情原来是这样的：在所有的物体上，都只能看到“面”，而看不到“线”。

那么，显示形象的线条是从哪里来的呢？

线条，实际上是由光造成的。光有一个最重要的特点，就是在空间只能直射，不能转弯。物体的反光自然也是这样。当眼睛看见一个物体时，只能看见它的正面，看不见它的背面。这也就是说，只看见物体表面能同眼睛连成直线的那样一个“面”。当眼睛看见受到光线照射的苹果时，目光接触的是一个曲面，像图 29－2 表示的那样。在纸上画出以后，就成了一个平面。形象的轮廓线实际上就是这个平面的轮廓线或界线，或者说，是眼睛所看见的物体反光面的界线。

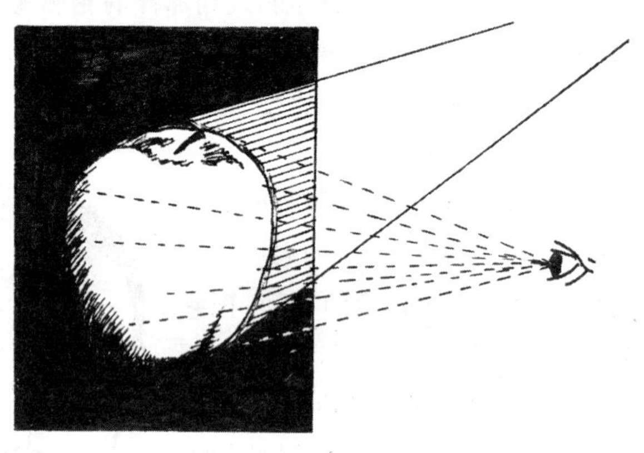

图 29－2

物体的表面并不总是很平的，只要有点儿高低，有点儿很小的疤痕，就能阻断一些光线，形成阴影，在光与影的交界处，也会使人看出线条。看人脸的正面时，能看清眼睛、鼻子等，能看出它们的轮廓，原因就在这里。

由于光源的方向、强度和物体表面物质成分等的差异，还会使物体的形象表现出不同的光和色，这也会在形象上造成另一种线条，使形象的构成更复杂，也更具体、更精确地反映出物体的存在。

如果眼睛看见的物体是背着光的，那就是说，光线是从物体的背后射来，眼睛看得见物体后面的光，而看不见物体表面上的反光。这样看见的物体形象就是剪影。前一节中所说的人像剪影和手影就是这样一种形象。剪影的轮廓线也是由光线造成的,但它不是由物体的反光,而是由物体后面的光或受光面同阴影之间的分界线造成的。

30. 图形的隐身术

还记得儿时曾玩过的一种填色游戏吗？一张纸上，印着一个方框，这方框被一根根线条分成许多小块面，每个块面上标出一个数字。只要按照印在方框旁的说明去做，在标着相同数字的块面上填上相同的颜色，奇迹就出现了，你就能从原来的方框里看见一只小鸟或者一只小熊猫什么的。看到那些突然出现的生动的形象，幼小的心灵曾经多么激动，多么喜悦啊！图 30－1 就是一张填色游戏图。请按照图旁的说明填上颜色，看看那究竟是什么图形。让我们再回味一下儿时的欢乐吧。

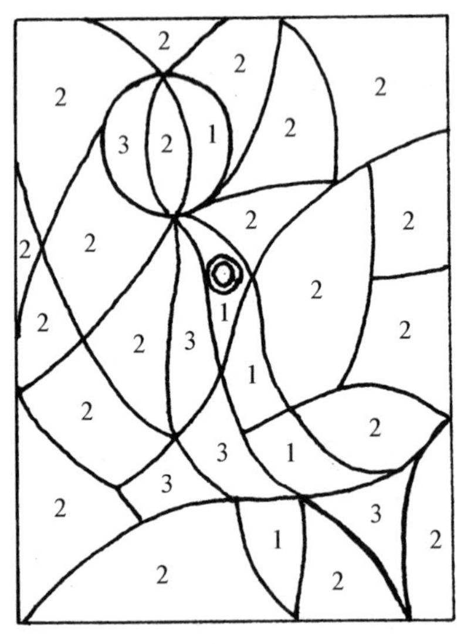

图 30－1

1——黑色　2——蓝色　3——白色

（从儿童画册上选用）

现在该思考了：为什么在填上颜色以前，看不出来图形呢？

或者，这样改变一下思路：为什么填上颜色以后，就看得出图中的形象呢？

我们说过，要看出形象，必须先看出轮廓线。轮廓线就是形象周围的一圈界线，看不出这一圈界线，形象自然就不能凸显出来。比较一下填色以前和填色以后的图形吧，它们的主要区别在哪里？填色以前，只看到被线条分割开来的许多形状各不相同的块面，那些块面什么也不是，什么也不像，是毫无意义的形状，因此我们只能称它们块面，不能说它们是形象。整个方框被这样的块面占满，因而从方框里看不出有意义的图形。填色以后，不但许多块面因为颜色相同而连成一片，而且有些颜色不同的块面也能自动组合在一起，这样，形象就从方框中凸显出来。那些被形象抛在旁边的色块也相互连成一片，成为形象的背景。在形象和背景之间出现的分界线，自然也就是形象的轮廓线。

请你再想一下，那些设计填色游戏的大朋友们又是怎样把方框分割成许多毫无意义的块面的呢？其实，他们当初并不是分割方框，而是先在方框里画出一个物体的形象，画出形象的轮廓线（见图 30－2）而后再把背景和形象任意分割成许多大小不同的块面，让轮廓线被这些小块掩盖起来。掩盖了轮廓线，形象也就失去了踪影。由此可见，眼睛之所以能看出形象，完全是靠抓住显示形象的轮廓线，靠这轮廓线把形象从背景中分离出来。看图形是这样，看真实物体的形象也是这样。

图 30－2

31. 蓝天白云和绿叶红花

有些形象和背景很容易区分开来，一眼就能看得出哪是形象，哪是背景。

比如，在晴朗的日子，蓝天上飘着几朵白云，那么，白云一定是形象，蓝天一定是背景。（参看图 31－1）

图 31－1

为什么会这样看呢？因为天空的颜色单一，光线均匀，就像一张没有画上图画的纸，所以眼睛毫不迟疑地把它看成了背景。白云浮在空中，轮廓线相当清晰，面积比天空小得很多，离我们也比较近，自然会把它看成背景前的形象。

要是在多云的天气，空中云气弥漫，看不出界线分明的云朵，云和天空混沌一片，那样就没法区分形象和背景了。

如果你看见一片广阔无边的沙漠，一队骆驼从远处缓缓走来，那么你说，什么是形象？什么是背景？

如果你看见广漠的草原上有牧民骑在马上放牧，他们的身边是一片白云似的羊群，那么你说，什么是形象？什么是背景？

你一定能正确地回答：骆驼是形象，沙漠是背景；骑马的牧民和羊群是形象，草原是背景。尽管沙漠高低不平，大风吹过的痕迹留在沙面上，形成一些弧形的线条，但同骆驼的形象相比，毕竟是比较模糊的；草原上不但长着丰茂的牧草，而且还开着野花，但同牧人和羊群相比，它们的形象就成为次要的，就退到背景的地位上了。

有些图形，如果单看它们，它们是形象，而当它们和其他图形放在一起时，就从形象转化为背景。上面说的沙漠和草原从形象变成背景，就是这样的。

人们常常说："红花虽好，还须绿叶扶持。"红花和绿叶原来都是形象，而在一些图画中，绿叶却成了背景，只是起衬托的作用。有一幅宋朝人画的小品，画面上是一朵大荷花，后面是暗绿色的荷叶。在这幅画里，荷叶是背景，荷花是形象，所以人们称这幅画为《出水芙蓉》。图31－2是根据那幅画的轮廓绘制的。如果这张图画没有着色，全由线条构成，花和叶的界限就不十分明显。可是，即使单看形状，只要稍稍留心观看，你也不会把荷叶和荷花瓣混淆起来，一片片花瓣构成的整体形象还是能从表示荷叶的线条中凸显出来。这例子说明我们的眼睛具有把形象和背景区分开的本领。

图31－2

（据宋人作品《出水芙蓉》改作）

32. 抽象图形的形象和背景

在现实生活中，我们很容易把看到的形象和背景区分开来。通常，目光总是集中在形象上，对背景只是大略地看一看。因此，人所看见的形象比背景要清晰得多。如果看见的形象都是我们熟悉的，眼睛往往会选择其中一个，盯住它看，把它看得十分清楚。为什么选中它呢？因为它好看，或是因为它对自己有用，或是因为它使自己产生了某种想法，于是就盯着它看了。如果看见的一些形象中有一个是未曾见过的形象，眼睛自然也会盯着它，把它当作观看的目标，为什么会这样呢？因为好奇，因为人们得随时提防它是否对自己有害。在这两种情况下，眼睛注视的目标都能成为形象，视野中的其他物体就成为背景。形象和背景是由人主动地加以区分的，但这种主动性活动，人不一定能自觉到，不一定是有意识地进行的。

有些人制作的图形是抽象的，它们只是一些有规律或无规律的线形，不能表示出是什么具体物体，对人没有明显的意义，但眼睛在观看它们时，也仍然会把它们区分为形象和背景。

请看图 32－1，在这两个图形中，你看得出哪个是形象，哪个是背景吗？

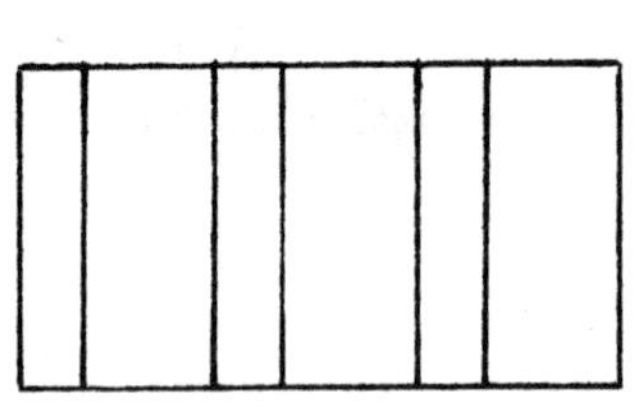

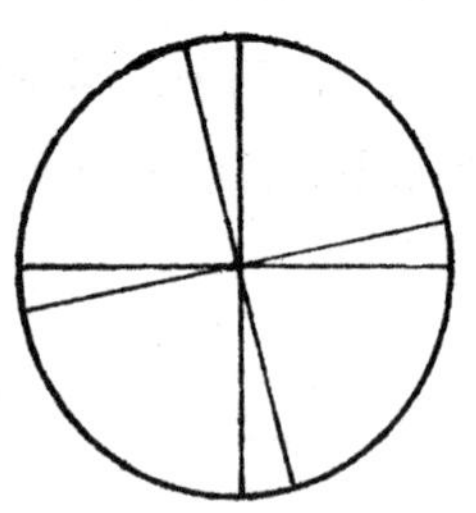

图 32－1

（据《艺术与视知觉》P. 306）

你会把左面图形中比较窄的竖条看作形象，而把比较阔的竖条看作背景。在右面的图形中，你会把比较狭窄的扇形看作形象，把比较阔的扇形看作背景。你是这样看的吗？

为什么这样看呢？因为，形象通常都比背景的面积小一些，眼睛便不知不觉地把图形中较窄较小的部分看成了形象，而把较阔较大的部分看成了背景。

在图 32－2 中，情况就不同了。左面图形中二根较阔的竖条会被当作形象，一根较窄的横条却会被当作背景。右面的图形中，较阔的扇形会被当作形象，而较窄的扇形会被当作背景。通常，人们都是这样看的，你大概也不会例外吧。

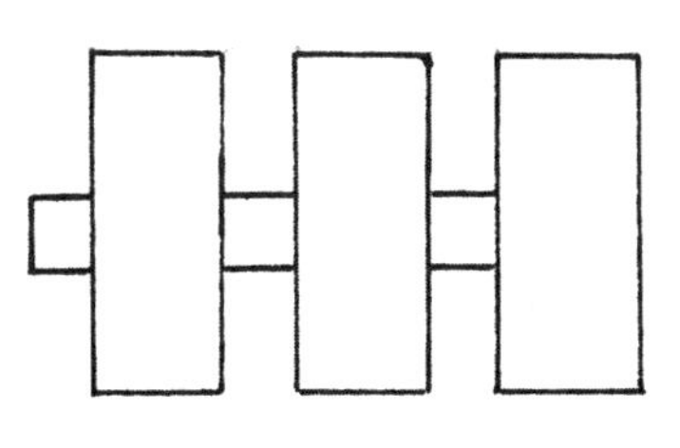

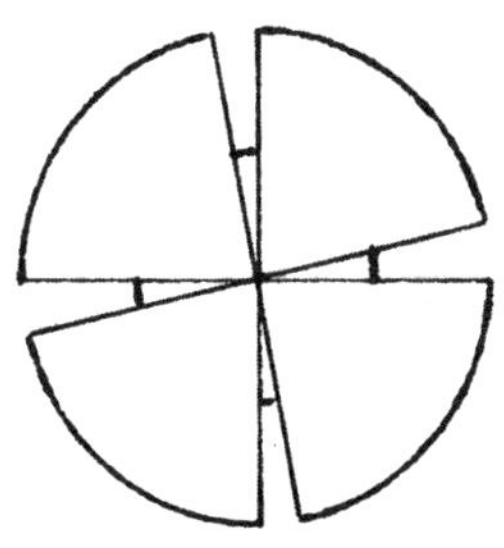

图 32－2

（据《艺术与视知觉》P. 306）

为什么现在会这样看，而不再像刚才那样把较小较窄的图形看作形象，把较阔较大的图形看作背景呢？

因为在这样的图形中，被区分成形象和背景的图形实际上是一个形象，没有绘图的地方才是背景。眼睛把这样的形象分成了两个层次，一部分形象重叠在另一部分的形象上面。左面的图形是三根较阔的竖条压在一条较窄的横条上面，右面的图形是四个较大的扇形压在一个半径较小的圆形上。要把这样两个层次的图形区分成形象和背景，当然只能把上面一层的图形看作形象，把下面一层形象看作背景。

不过,视知觉系统并没有像我们现在这样有意识地对图形进行分析和研究,而是用一种我们不能知其奥秘的神经过程来工作的,因此一眼就把形象和背景区分了开来。

33. 如果部分轮廓线失落……

形象必须有轮廓线，才能从背景凸显出来。可是有些形象虽然没有一条封闭的线条围成它的轮廓，却也能使人看出它是形象。

请看图 33－1，你会看出这是一些黑白相间的条纹。如果问，其中什么是形象？什么是背景？你大概会回答：白色的波形条纹是形象，它出现在黑色背景的前面。你的回答是对的。

图 33－1

这白色条纹的宽窄比较一致，形状也比较有规律，使人感到这是很长的白色条纹形象中的一段，因此，我们把它看成了形象；而黑色的部分却缺少统一的形式，于是它就被看成了背景。

再请看图 33－2 和图 33－3，它们是什么？

图 33－2

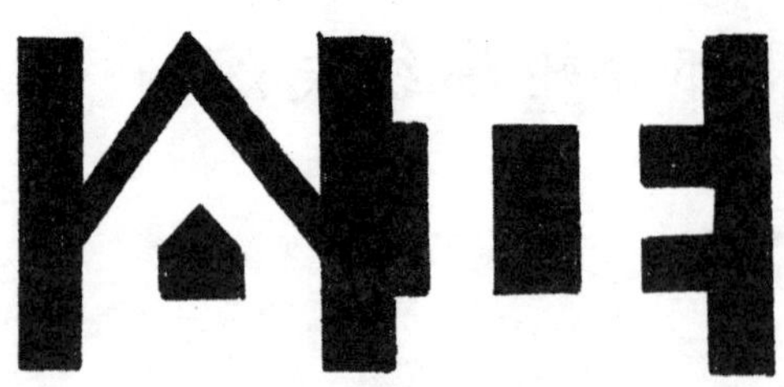

图 33－3

眼睛看见的都是白色背景上的一些不规则的黑色斑块，它们是三角形、矩形和一些多边形，看不出它们有什么意义，也看不出它们组成了什么图形。

现在请用两根直尺或两张卡纸放在这两个图形的上下两边，让直尺或卡纸的边和黑色斑块的边缘接触。请你再看看，该看出是什么了吧？

原来图 33－2 是用大楷字体写的英语单词“EYE”（眼睛），图 33－3 是汉字“公正”。

为什么起先看不出它们来呢？请你想一想这个道理吧。

文字也是形象。平时，我们看见的文字大都是白纸黑字，白纸是背景，黑字是形象，而在这两张图里，文字是从黑色的背景上显现出来的，这有些出乎人的意料。但这还不是看不出形象的主要原因。更重要的是，两个图形的轮廓线都缺少了一点儿，尽管并不是很多，但把图形的完整性破坏了，上下两边和背景外面的空间连成了一片，连背景也变得不完整了。这样，黑色背景就成了许多不连续的形象，它们的形状既不规则，又不能显示出任何意义。既然眼睛没法分辨形象和背景，自然看不出图形的真相。

那么，为什么在图形的上下各添加上一条直线，或用直尺盖住图形的上下两边，眼睛就能认识它们呢？因为这样一来，轮廓线就被确定，形象和背景就能相互分离开来。

34. 一个图形，两种形象

一张图形，只能表现出一种形象。这也就是说，我们看一张图形，只能形成一种知觉，而不可能既看见这种形象，又看见另一种形象。

这样说正确吗？无疑是正确的。要不然，图形就不能使我们知觉到明确的形象，图形的制作就毫无意义了。不过，也有一些特殊的图形能使眼睛产生不同的知觉，从它上面看出不止一种形象。

请看图 34－1 这张奇异的图形。从这张图上你看出了什么形象呢？

图 34－1

（据《Experiments in Visual Science》P. 119）

如果你把白色看作图形的背景，那么，你看到的黑色图形就是一个高脚果盘。

如果你把黑色看作背景，那么你就会看见两个白色的人面剪影。他们的面貌特征完全一样，面对着面，相隔不远。

你总是先看见两种形象中的一种，而后又发现第二种形象。你并不是在看见高脚果盘时同时看见两个人脸，因此，这张图形中并不是同时有两种物体的形象，而只是可能使我们产生两种看法。由于看法不同，看见的形象也就不同，所以我们才说这图形有两种形象。

为什么会这样呢？

一个最根本的原因就是我们的视知觉系统有能动性。眼睛在观看时并不是被动地接受外来的光信息，而是主动地搜寻，而且要对光信息进行加工，把看出的一些线条加以分离和组合，而后才能形成知觉。从刚才看的图形上，眼睛得到的光信息只有一种，但对线条分离和组合的方式却有两种可能性，因此，眼睛就不能不有所选择，先把黑色部分或白色部分确定为背景，而后，形象也就随着确定下来。

当然，另一个原因也不能忽视。这张图形的形式结构有它的特殊性，被轮廓线分开的两个部分都同我们所熟悉的某种物体形状相似。这轮廓线也是特殊的，它不是一根封闭的线条，而是相互对称的两根线，这两根线可以成为两种形象的轮廓线。没有这种特殊的形式结构，单靠眼睛的主观能动性也不可能看出两种形象。

再看看另一张能看出两种形象的图形吧。

图 34－2 是一段栏杆。这栏杆是由一个个相互平行的立柱构成的。你看出那立柱的形状是怎样的了吗?

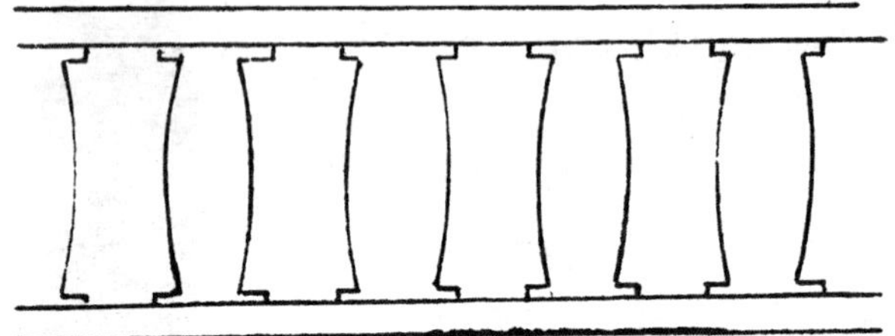

图 34－2

(《艺术与视知觉》P. 309)

你可能看出它的两边是向里凹进的弧形，如图 34－3a，也可能看出它的两边是向外面凸起的弧形，如图 34－3b。这两种形象可以由你任意选择。

为什么会这样呢? 原因同上面说的一样。不过，有一点要请你注意：只有在图形上才有这两种选择的可能性，如果是真实的栏杆，无论你怎么看，它也只可能有一种形象。栏杆的立柱是实在的物体，它是木质的或钢筋水泥的，它不可能时而被看成形象，时而被看成背景，它永远只能是形象。而在我们看的这个图形中，由于栏杆只是一段，没有两端，就有可能把原来的立柱看成两根立柱中间的空隙，而把空隙看成了立柱。你再仔细看看那图形吧，不论把哪种形象看成立柱，最后看到的那个立柱都只有一个边。如果把那缺少的一边画上，再在栏杆两端各画上一根直线做边界，那么栏杆立柱的形象就只能有一种。你相信不？请试一试吧。如果在左面添一条边，从左看起，立柱就是图 34－3a 那样；如果在右面添一条边，从右看起，立柱就是图 34－3b 那样，它们的形状就不可能再变了。

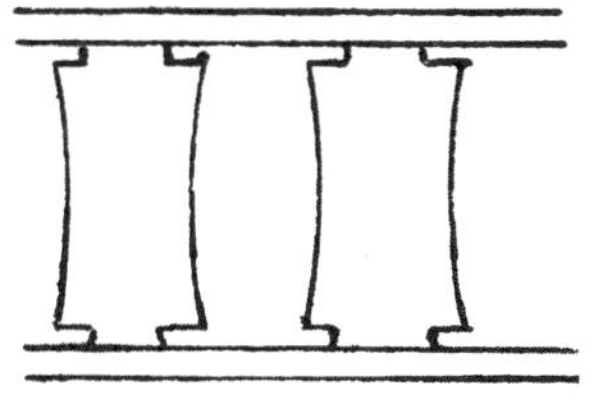

图 34－3a

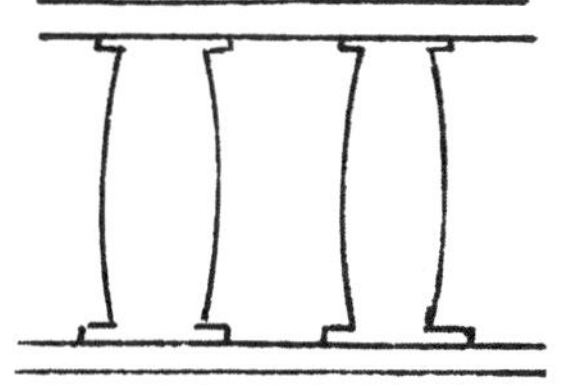

图 34－3b

35. 有趣的交错图形

前一节介绍了一种形象和背景可以相互调换的图形，遇到这种图形，视知觉系统就有可能对形象进行选择。开始时，对形象的选择是不自觉的，要看哪种形象不能完全随我们的意；等到对这种图形熟悉以后，就能自觉地进行选择，要看哪种形象，就能看见哪种形象。

你可以和同伴们一起来看图 34－1，由一个人发号施令。他命令："看高脚果盘！"大家就一致看见高脚果盘；他命令："看两个人脸！"大家就一致看见两个人脸。这种游戏会使你体验到一种特殊的愉快感，使你对自己的视知觉主动能力增强信心，证明了观看并不总是被动的。因此，有些艺术家就努力发现、追寻和创造这一类特殊的图形，把它运用在工艺品和装饰中，当作一种特殊的美的形象来供人欣赏。

下面的图形就是一些例子：

图 35－1 是可以上下颠倒看的图形。先正看，白色的图案是形象，黑色的图案是背景；颠倒过来看，黑色的图案是形象，白色的图案是背景。对这个图形比较熟悉以后，就可以同时看出黑白交错、上下颠倒的两个形象相互镶嵌在一起，背景就不再存在了。我国有些草编或竹编工艺品上的图案也属于这种图形的类型。请看图 35－2，黑色图案和白色图案会相继映入你的眼帘，它们相反相成，相互映衬，没法区分

图 35－1

（参照《秩序感》P.161 改作）

哪是形象，哪是背景。这种编织成的图案固然同编织工艺有关，但无疑也是出于人的审美追求，出于人对自己视知觉能力的开拓。

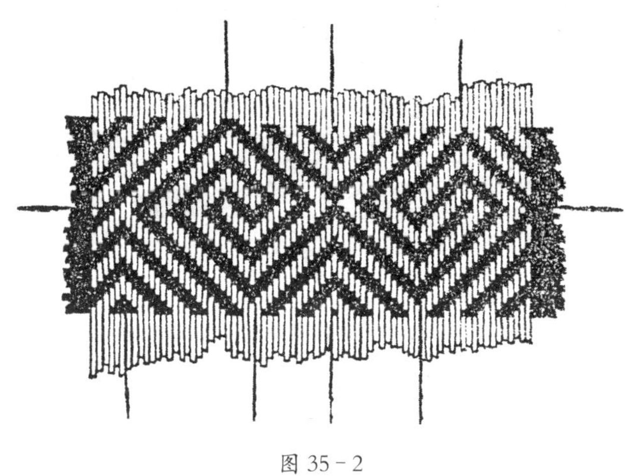

图 35－2

（《秩序感》P. 159）

现代艺术家在民间传统编织图案的启发下，致力于新交错图案的创作，取得了可喜的收获。图 35－3 是荷兰艺术家埃舍尔在 1942 年左右制作的一幅鱼蛙图案。初看时，只能看出白色的鱼形象，多看一下之后，就会发现那黑色的背景上还有些白色线条，原来那里还隐藏着青蛙的形象呢。现在，你大概已经看出，表现出青蛙的轮廓线同时也就是鱼的轮廓线，鱼和蛙两种形象巧妙地交错镶嵌在一起。但这图形同图 34－1 有着明显的区别，两种形象除了有共同的轮廓线而外，各自还具有表示自己形状特征的一些辅助线条。靠这些白色的和黑色的线条显示出鱼和蛙的眼睛、鱼鳍、鱼尾和蛙背上的条纹等等，使两种形象更加清晰、细致，使眼睛能更容易地看出同时显现的两种形象。

艺术家当然是煞费苦心才创造出这样巧妙的图形。你瞧，青蛙的头、背和右侧的后腿恰巧嵌在鱼的下颌、腹鳍和尾鳍之间，青蛙的前腿、腹和左侧后腿又恰巧把鱼的尾鳍、背鳍勾画出来。作者脑海中

图 35－3

M. C. 埃舍尔：鱼蛙交错图案(约 1942 年)

(《秩序感》P. 159)

如果不同时浮现这两种形象,又怎么能把这样的图形制作出来呢?就连我们现在观看这图形时,也并不能一点不动脑筋,视知觉系统必须紧张地不断把所见线条加以分离、组合,才能看出两种形象。

有位日本艺术家在 1968 年也运用类似埃舍尔的方法绘制了一幅有趣的交错图案。请看图 35－4,图上的形象是什么？你先看见的

图 35－4

交错纹样构成的图案(1968 年)

(《秩序感》P. 162)

是黑豹或白豹，然后你会发现它们从右下方向左上方排成斜行，一列白豹和一列黑豹相互隔开。两种形象的轮廓线也是共同的，在轮廓线内有一个黑点或白点，代表豹的眼睛，此外就再没有其他线条。当我们的眼睛追逐着白豹时，黑豹会突然闯进视野中。它们的弯曲向上的尾巴似乎不停在摇动，就在摇摇晃晃之间使眼睛感到眩惑，不停地交替看到白豹和黑豹。这样的视觉效果是很奇特的，你不觉得眼睛在观看时有些疲于奔命吗？这时你该感受到自己的视知觉系统在活动，它不是在悠闲地观看，而是在紧张地编织形象呢。

36. 连钱图案

你知道什么叫连钱纹或连钱图案吗？图 36－1 就是这种图案。为什么称它“连钱纹”？因为构成这种图案的单个形象像一枚外圆内方的古钱，许多这样的古钱上下左右紧紧连在一起，所以称为“连钱”。

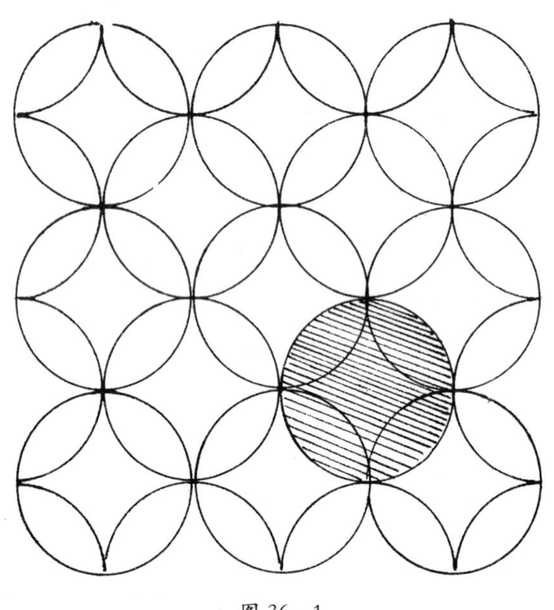

图 36－1

你从图 36－1 上能看出这种古钱的形状吗？相信你一定能够看出。可是，如果你把中间那个古钱的形象用一张同样大小的圆形纸片遮盖住，像图 36－1 右下角那样，你便会发现，周围四枚古钱的形象就不完整了，都失去了一角。这表明，连钱图案也是由共同的轮廓线构成的。只要有四个古钱排成一个正方形，在它们的中间，就会出现第五个古钱的形象。如果把这第五个古钱看作另外一组排成正方形的四个古钱中的一个，那么，在这个新出现的正方形的中间，又会有另外一个古钱形象产生。就这样，许多古钱形象组成了连钱纹，组成了连钱纹之后，它们就成了一整体，不再能一个个分离了。

不过，当你的眼睛从这整体图形中看出一个完整的古钱形象时，在视知觉系统中，就分离出了一个单独的古钱形象，把它同图案中的其他线条隔绝。如果没有进行这样的分离，你怎么能看出这个单独的形象呢?

而且，当你把四个古钱排列成正方形时，就看见了本来并不存在的第五个古钱的形象。这个形象是怎么变出来的呢？这是由视知觉系统用四个古钱相邻的线条组合成的。如果没有进行这种组合，当然也就不会看见第五个古钱。

我们的视知觉系统时时刻刻都在进行分离和组合的活动，眼睛能知觉到物体的形象是同这种分离、组合活动分不开的。

在现实生活中，连钱图案常常被应用在建筑上。有一种漏空花墙，就是用瓦片搭建成连钱纹的。在每个古钱形象中，包括八片瓦(如图 36 - 2 所示)。用 32 片瓦搭成的花墙上可以看出五个古钱形象，用 64 片瓦搭成的花墙上可以看出几个古钱形象呢？如果回答说可以看出十个，那就错了。正确的答案是 11 个。因为在中央相邻的四个古钱形象之间又形成了另外一个古钱形象。请不要忘记，形象和物体并不完全相等，从花墙上看出的古钱形象和瓦片数目并不总是按同一比例增减。比如，96 片瓦搭成的花墙上可以看出 18 个古钱，120 片瓦搭成的花墙上可以看出 23 个古钱等。如果要用数

图 36 - 2

学的方法来计算，不是靠简单的算法就能够求得的，而眼睛直接观看，只要会计数，谁都不难看出搭成若干连钱纹的花墙上总共用了多少片瓦。

37. 蜂巢的形状

在自然界中，有没有连钱纹那样的图案呢？同连钱纹一模一样的形象大概谁也没有见过，可是，连续交错的形象却并不稀罕。在显微镜下面，可以看见动植物的细胞排列成近似交错图案的形状，只是不很整齐。乌龟的背甲形象人们比较熟悉，中间一排有五块，旁边两排各有四块，周围一圈共 22 块。其中有些甲片的形状同正六边形颇为接近，又紧紧连在一起，形成一些共同轮廓线。这样的形象常会使人联想起人工制作的图案，但乌龟背甲毕竟是自然物，不像图案画那样完全符合规则。自然物中形状最接近人为图案的恐怕要数蜂巢。

构成蜂巢的每一个巢孔都近似正六边形，许多巢孔联结在一起就成了一片蜂巢。图 37－1 就是蜂巢形状的示意图。巢孔的每一个边同时又是另外一个巢孔的边，因此，这样构成的蜂巢形象是一个有许多共同轮廓线的形象群体。

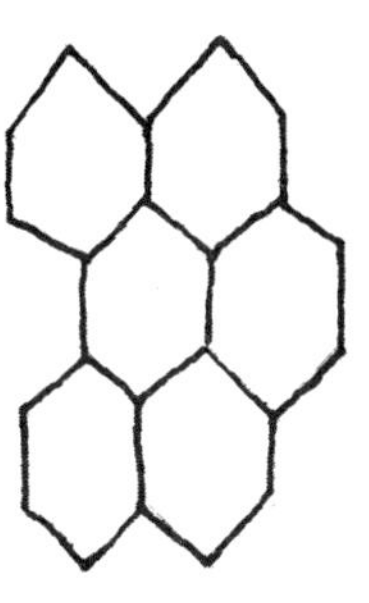

图 37－1

不同的人观看蜂巢的形状时，他们各自会看出怎样的形象呢？也许你会觉得这是一个多余的问题，每个人的眼睛和头脑的生理构造都是一样的，从同一物体上看到的形象当然也应相同，都是物体原有的形状。研究视知觉的心理学家却不是这样看的，据他们的研究，人们的眼睛从蜂巢形象上获得的主要印象是有许多多边形的巢孔挤在一起，对巢孔之间的共同轮廓线却不很重视。有几位心理学家先后做过实验，让一些儿童画出他们看见的蜂巢形状。许多人画出的形状都不正确，图 37－2 的那些形状就是他们画出的，可以分成 a、b、c 三类，你看出其中有些什么错误吗？

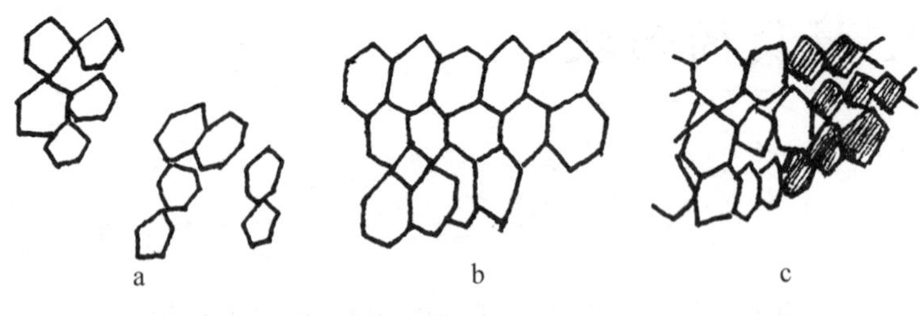

图 37－2

（《艺术与视知觉》P. 302）

在 a 类图形中，只有少数巢孔是六边形，多数画成了五边形。它们的轮廓线只有很少几处连在一起。在 b 类图形中，上面两排巢孔画得比较正确，下面的图形却错了，在六边形之间有空隙，而且有几处相互重叠，一个六边形压在另外一个六边形上。c 类图形中的巢孔只有极少几个是六边形的，多数是五边形和四边形的，巢孔之间有多处空隙。最令人奇怪的是，有七个巢孔上涂了黑色，目的是为了让巢孔间的空隙明显些，能引起试验者的注意。大概这图形的作者有些扬扬自得，以为自己看出了别人没有看清楚的空隙。

你觉得这些错误图形可笑吗？

这样的错误是怎样发生的呢？是由于看得不够仔细或者是绘图的技能太差吗？还是由于画得太马虎吗？

从心理学研究的观点看来，这些图形同画图人的视知觉是一致的，错误的图形证明了画图人的视知觉有失误。视知觉的失误是不足为奇的，因为视知觉并不像照相机那样直接反映外界的光信息，并不就是网膜上的映像。视知觉在大脑里经过复杂的神经过程以后才能最后形成，它受到主体方面许多因素的影响。别的就不说了，就只谈形状的知觉吧，也得先从不同的明暗对比中把握住线条，再把一些线条从另外一些线条中分离出来，并把它们组合在一起。从图 37－2 中的那些错误图形来看，画图人的大脑在进行线条的分离、组合时肯定忽略了形象的一些重要性质，不然他们是决不会那样画的。

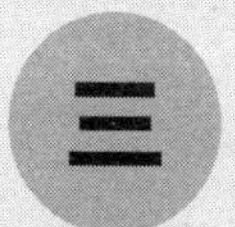
三

38. 你看见了谁的脸

图 38－1 是模仿法国著名画家勃拉克的油画《画架和女人》中的人脸绘制的。勃拉克是一位立体主义画家，他的画很特别，人们看了可能觉得形象古怪，一时很难理解，可是，这样也就更吸引观看的人，非得仔细看一看，看出一个究竟不可。

图 38－1

模仿勃拉克 1936 年创作的《画架和女人》

（采自《美术译丛》1989 年第 2 期）

从这张画上你看见了谁的脸呢？

你大概先看见左面那张黑色的脸。这是一个侧面人像剪影——说它是剪影也不全对，因为从它上面还可以看出一些细细的线条，显示出头发、眼睛和耳朵的形状。不过，右侧的轮廓线恰好把额角、鼻子和下颏勾画出来，显示出脸形的主要特征，这正是人像剪影的特点。

这时，你一定又看见了右边的另外一张脸。这也是一个侧面人像，是白色的（在原作上，这一部分是黄色），脸形不像刚才看见的那张脸那样普通：在一个有花点的小帽下面，额角高高隆起，鼻梁凹进，下颏向前伸，眼睛很大，脸只能看见狭长的一小部分，大部分没有画出来。

在两张脸中间，有一条黑白分明的界线。当你看左面的脸时，它属于左面的那个人；当你看右面的脸时，它属于右面的那个人。同是一条线，既表现出左面人脸的容貌特征，又表现出右面人脸的容貌特征，因此，它是一条公共轮廓线。你从这画上看见哪一张脸，决定于你把这条轮廓线归属于谁。这也就是说，当你把这条轮廓线从整个图形中分离出来，并把它和左面的轮廓线组合在一起时，你就看见左面的人脸；反过来，把分离出的这条线和右面的线条组合在一起，你就看见右面的人脸。

从这张图中，你对视知觉系统的能动性作用应该理解得更深刻一些了。眼睛看见什么形象，固然由眼前的物体决定，但眼睛怎样观看，视知觉系统进行怎样的组合活动，对眼睛看见什么也会产生明显的影响。

现在，我们大概对画家的创作意图多少已有些了解。他这样作画，是为了让看画的人也能积极投入到艺术创造活动中。他要求人们在看画时采取主动、积极的态度，要像画家探索现实世界中的形象那样探索画中的形象。

时下我国有些画家也吸取这种绘画的长处来进行创作，图 38 - 2 就是仿照一些期刊中常见的插图制作的。在这张图上也有两张人脸，但面部的轮廓却只有一个，而且只有一条眉毛，一个眼睛。当你看见这个人的脸时，表示另外一个人脸的鼻、口和下颏的轮廓线却成了她的鬓发。调换一下看也一样。这张画也能调动看画人的主动性，使我们从中明显地体会到视知觉系统分离、组合的功能。

图 38 - 2

39. 伪装的军舰

图 39－1 是什么物体的形象？

图 39－1

（仿《秩序感》P.281 插图）

那还用问，那不是一艘军舰吗？

回答得对。可是如果问你，为什么你能一眼看出它是军舰呢？

这问题现在也难不倒你。你会这样回答：因为它是画在白纸上的，白纸是背景，把它的形象清清楚楚地衬托出来了。虽然在军舰上涂了深浅不同的颜色，但在白色的背景衬托之下，轮廓线还是很明显的。

如果它不是一张画，而是一艘正在大海上航行的真实军舰，远处的敌人却不容易看见它。为什么呢？因为它全身涂了伪装色。

也许你会这样想：海水是蓝色的，只要把军舰的外面涂上一层蓝色，就会同海水混淆起来，使敌人难以发现。为什么偏偏不怕麻烦，把军舰涂得那样花花斑斑的呢？大概你没有料到，海水看起来并不总是蓝色的。海上经常有风，水面起伏不定，波涛汹涌，像高山深谷，在阳光照耀下，颜色深浅不同，波纹形状各异。如果军舰涂成单一均匀的蓝色，同周围海水相比，它的轮廓反而比较容易被看出。图中这艘军舰的外表被漆成深浅不同的颜色，每一个色块的形状又极不一致，因而军舰的整体形象就被分割成许多部分，隐藏在粼粼海波之中，眼睛要看出它来就不很容易了。

世界各国的陆军制服，大都是草绿色或土黄色。过去，士兵在作战时也穿着这种颜色的军服。为什么要选择这些颜色呢？因为被植物遮盖的原野是草绿色的，不生草木的土地是土黄色的，与它们颜色相似的军服能起隐蔽作用，使敌人不易发现。现在，士兵作战时通常都穿迷彩服，图 39－2 就是一个穿着迷彩服的战士。为什么要穿迷彩服呢？也跟前面所说的军舰伪装一样，是为了让战士的形象和环境混淆成一片，轮廓线不易看出从而更能有效地达到隐蔽的目的。

图 39－2　穿迷彩服战士

有一本介绍画家毕加索的书中说：“当毕加索在第一次世界大战期间看到涂在大炮上的伪装性色彩时，他竟然吃惊地喊了起来：‘我们就是要这样画的——这就是立体派的画法。’”毕加索从大炮的伪装上得到启发，找到一种全新的绘画方法，当然不是为了使眼睛看不出画中的形象，而是为了调动观看者视知觉系统的积极性，吸引观看者参与艺术创造活动。

40. 人类的伪装术是从哪里学来的

人类会用伪装术把自己的形象隐蔽起来，这本领不是天生的，而是学来的。

那么，人类是从哪里学到这种本领的呢？

原来是从动物那里学来的。有些弱小动物为了保护自己，使自己的族类能在地球上生存下去，在亿万年的进化过程中，选择了一种最有利于自己生存的外貌。这种外貌能在周围环境中把它们自身隐藏起来，使那些有能力捕食它们的天敌不容易发现它们，或者，使天敌把它们误看成别的凶猛动物，不敢侵犯。

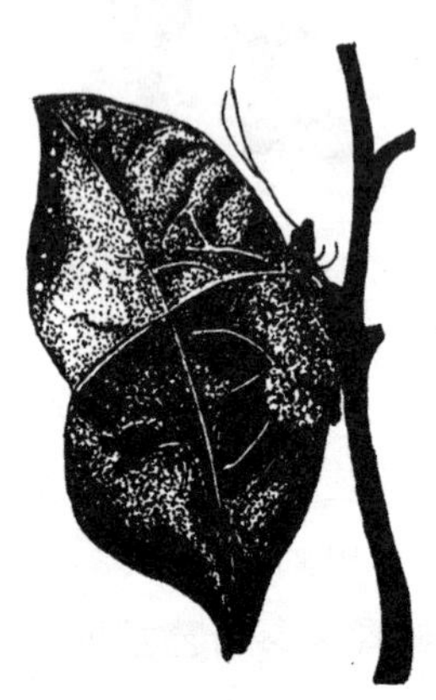

图 40－1

（仿《图像与眼睛》P. 19）

图 40－1 中的昆虫名叫“木叶蝶”，你看它多像一片枯树叶。这是我国台湾省的一种蛱蝶，翅膀的表面是蓝黑色，里面是暗褐色。当它栖歇在树枝上时，双翅合在一起，竖立在背上，就像图中画的那样。这时，翅膀表面的蓝黑色隐藏起来，只显露出里面的暗褐色。你瞧，翅膀中间贯穿前后的那条黑线，不就像叶脉吗？边缘还有些白色小点，不就像枯叶上的霉点吗？可以设想，要在树叶丛中发现它是多么不容易啊。

木叶蝶毕竟不是枯树叶，它的形状和树叶也不完全一样，但当它的轮廓线同四周真树叶的轮廓线混杂在一起时，眼睛就难于把它的形象从枝叶丛聚的背景中分离出来。木叶蝶有头和腹部，有长长的两根触须，它的脚站在树枝上，同叶柄联结树枝的形状明显不同，从图上你不难把这些都看出来。可是，当它混杂在枯叶中时，眼睛就往往会忽略这些细节，不把它们组合在形象中，因而就很难看出它是昆虫。

在桑树上有一种尺蠖蛾的幼虫，形状像枯枝，静止不动时，人的眼睛会把它当成树枝而不去注意它。还有一些毛虫、蜥蜴和鱼类也有隐身的本领，它们的背部色彩最深，身体旁边色彩由深渐渐转浅，腹部色彩最浅。阳光照射在它们身上，看不出阴影，没有立体感，不管是人还是其他动物从高处都很难发现它们。这种隐身术所用的也都是混淆形象和背景的手法。

有些动物不是用伪装术来隐藏自己，而是把自己打扮成一种凶猛动物的形象，使想捕食它们的动物看了害怕，不敢接近它们。请看图 40－2，蓦然看去，不就像一只狐狸正虎视眈眈地看着你吗？但它不是狐狸，也不是另一种凶猛的动物，而是一种名叫入幕宾的飞蛾。那一对令人望而生畏的眼睛是它翅膀上的一对斑纹。如果有一只小鸟看见了它，怎么能不被吓走呢？科学家做过一次实验，用颜料涂在入幕宾飞蛾的眼形斑纹上，把它们遮去，这些入幕宾飞蛾被鸟类捕食的机会就大大增加。鸟类的眼睛和人类的眼睛无疑有很大区别，但识别形象的方法看来也有相似之处。从上述的事例中可以看出，鸟类的视知觉系统也得依靠分离和组合来识别形象。鸟类把入幕宾飞蛾翅上的斑纹看成兽类的眼睛，正是由错误的组合造成的。

图 40－2

（仿《图像与眼睛》P. 20）

41. 如果倒影也被当作形象

一座桥跨越过小河，桥的影子被映在水面上，除了上下颠倒而外，同桥的形状完全相同，就像镜中人像和真人的形状完全相同一样。倒影是不是形象呢？它也是形象，但不是真实形象，而是虚象。它不是物体表面的直接反光造成的，而是水面产生的映像被反射到了人的眼里。

物体和小河水面的倒影之间被河岸隔开。水面发生动荡，倒影就跟着一起动荡，水面被微风吹起轻波，倒影也被风吹皱。因此，在现实中，眼睛能毫不费力地把物体的形象和水中的倒影分离开来，一眼就能看出哪是真实的物体，哪是它的倒影。如果眼睛没有把它们分离的本领，而把物体和倒影的形象组合在一起，那会怎么样呢？

有一位名叫韦太默的著名心理学家绘制了一张图形（见图41－1），让许多人看，很少有人能看出那是什么。你能看出它是什么吗？原来它是一座桥和桥的倒影，在中间的那根水平线上面，是真实

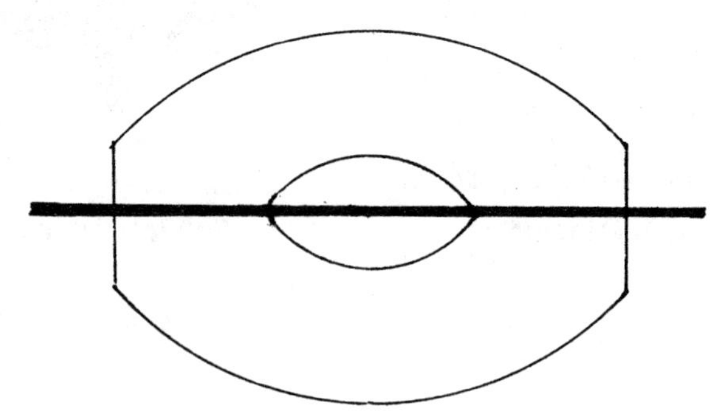

图 41－1

（《艺术与视知觉》P.90）

的桥，而下面是倒影。在现实中很容易分辨的形象，在图形中就很难看出来了。为什么呢？因为图中的桥和倒影是用同样的线条组合成的，它们紧紧地联结在一起，成了一个整体。眼睛被这样的图形欺骗，没有去分离它们，因而也就看不出它们是什么。

有些现代艺术家对物体和倒影联结在一起的形象很感兴趣，在他们的作品中故意把物体和倒影的形象组合成一个整体，使欣赏者得到一种特殊的美感。图 41－2，是根据一件雕刻作品绘制的形象，你能看出是什么吗？原作的标题是《饮水的熊》，作者是杨冬白。艺术家表现的是这样一个场景：一只熊在河边饮水，它看见了自己的倒影。当倒影也同真实的熊一样被塑造出来时，我们却既看不见熊，也看不见倒影了。最后我们终于弄明白是怎么回事，产生了一种恍然大悟的愉快感。这样的形象一眼看上去很难分辨，是什么原因呢？道理同前面说的一样，请读者自己来解答吧。

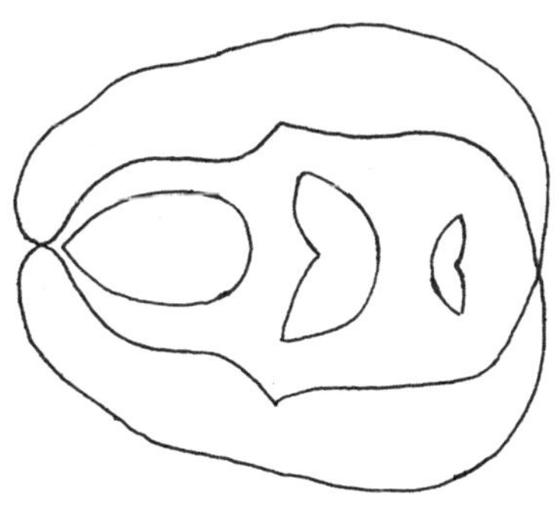

图 41－2

（据《文汇月刊》1985 年第 3 期杨冬白的雕塑照片《饮水的熊》改作）

42. 迷人的对称图形

前一节所说的物体和倒影合在一起构成的图形叫"对称图形"。对称图形主要有两种,一种是轴对称图形,一种是中心对称图形。轴对称图形有一根中轴线,中轴线两边的形状完全一样,只是方向相反,前一节中介绍的对称图形就是轴对称图形。中心对称图形有一个中心点,围绕中心的图形可以分成几个部分,每一个部分的形状相同,只是方向、位置不同。把相同的两张中心对称图形相互叠合,适当地转动位置后,各部分依然能够丝毫不差地相互叠合。许多美丽的图案都是对称图形。

不论什么图形,都可以用来组合成对称图形。在组合成的对称图形中,原来的图形就成了图形的一个部分,是对称图形的二分之一或四分之一,等等。这时,对称图形就成为一个整体,眼睛只看见它的整体形象,很难再看出原来图形的面目。英国有一位叫罗斯金的著名艺术理论家曾经用一些本来并不好看的图形,组合成一条供运动员使用的毛巾上的悦目图案,其中的花边是用从 1 到 6 这几个阿拉伯数字组成的。请看图 42 - 1,就是那花边图案。你能看出构成花边的图形是哪些数字吗?你仔细看一看以后,就会明白,每一个图形都是用相同的数字组成的,这个数字重复了四次,上下左右两两相对,有正有反,还有颠倒着放的。现在你该把它们都辨认出来了吧。

图 42 - 1

(《秩序感》P. 266)

遇到这样的图案，重要的是把它的各个部分分离开来，能分离开来，才能认知它们。

现在请看图 42－2，这是一个很有趣的图形，好像是用铜丝制作的玩具或装饰品。你能看出它是什么吗？给你提示一下，这是一个轴对称图形。请仔细观看吧。

图 42－2

（《心理学纲要》下册 P.67）

图 42－3

再看图 42－3，这图形同刚才看的图形相似，也像用铜丝制成的。它是一只昆虫吗？不是。它也是一个轴对称图形。那么，它究竟是什么呢？

知道是轴对称图形，就不难找到辨识它们的方法了。只要用一张纸片沿着图形的中轴线把下面一半遮盖上，单看上面一半，就能一眼看出它们是什么。

原来它们都是拼音文字。图 42－2 是一个英语单词 summer（夏季），图 42－3 是用汉语拼音字母拼写的 anhui（安徽）。为什么初看见时认不出它们呢？这就跟前一节中的倒影把物体形象隐蔽起来的道理一样：特意制作的对称图形把形象搅乱了，眼睛就不再能看出它的真相。

最后再请看两张中心对称图形：图 42－4 和图 42－5，都是用剪纸的方法制作的。初看这种图形，只觉得很好看，却不容易看出图中有些什么。你能看出它们是什么吗？这两个图形都可以分成四个完全相同的部分，在每一个部分里，你都可以找到一个小人(黑色的和白色的)和其他一些图案。眼睛看这种图案时，总是被整体的形象吸引住，而不习惯把它们分解成部分来看，这也正是这种图案受到人们喜爱的原因。不过，制作这种图案的人却不能不先在心中把它们分解为部分，不但要看出它们是中心对称图形，由四个相同的部分组成，而且还要看出每一部分又是一个轴对称图形，这样才能把纸折叠起来剪制。通常，人们在制作这一类图案时，多半是先在折叠起来的纸片上画出一些线条，剪去一部分后再打开来看究竟制作出怎样的图形。有时，制作出的图形会出乎意料，同预先设想的形状相差甚远。为什么会这样呢？这是由于对称图形总是以整体形象取胜，吸引了我们的视知觉，而把每一部分的形象隐藏起来的缘故。

图 42-4

(采自《秩序感》P.162)

图 42-5

(采自《秩序感》P.162)

43. 把躲藏的图形找出来

一个图形如果混杂在其他图形中，眼睛就不一定能发现它。从白纸上看出线条是很容易的，黑白分明，眼睛当然能迅速地把它们区分开来。可是，要从一个复杂的图形中分离出其中的一部分就不那么简单了。必须把这一部分看作形象，而把另外一些部分看作背景。这不是眼睛轻易能够办得到的，得由脑子里的复杂神经过程来承担这个任务。

在图 43－1 中，a 是一个扁扁的六边形，形状单一，一眼就看得出。b 是个什么图形呢？从其中，可以看出是一个斜放的正方形和一个矩形。当你看出正方形时，矩形是背景；当你看出矩形时，正方

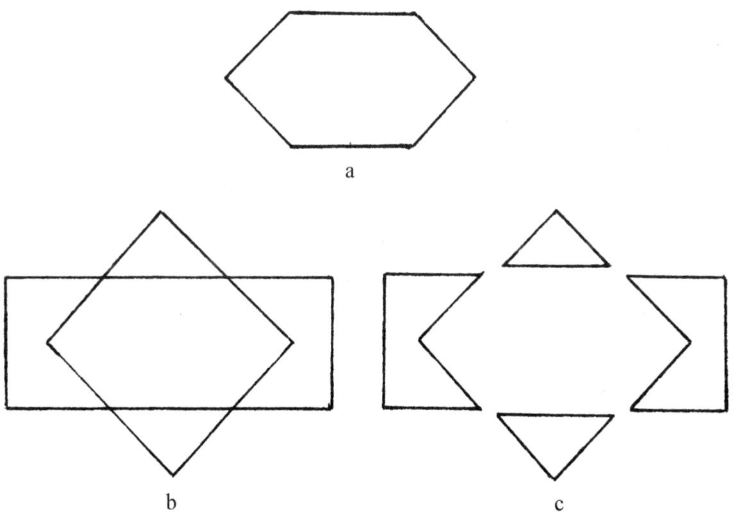

图 43－1

（取自《艺术与视知觉》P. 60）

形是背景。因此，如果你说 b 是一个正方形和一个矩形交错叠放在一起时，实际上你已经把这个复杂图形分离成两种比较简单的图形了。眼睛进行这种分离还是比较方便的。如果不是要求你把正方形和矩形分离出来，而是要求你从 b 中把图形 a 分离出来，你能迅速办到吗？要把 a 看成 b 中的图形，就必须把一个很特别的图形 c 当作背景。c 作为一个图形整体对我们太陌生了，很容易把它看成四个相互分离的形状，因此，把 a 当作形象从 b 中找出来也就比较困难了。

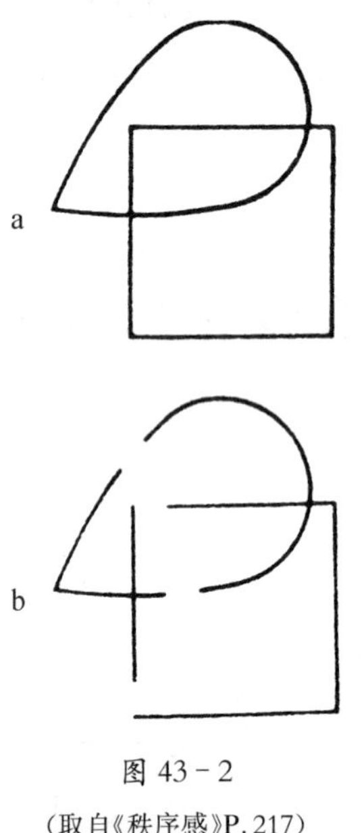

图 43－2

（取自《秩序感》P. 217）

在图 43－2a 中，包含着数字“4”的形象。你能把它看出来吗？你从这图上看见的首先是一个正方形和一个树叶形，它们交错在一起，一个被你看作形象，另一个就成了它的背景。数字“4”的形象被这两种形象隐藏起来了。当你从图中看出“4”的形象时，背景就成了支离破碎的线条组合（见图 43－2b）。因此，如果不提示你仔细寻找，你是不容易看到它的。

有一种视知觉测验就是让受试人从图案里寻找出一个规定的图形。图 43－3 就是进行这种测验的一组图形。其中一个像少了一个边的三角尺，它就是要寻找的图形。其他五个图形中都隐藏着这个图形，你能很快把它们寻找出来吗？不论这图形是朝什么方向，只要形状相同就行。如果你一共找出八个，就全找到了。

从寻找图形的游戏里，可以看出大脑皮质的神经过程对视知觉的重要关系。在视网膜上，图案的形象是一个整体，全部得到了反映，但知觉到怎样的形象决定于人的主观努力和临时神经联系，决定于人的选择。据说，在用图 43－3 进行视知觉测验时，大脑中任何一处有损伤的人看出规定图形都比正常人慢得多。

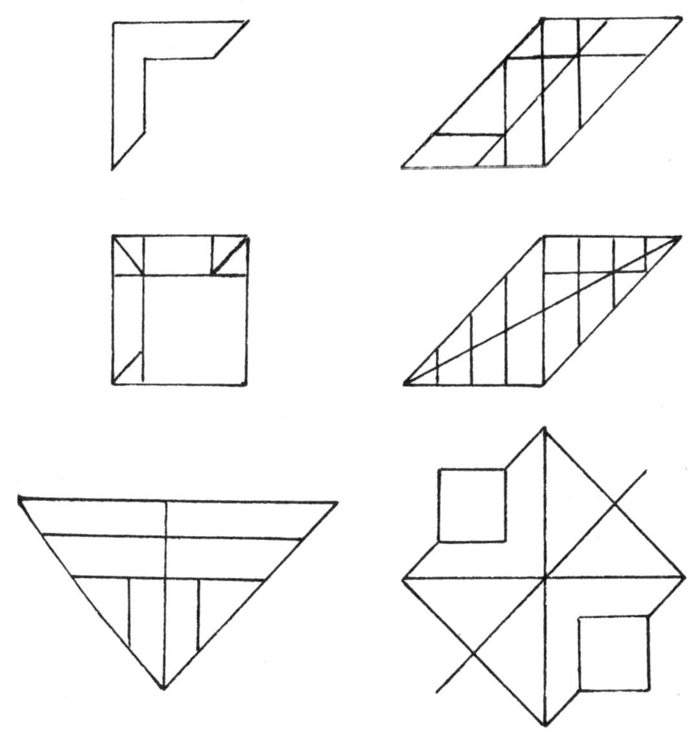

图 43－3

（采自《心理学纲要》下册 P.327）

44. 从棋盘格里能看出什么

你会下国际象棋吗？如果不会下，那么你可看见过国际象棋的棋盘格吗？那是一种方格图案，由一个个黑白小方块交错排列而成，每边 8 格，共计 64 格。图 44－1 就是一个国际象棋棋盘的图案。

图 44－1

（采自《秩序感》P. 230）

从整个棋盘来看，图形就是这样的。如果我们不是看整个图形，而是每次只看其中的一部分，那么我们能看出一些什么形象来呢？

就让我们来试试看吧。

先让目光从左边顶上的一个黑方块出发，向右下方斜看过去，你就能看出由黑方块角对角组合成的斜行条纹。目光如果从白方块开始，用同样的方法看出的就是白方块组成的斜行条纹。图 44－2（a，b）就是这样两种斜行条纹。只要你侧着头，让眼光从棋盘的一角沿着对角线方向看去，就很容易看出这种斜行条纹。当你看出黑色斜条时，白色部分是背景；当你看出白色斜条时，黑色部分是背景。如果看得熟悉了，也能把它看成黑白相间的斜条。

现在，请你把目光注视着棋盘格中的一个白方块（边缘一排的白方块除外），把它当作中心点，那么你看见了什么图形呢？你看见的应该是一个以白方块为中心的十字形，四边各有一个黑方块，就像图 44－2c 那样。如果目光注视的中心点是黑方块，你看见的十字形就是由四个白方块围着黑方块组成的（见图 44－2d）。这样看成习惯以后，满眼看见的就是这种十字形，由黑色方块或白色方块为主构成的十字形。

如果现在让你再换一种看法，要从棋盘上看出另外一种由五个白方块或五个黑方块组成的梅花形（见图 44－2e，f），你能迅速看见它们吗？

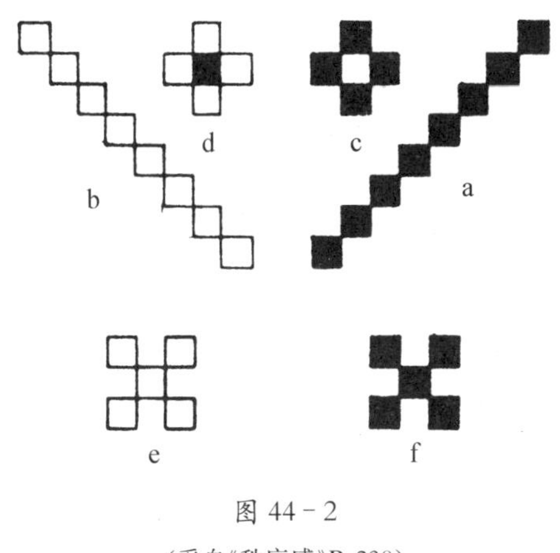

图 44－2

（采自《秩序感》P. 230）

要让视知觉很快做到这样的转换是不容易的。有一种方法可以帮助你促进转换。请你把棋盘格斜过来放，目光沿着对角线看去，只要看见一个白方块（边缘上的那些白方块除外），就能看见它的每个角都同另一个白方块相连，于是就能看出一个纯白色的梅花形。目光稍稍移动，把一个黑方块当作注视中心，你就又能看出一个纯黑色的梅花形来。看惯了这种梅花形之后，把棋盘格恢复原来的放法，你也能很快把这两种梅花形找出来。

从同一张棋盘格上，能看出不同的图案，是由于目光注视点和看的方法不同，其实也就是由于视知觉系统分离组合方式的不同。这里谈的一些分离组合方式是人们能够意识到的，但在更多的情况下，人们却不能觉察到视知觉系统以神经过程形式进行的这种活动。

45. 先看见哪一个形象

还记得从同一张图形上能看出两种形象的事吗？在那种图形上，形象和背景可以相互调换，因而眼睛可以有两种不同的看法。如果问你眼睛先看见哪一个形象，你想找到一个简单答案却是不可能的，因为在观看时，这种图形自身有许多影响视知觉活动的因素，此外还有人的心理因素也在发生作用。

还是看看具体的图形吧。

图 45－1
圆圈中的十字形
(《秩序感》P. 230)

图 45－1 是被分成八个扇形的圆，这八个扇形大小相同，黑白相间。如果把黑色部分看作背景，四个白色扇形就组合成一个形象。为了叙述的方便，可以给这种形象取一个名字，就按照欧洲人的习惯，把它称为“十字形”吧。如果把白色部分看作背景，四个黑色扇形就组合成一个黑色十字形。从这张图形上，你先看见白十字形，还是先看见黑十字形？这个问题你大概也很难回答吧。你自己也不知道究竟先看见哪一个。事实上，你总是一会儿看见这个，一会儿看见那个，两种形象交替出现。换句话说，这两种形象势均力敌，分不出高低和先后。

如果把图形改变一下，让其中一种颜色的扇形变窄，那么，较窄的扇形就较易被看成形象。如图 45－2a，总是被看成白十字，不像图 45－2b 那样常常也被看成黑十字。如果不改变图形，只改变黑色或白色的亮度，那么亮度较大的十字形总是先被眼睛看见。如果图形是彩色的，还可以改变扇形的颜色，颜色较鲜艳的十字形总是先被眼睛看见。十字形的方向也影响到眼睛的观看，如果一个十字形是斜向的，另一个十字形是垂直方向的，那么总是垂直方向的十字形先被眼睛看见。如图 45－1 中，通常总是黑十字先被看见。

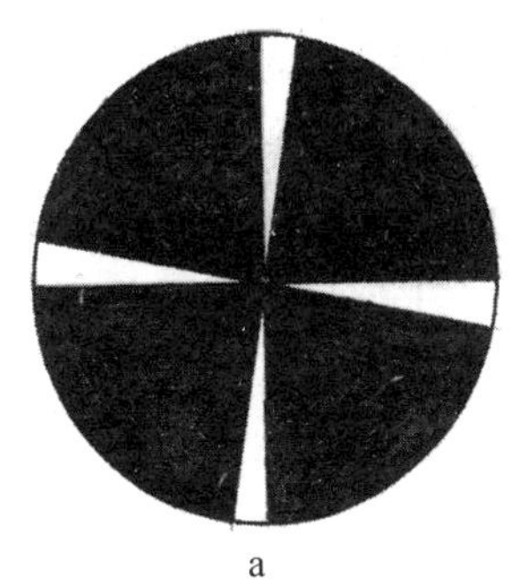
a

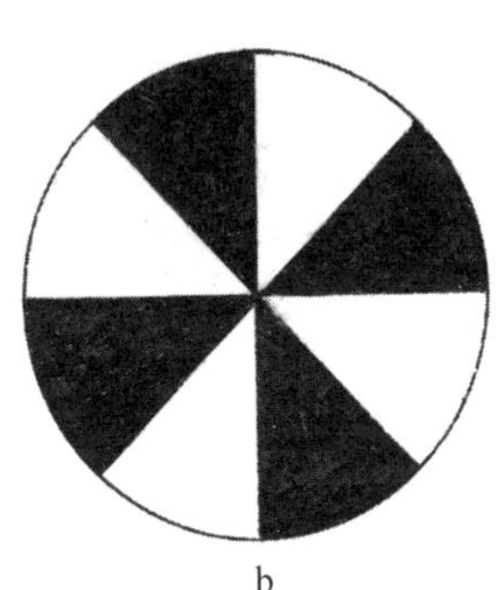
b

图 45－2

(《心理学纲要》下 P.73)

以上都是改变图形中构成形象的各种因素从而引起视知觉变化的例子。下面再介绍一个心理因素影响视知觉的例子。请看图 45－3。中间的图形和前面说的十字形相似，只不过它的整体形象不是圆，而是正八边形。从这个图形上，眼睛先看见黑十字形还是先看见白十

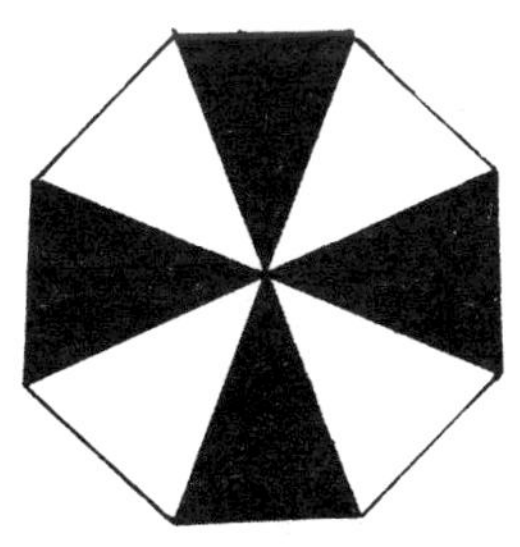

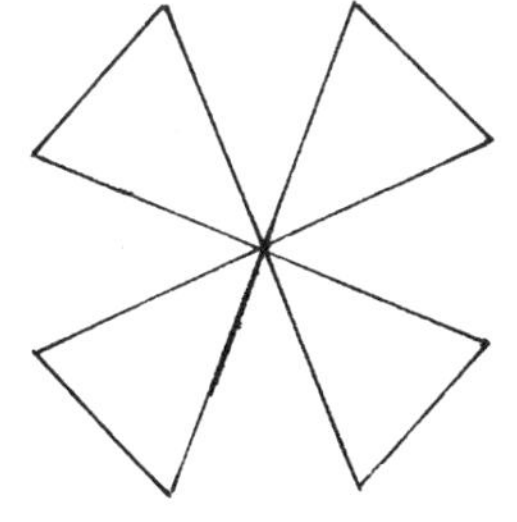

图 45－3

(《心理学纲要》下 P.74)

字形呢?

如果你先看左面的黑十字形,注视60秒钟,而后再看中间的图形,你一定先看见白十字形。相反,如果先注视右面的白十字形60秒钟,而后再看中间的图形,你一定先看见黑十字形。

请你多试几次吧,每次的结果应该都是一样的。

为什么会是这样的呢?心理学家的解释是:大脑皮质的某些神经过程在注视一种形象较长久(比如注视60秒钟)以后,就会受到抑制,对这种形象的知觉不再敏感。心理学上称这种性质为知觉的饱和。这时,如果眼睛看见另一个图形,从它上面可以同时看到另外一种形象时,它就立刻知觉到另一种形象,而把先前看见的那种形象当成了背景。

46. 数豆子游戏和群体组合

眼睛不但善于把线条组合成形象，而且还善于把物体分组，让物体成为一堆一堆、一群一群的，并把每个群体当成一个整体形象。为什么眼睛要把物体分组呢？简单说来，这是人类生活实践的需要。为了说明这种需要，让我们先来做一个数豆子的游戏。

请准备好十多粒大豆。让伙伴们围坐在一张桌子的四周。

由一个人撒一小把大豆在桌上，每次的数目不同，由三四粒开始，逐渐增加到十多粒。撒出一把大豆后，就让伙伴们立刻说出大豆的粒数，记录下每次有几个人说得正确。撒出的大豆粒数在七以下时，大多数人都能一眼看出是几粒，弄错的人极少；到每次撒出八九粒时，能正确说出粒数的人就大大减少；到每次撒出十一粒以上时，几乎很少有人能正确说出是几粒了。这个游戏表明，目光接触到的一切，我们不一定都能知觉到，眼睛能正确知觉到的范围比全部视野要小得多。从数豆子游戏中，你是不是体会到了这一点呢？

如果在游戏时不是随手撒出一把豆子，而是把豆子分成几组，每组二三粒或三四粒，那么一眼看去，能正确看出豆子粒数的人就会大大增加。如图 46－1 中那样几种分组的方式，就比较容易一眼看出是几粒。

由此可见，把物体分组，把每个组看成一个群体，这样能使视知觉的领会能力增强，有利于处理生活中的许多事情。

眼睛是怎样把物体分组的呢？有几种不同的方式，情况不同，分组的方式也就不同。

图 46－2 中，有许多小圆圈，你是怎样看它们的呢？你一定会把它们竖看成四行，而不会横过来看它们，说它们是七行。为什么会这

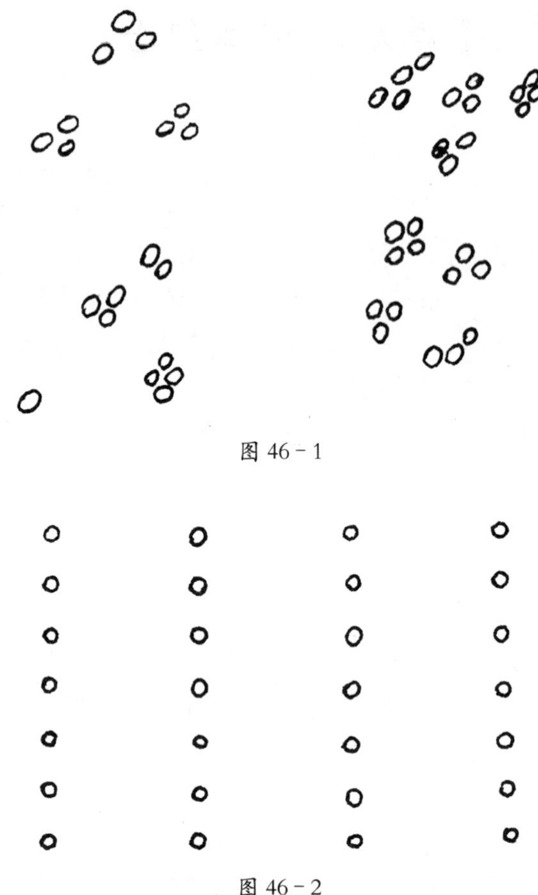

图 46 - 1

图 46 - 2

样分组？你自己这样做了，但并不知道为什么这样做，不觉得可笑吗？其实这一点不可笑，视知觉系统的许多活动都不是有意识地进行的，它要遵守种种规则，只是我们自己觉察不到，不知道其中的奥秘而已。说穿了其实很简单，你把图中的小圆圈按照竖行的形式来分组，只是由于竖行的小圆圈相互靠得近些。心理学上把这种分组规则称为“接近性规则”。尽管你不知道这个道理，而实际上，你正是按照这样的规则做的。

图 46－3 中，有小圆圈，也有小三角形，它们前后左右的距离完全一样。眼睛是怎样把它们分组的呢？可以断言，你决不会按照竖行来分组，而一定是按照横行来分组，因为按横行分，每行的形状都是同样的，都是小圆圈，或者都是小三角形。如果按竖行分呢，那就是一个小圆圈隔一个小三角形，看起来眼睛感觉别扭。这里遵守的又是什么规则呢？心理学称它为"相似性规则"。

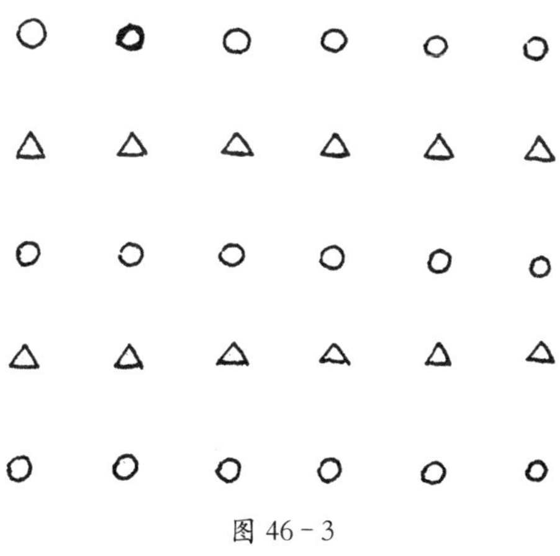

图 46－3

还有一种组合规则叫"连续性规则"。有些图形不能够一个一个分开，它们总是前后相连，而且可以无限连续下去，没有止境，因此称为"连续图形"。图 46－4a 就是这种连续图形。这个连续图形比较复杂，如果要把它分解成比较简单的形式该怎样分呢？相信你一定会把它分解成图 46－4b 中的两种形式，即：长城图案和水波图案。这两种图案的连续性很明显，规律性易被把握住。图 46－4c 中的两种图案也是从图 46－4a 中分离出来的，你看见它们时一定感到很不习惯，甚至不相信它们是从图 46－4a 中分离出来的。为什么眼睛不会把图 46－4a 分离成图 46－4c 中的两种形式呢？就是因为这两种图案太复杂，变化的规律性不明显。换句话说，这样分就违背了"连续性规则"。

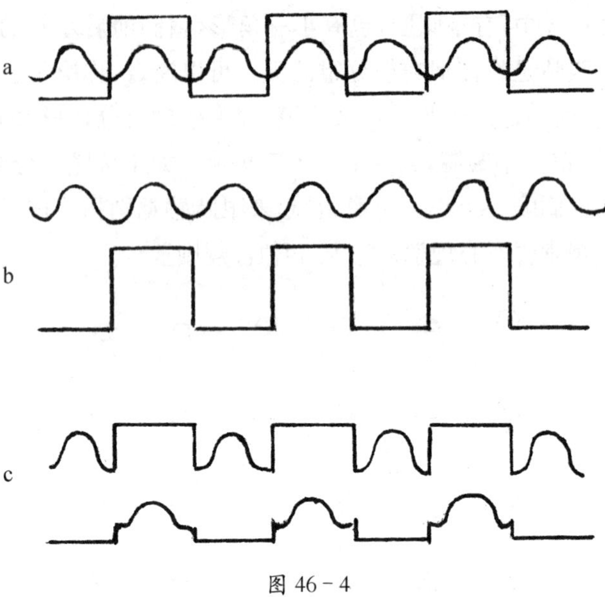

图 46－4

（据《心理学纲要》下册 P.63）

47. 猫的画法和形象简化

许多少年都喜欢画图，你也喜欢画图吗？如果没有人教你画，也不让你模仿画册上的图形画，而是看着真实的物体来画出它的形状，你一定会感到很困难。不但孩子是这样的，许多成人也都不知道该怎么画。真实物体的形象十分复杂，眼睛虽然看得一清二楚，但握笔的手却不知道该从哪里画起，不知道该怎样把形象分解成线条。有些教儿童绘画的老师让儿童学习一种简笔画法，经过短时期的练习以后，儿童的绘画技巧就会有明显进步。为什么简笔画的形象跟真实的物体形状相像，而且容易学、容易画呢？因为这种画法和画出的形象符合眼睛知觉物体形状的一条重要规则，那就是“简化规则”。

什么是简化规则呢？还是从简笔画来谈吧。图 47－1 是用简笔画法画猫的几个步骤。先画一个大圆圈，这就是猫的身体；在它的上面再画大半个直径较小的圆圈，这就是猫的头；在猫头上再加上两个尖尖的耳朵，最后画上一根弯曲的尾巴。一只背对我们蹲着的猫就画成了。这么简单的几笔就能让我们看出猫的形状，不是有些令人惊奇吗？其实，眼睛看出猫的背影时，所注意到的也就是这样一个简单不过的形状。当然，眼睛从猫身上还可以看见其他许多形象特征，如颜色、花纹、毛茸茸的触感和姿态、神情等。这些也都能吸引我们的注意，但同时它们也会干扰我们对猫的总体形状的知觉。如果我们现在看猫是为了画猫，最重要的是画出它的形状，因此，凡是同形状有关的线条就注意观看，其他方面先别去理它。只看形状，不看其他，这正是一种简化。在看猫的形状时，只注意它的主要特点，而不看细节，这也是一种简化。只要我们眼前出现了一只猫，不管它是怎样的颜色、性别和大小，我们都立刻知觉它是一只猫而不是别的什么动物。这事实证明，眼睛看见的虽然是一个很复杂的形象，这形象表现出多方面的信息内涵，但要知觉猫的形状，只要抓住其中较少的几点信息就行。在我们头脑里，猫的形状被记住的只是很有限的一些特点，这些特点构成一种十分简单的形式，通常被称作“图式”。如果外部世界传来的信息和这图式相似，就知道眼前的动物是猫。为什么简笔画的形象能使我们觉得它像某种物体呢？就因为它和我们头脑里某种物体的图式相似。如果说简笔画能透露出视知觉的一点奥秘的话，那么这奥秘就是形象的简化。当眼睛接受到周围世界来的光信息，看出一些线条，并对它们进行分离组合时，首先就是把这些信息构成一个尽可能简单的形状，构成一个图式。

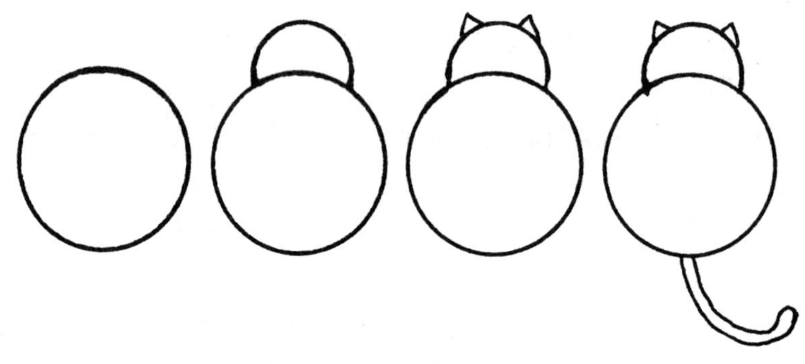

图 47－1

（采自《艺术与错觉》P.6）

下面再举一些例子来说明视知觉的简化规则。请看图 47－2，如果眼前有四个黑色圆点，眼睛会把它们看成什么形状呢？一定会把它看成一个平放的正方形，像图 47－2a 那样，而不会把它看成一个斜放的正方形，像图 47－2b 那样，更不会把它看成图 47－2c 那样的人头形状。又如图 47－3，八个黑色圆点，眼睛会把它们看成一个圆

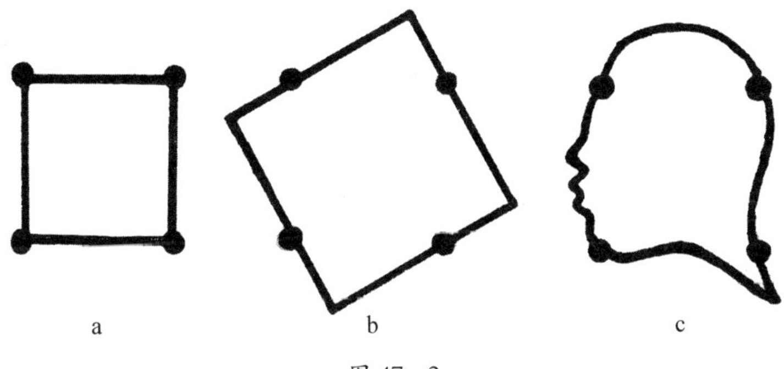

图 47－2

（采自《艺术与视知觉》P.63）

圈。为什么这样看呢？就因为平放的正方形和圆圈是这些圆点所能构成的最简单的形状。

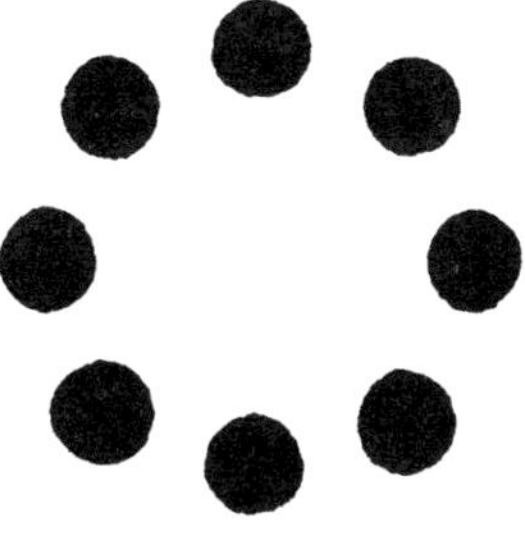

图 47－3

（采自《艺术与视知觉》P.64）

圆形是一种最简单的形状，因为只要知道它的半径有多长，就能把它画出来。正方形的形状也很简单，它的四条边一样长，每个角都是直角。平放的正方形比斜放的正方形简单，因为平放是指它的每一个边都同地面平行，而斜放却可以有各种不同的角度，要知道究竟是怎样斜放的，还得知道这个角度的数据，这样就需要较多的信息量。许多物体的形状都比圆形、正方形复杂得多，但不管怎样复杂，也都可以找到一个尽可能简化的形状。

视知觉系统在进行形状的分离、组合时都是遵循了简化原则的。前一节谈到形象分组的连续性原则时，曾以图 46－4a 为例，把图 46－4a 分成长城和水波形图案，不仅因为这两种图案的连续性很明显，也因为它们的形状比图 46－4c 那两种形状简单。可以说，在那里同时也运用了简化规则。最后，再举一个例子，请看图 47－4，如果

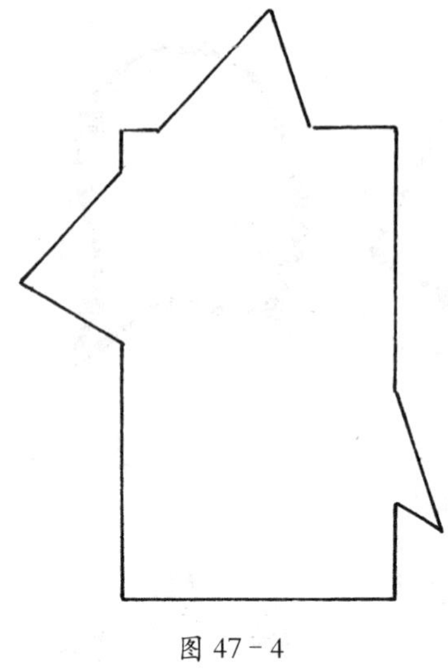
图 47 - 4

把这图形看成一个整体，它是十分复杂的，要说明它的形状特征得费许多口舌，如果要你说出看见了怎样的形状，你一定会说这是一个三角形和一个矩形放在一起。为什么你不说它是一个结构复杂的多边形而把它们分解成两种图形呢？因为眼睛观看它是把它们分离开来看的。为什么眼睛要把它们分离开来看呢？当然也是因为分离以后的形状比较简单。

48. 相同的图形，不同的知觉

放在我们眼前的图形是一回事，眼睛从图形上得到的知觉是另一回事。

这样的说法也许你不完全认同吧。

那么，就用事实来证明给你看。请仔细看图 48－1 左右两个图形。你觉得它们是怎样的图形呢？请说说你的印象吧。

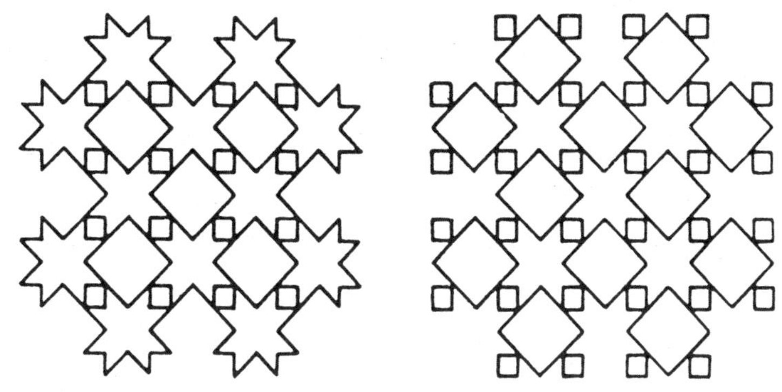

图 48－1

（采自《秩序感》P. 233）

先看左面的图形。大概最引人注意的是四周那种向外伸出尖角的形状。就称它为“星形纹”吧。一共有八个星形纹，每边两个。另外有四对斜行的平行线两两相互交叉，把星形纹联结起来。在平行线之间有一些小的正方形，它们之间的距离相等，每行四个，一共四行，排成一个方阵。

再看右面的图形。满眼看见的都是正方形：12 个大正方形斜着放，按照 2,4,4,2 这样的数目排列；32 个小正方形平着放，横排、竖排各六行，按 4，6，6，6，6，4 的数目排列。

如果你的看法同前面说的基本一致，那就可以得到这样的结论：这两张图形的形状不同，它们是两种不同的图形。这大概是毫无疑问的吧？

告诉你，这结论根本错了！这两张图形实际上是相同的，是从同一张图案上剪裁下来的两个部分。你只要把左图任何一边的一排图案补齐，把三个大正方形的轮廓线全画出来，再向外扩展一排图案，把中间的两个大正方形画出，并补画上两排小正方形，你就能看出它和右图完全一样。左图和右图只是剪裁的方法不同：如果把四个小正方形当作边缘线，得到的就是右面的图形；如果把两个星形纹当作边缘线，得到的就是左面的图形。

经过上述的分析研究，可以确定两个图形的构图方法完全相同，应该认定它们是同一图形。但眼睛却只凭视知觉系统的分离、组合活动，分别对眼前的图形作了处理，把它们的特点抓住，而不去探讨它们的内在联系，因而得出了两种不同的印象，把它们看成两种不同的图形。从这里也可以体会到感性认识和理性认识的区别，视知觉毕竟是一种感性认识。

不妨再看看图 48－2 的两个图形。左面的图形中突出的是垂直交叉的方格图案，眼睛一眼看去就会注意到它们，把它们看成形象，而把其他的部分看成背景。右面的图形恰恰相反，引起眼睛注意的形象是同边线垂直的尖头十字形图案，斜行的交叉线条反而成了形象的背景。其实，左右两个图形也是完全一样的，只是由于放的方向不同，眼睛就把它们看成不同的形象。图形的方向性同图形的构图方式、线条的内在结构无关，但对于视知觉系统的分离组合活动却有重大的影响。视知觉把方向性也看成显示形象的一个因素，因为在现实生活中，方向是十分重要的，颠倒的世界会使人无所适从，手足无措。视知觉首先是为生活实践服务的，它当然不能把方向性排除在形象之外。

图 48－2

（采自《秩序感》P.233）

49. 两面脸和形象的方向性

形象的方向性对视知觉的影响的确不能忽视。一个熟悉的图形，如果放置的方向变了，眼睛往往会认不出它来。扑克牌上的国王、王后为什么要有方向相反的两张脸呢？就是为了让玩牌的人看起来方便，不管你手上的牌哪一头朝上，都能看见一张正对着你的脸，不会觉得它是颠倒的。还有一种有趣的两面脸图形，它不像扑克牌那样画了上下颠倒的两张脸，而只画了一张脸，可是不管你把哪一头朝上，都能看见一张正对着你的脸，不会觉得它是颠倒的。这样的图形你看过吗？

图 49－1

（根据《艺术与错觉》P. 575《木马沉思马》插图仿作）

图 49－1 就是这样一种两面脸图形。它实际上只有一种图形，但颠倒看时，就能看见另外一张脸。你试着看看吧。

当你从一个方向看这张图，看见了一张脸时，决不会想到他的头发、眼睛、帽子颠倒过来就会变成另一张脸上的长须、微翘的八字胡子和衣服。你可以把这张图反复颠来倒去地看，的确能看见两张脸，但当你看见一张脸时，无论如何也想不到会有另外一张脸隐藏在这张图里。你觉得这样的图形有趣吗？制作这种图形的目的就是引起观看者的惊奇和兴趣，制作者的这个目的无疑是达到了。

为什么同一幅图形能使人看见两张不同的脸呢？可以找出许多原因来，不过其中决定性的因素还是视知觉系统进行了不同的分离、组合活动。

我们生活在地球上总是脚站在地面，头朝向天空。我们说的上下就是按照头和脚的方向性来分的。按照这样的方向来放置的物体和图形就是正放的，这个方向在科学术语中叫作“垂直方向”。所谓垂直，就是垂直于地平面的意思。如果不把人体在地球上站立的方向当作标准，就谈不到正放、斜放或倒放。对于我们的眼睛来说，人站立的方向就是一个框架。我们看任何物体或图形，视知觉系统都把它们放在这个框架里面来观看，所有的分离、组合活动也都是在这个方向框架里进行的。物体或图形的方向性发生了变化，视知觉系统就得对它重新进行分离、组合，因而眼睛就可以看出另外一种形象。两面脸图形之所以能使我们看出两张不同的脸形，正是由于这个原因。

我们阅读书报总是正向看的。任何民族的文字都有上下左右这些方向，如果颠倒过来看就很不习惯，往往一时很难认出那是些什么字。如果眼睛看见的文字不但上下颠倒而且左右相反，那就更难认了。请看图 49－2，你能一眼认出这些汉字吗？有经验的汉字排字工人和打字员看惯了颠倒的反形汉字，在他们眼里，就同正看一样。还有些经过特殊训练的人能倒过来写汉字，让站在他对面的人能看到正向的字。为什么他们的视知觉不受方向性影响呢？这是由于他们的大脑经过长期的训练已经形成了一种特殊的神经联系，能把视觉映像改变方向，就像我们每一个人能把颠倒的网膜映像还原成方向正常的

图 49－2

形象一样。

几何图形的构图一般比较单纯，它们的方向性对视知觉的影响不大，但也并不是毫无影响。图 49－3 中的两个三角形完全相同，由于方向不同，有些学生竟会看不出它们实际上是同一图形。曾经有位心理学家做过这样一个试验：画一个平行四边形，底边同黑板的边平行，画出它的高，作出辅助线，让学生了解计算平行四边形面积的方法（见图 49－4a）。而后，又画出了另一个形状完全相同仅仅方向改变的平行四边形（见图 49－4b），要求学生计算它的面积。结果竟有不少学生放弃解答，或做出不正确的解答。为什么会这样呢？正是由于图形的方向变了，眼睛不能看出前后两个图形实际上是一个图形。

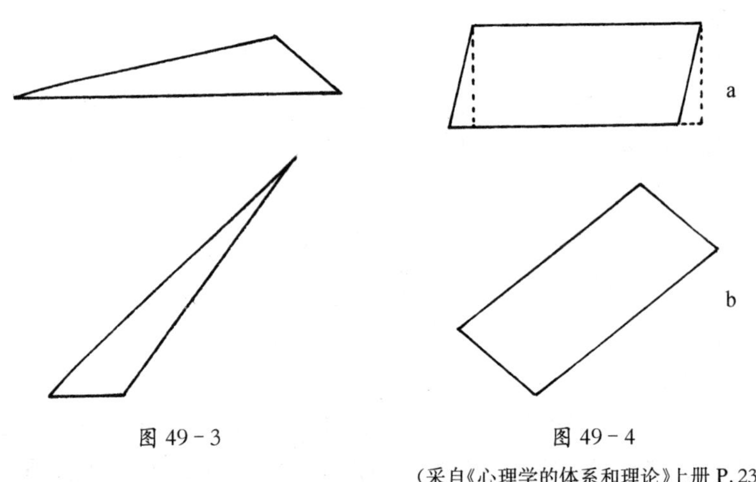

图 49－3　　图 49－4

（采自《心理学的体系和理论》上册 P. 23）

50. 长空雁阵和月牙儿

大雁排成整齐的队形从空中飞过的景象现在很少能看见了。过去，在湖泊附近和水网地区是常常可以看见大雁飞行的。现在，也许我们只能从古代诗文中读到“雁阵惊寒，声断衡阳之浦”（王勃：《滕王阁序》）、“落日天风雁字斜”（朱熹诗）这一类句子。“雁阵”，是指大雁飞行时排成的队形，“雁字”，又是什么意思呢？也许这也难不倒你，那不就是说雁阵的形状像文字吗？大雁在成群飞行时，为了减少空气对群体的阻力，总是由一只雁飞在最前面，其余的雁一个接一个地跟在后面，排成的队形有时像“一”字，有时像“人”字。图 50 - 1 就是大雁排成的字形。

图 50 - 1

不过，这又怎么会是字形呢？汉字的笔画是由线条构成的，可是“雁字”却是由一只一只雁排成，隔很远看仍只是一点一点的，不成线条。尽管这样，不管谁看见了大雁的队形都承认它像“一”字，像“人”字。断断续续的雁行怎么会被人们看成了字的笔画呢？可是，自古以来人们都是这样看的，并不觉得稀奇。

实际上，从这样的事实中正表现出了另外一条视知觉心理规律，叫作“趋合效应”。眼睛在观看物体或图形时，常常会把不相连的形状连在一起，把不完整的形象看成完整的形象。把大雁的队伍看成“一”字和“人”字，正是视知觉趋合效应的证据。

我们平常使用的线条有两种：一种是实线，就是最常用的那种首尾连贯的线；一种是虚线，就是用一连串的小点或短画断断续续排列成的线。虚线实际上不是线条，但人们都承认它是线条，就像把雁行看成字的笔画一样。这样看的原因也是由于有趋合效应的存在。

请看图 50－2 中的几个图形。不用说，你一眼就看得出它们是正方形、三角形和猫头鹰的形状。其实，构成图形的线条并不连在一起，或者说，那些线条并不紧紧相连构成各种形状，而只是一些各自独立的分散线条。由于趋合效应支配着视知觉，眼睛就不计较这些缺陷，而把它们看成了完整的图形。

图 50－2

（仿《心理学的体系与理论》上册 P.188）

我国古代有一种装饰用的玉器，叫作“玦”，圆环形，但有一个缺口，环的两端并不相连。如果让你看这枚玉玦（见图 50－3），问你看到的是什么形状，大概你会说它是圆形或环形。你虽然看见了那个缺口，但知觉到的仍旧是一个圆环。

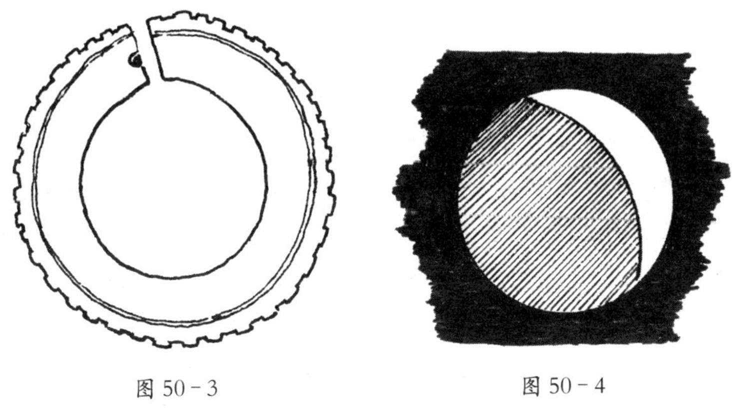

图 50－3

（采自《汉语大词典》第四卷 P.531）

图 50－4

不仅这样，眼睛还能从残缺不全的形状甚至大部分形状看不出的物体上看出它原有的完整形状。一只残破了的花瓶在人们的眼睛里总还是个花瓶，落尽叶子的树总还是一棵树。阴历每月十五的月亮是圆的，十六、十七仍然那样，十八日以后渐渐亏了，到下旬，就同月初一样，月亮成了弯弯的月牙儿。可是，许多人在仰望新月或已经亏缺的月亮时，似乎还能看见被地球阴影遮住的部分，只是觉得那一部分不明亮而已（参看图 50－4）。这些视知觉现象也都体现了趋合效应。

51. 能看得出这是什么吗

为什么视知觉有“趋合效应”?

有些心理学家认为,这是由于物体的形象引起了眼球和大脑有关神经系统的运动,产生了一种张力。即使组成形象的线条中断或者残缺不全,被引起的神经过程还是能继续下去,于是眼睛就看见了完整的形象。为什么虚线会被看成实线,轮廓线不连贯也能显示出形象的完整轮廓,都可以用这个道理来说明。

有些心理学家认为,归根到底还是由于人有实践经验。人不是生来第一次看见这个世界,由于无数次的观察和实践,头脑中已形成了许多物体形象的图式,看见一个物体,只要发现它的形象大致同图式相符,即使形象不完整或比较模糊,也能知道它的整体形象是怎样的。

图 51-1
(采自《心理学纲要》下册 P.61)

请看图 51-1。从这些黑色斑点上,你能看出什么形象?这些黑色斑点没有连成一片,不能构成完整的轮廓线,可是它们靠得很近,眼睛还是不难把缺少的部分补足。现在你一定已经看出来了,它是一只蹲着的狗。它的耳朵、鼻子、眼睛不都可以看得出吗?它的舌头还吐在外面呢。为什么从这些黑色斑点上能看得出形象?说得简单些,就是由于视知觉有趋合效应。

据一位心理学家的实验和统计,看了这个图形的人一般都能看得出它是一只狗,连三岁左右的孩子也能看得出。不过,如果一个从来没有见过狗的人看到这张图，肯定看不出是什么物体的形象。

再看图51－2。这张图上又是什么呢？

这张图上的黑色斑点距离比较远，形象也比较特殊，因此要看出它是什么比较难的。你能看得出吗？

图51－2

（采自《心理学纲要》下册P.61）

据前面提到的那位心理学家的报告，一般十五岁左右的孩子才能看得出。原来它是一位短跑运动员，正蹲在起跑线后，两手的大拇指、食指揸开，撑在地面上，蜷缩着身体，头却昂起看着前方。现在你该看出了吧。如果你对短跑起跑前的预备姿势一点也不了解，没有注意过起跑线上运动员紧张待发的形象，那就不一定能看出它是什么。

从以上两个图形的识别中，可以看出实践经验和知识对于视知觉的重要性。

图51－3上有四个汉字，被墨迹遮住了一大半，它也成了一个残缺不全的形象。你能看出那四个汉字是什么字吗？

图51－3

如果你能看出那是几个什么字，就可以说你的视知觉实现了“趋合效应”。汉字也是一种形象，从残缺的字形看出完整的字形，同看一般图形是没有什么区别的。不过，首先你必须识字，必须认识这几个汉字，否则你是不可能识别它们的。如果让一位不识汉字的外国人来看，当然也看不出它们是什么字。

现在你一定已经看出那几个被墨迹遮住一大半的字了。那四个字是“振兴中华”。

52. 没有眼睛的人和没有身体的射手

如果视知觉没有趋合效应，那么就会遇到许多麻烦。在实际生活中，我们看见的许多物体大都被别的物体遮挡着，只能看见一部分，但这并不妨碍我们的知觉，我们还是能看出它是什么。

大街两边的房屋一座挨着一座，眼睛看见的只是靠着街的那一面，可是，我们知道房屋是立体的，另外还有三面。插在书架上的书，一本挨着一本，眼睛看见的只是书脊，我们知道它还有书面、书底，翻开书还有书页。这些部分虽然眼睛不能直接看见，但只要看见了书的一部分，就能推测出其余部分的存在。这种推测并不需要想，一看就知道，因而应该把这种推测当作视知觉的一部分。

在图画中，物体的形象更不可能完全像真的物体那样一丝一毫都表现出来。画一只羊，能把每一根羊毛都画出来吗？画一条鱼，能把每一片鳞都画出来吗？可以说，几乎所有图画上画出的都是不完整的物体形象，都得依靠看画的人自己去补足。看画的人虽然不一定会画图，但能依靠趋合效应看出物体原有的完整形象。

图 52 - 1

（仿《芥子园画传》）

有些画家在图画中故意不画出完整的形象，同样也能获得很好的艺术效果。古代人画柳树，画梅花，常常只画出一部分枝干，叫作画“折枝”。看见了这折枝就好像看到整棵树，看见了旖旎春光。图 52 - 1

是模仿《芥子园画传》画的两个人，他们脸上都没有眼睛。你会把他们看作没有眼睛的人吗？当然不会。他们的眼睛虽然没有画出，但神情却很生动。你看得出他们正在相互端详着吗？那拱手的人好像在说话，那背着手的人似乎在谛听。从这画上不但能看出眼睛，而且还能看出更多的东西。

有些现代艺术家对视知觉的趋合效应有着更深的理解，在艺术创作中运用得更自觉。请看图 52－2，这是根据朱成创作的《千钧一箭》雕像绘制的图形。你看这位射手是多么专注地看着他的目标，他射出的那支箭一定能够射中靶心。不过，你注意了没有，他却是一个

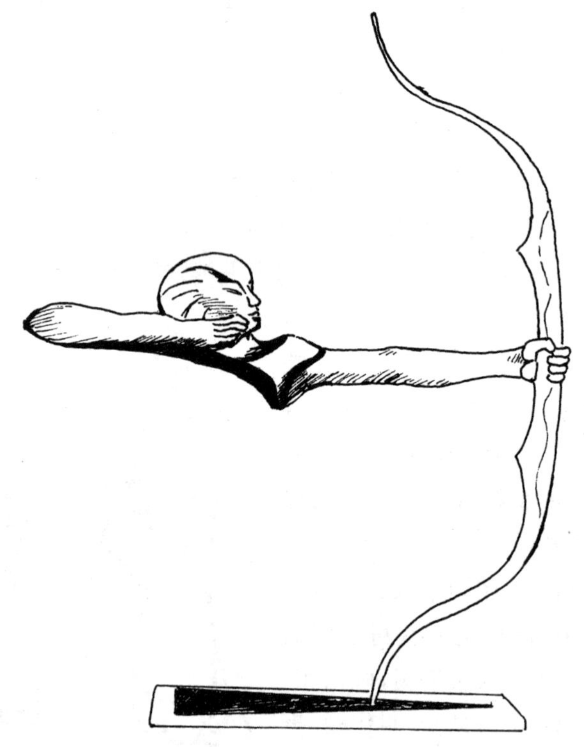

图 52－2

（根据《新华文摘》1985 年第 10 期封底照片绘制）

没有身体的人。指出这一点也许是太愚蠢了，有什么必要说他是一个没有身体的人呢？我们的眼睛已经接受了这个形象，看出他是一个注意集中，心无旁骛的射手，不就已经承认了他是一个完整的、活生生的人了吗？

53. 无形的形象

看了这一节的标题，你大概会觉得奇怪吧。形象，就必须有形，既然无形，又哪来的形象呢？不过，的确有一种无形的形象，你看一看图 53－1 就会相信了。

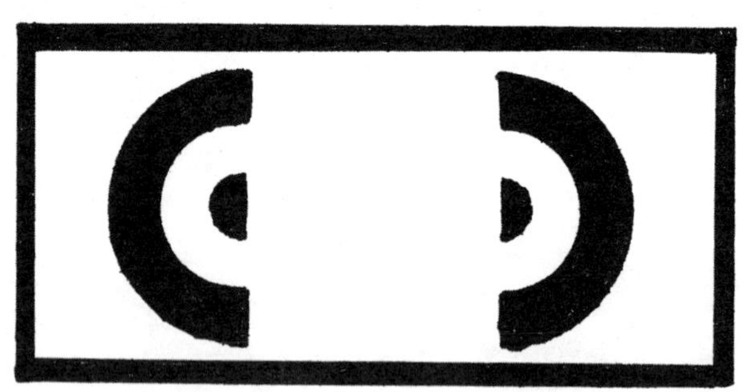

图 53－1

（采自《心理学纲要》下册 P.60）

图 53－1 上有两个用宽阔黑色条纹表示的半圆环，还有两个只看见一半的黑色大圆点，大致处在圆心的位置上。它们构成两组形象，中间隔着一段距离。这些形状都是有形的，没有什么特殊的地方。可是，除了这些以外，眼睛似乎还看见一个白色的正方形，夹在上述两组形象中间，把两组形象隔离开来的就是这个正方形。

你看出这个正方形了吗？

这个正方形就是一个无形的形象。为什么说它“无形”呢？因为它并不靠自己的轮廓线来显示，而在一般情况下，轮廓线是决不可少的。为什么从这张图中能看出一个没有轮廓线的正方形呢？因为图中的两个黑色半圆环和半边圆点都是不完整的形象，而视知觉的趋合效应却力求让眼睛从这不完整的形象中看出一个完整的形象来。那么，眼睛怎样把两组不完整的形象看成完整的呢？眼睛不可能移动两组形象的位置，不可能让两个半圆环和半圆点合成一个完整的圆环和圆点，而只能把它们之间那片空白的地方用图形补足，这样，就必须看出图 53－2 那样的形状。但这也不可能，因为两组形象隔得太远，于是视知觉系统设想出一个白色的正方形压在图 53－2 的形状上面，这样就对中间那一片空白做出了解释。为了说明看出这个无形的白色正方形的原因，我们不得不费了许多口舌，但在大脑中并没有进行过这样的思考过程，而是直接知觉到了那个无形的形象。

图 53－2　　图 53－3

（采自《心理学纲要》下册 P.61）

再看图 53－3，三个黑色的小圆都缺了一角。眼睛在这有形的形象之外，却看见了一个白色的等边三角形压在三个黑色的小圆上面。这个白色等边三角形也没有轮廓线，也是无形的形象。

你从上述两个无形形象中找到共同点没有？它们都同一些不完整的形象有关联，都好像是压在那些形象上面，使那些形象的一部分被遮住了。要没有这样的条件，无形形象是不会产生的。请看图 53－4，可以看见三个 60 度的角，如果把它们的边连接起来，就可以形成一个等边三角形。不过，眼睛却无论如何也看不见这个三角形，

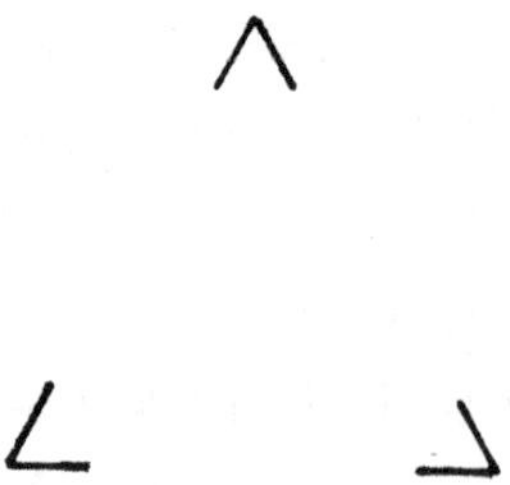

图 53-4

（采自《心理学纲要》下册 P.61）

不能看出无形的形象。这又是为什么呢？这是由于那三个 60 度的角各自独立，不能共同表示出一个完整形象，视知觉系统不能形成趋合效应，因而眼睛看不出一个压在它们上面的无形形象。由此可见，无形形象的出现也有规律性，它并不由人的主观愿望决定。

无形形象的特点是没有轮廓线，但眼睛既然能看出形象，那么这形象就必然在视知觉系统中会显现出一条轮廓线来。这条轮廓线在客观世界中找不到，只能够从主观意识中找到，因此在心理学上称它为"主观轮廓线"。主观轮廓线是视知觉系统对形象进行分离、组合时的产物，虽然只能出现在主观意识中，但也必须在一定的客观条件下才能出现。破坏了这种条件，主观轮廓线就不能形成，无形的形象也就会遭到破坏。

有一种美术字就是利用造成主观轮廓线的方法来显示字形的，有人称这种字体为阴影凸凹体。图 53-5 就是这样一种美术字。一眼就能看出是什么字，但并没有直接表示字形笔画的线条。字形是靠阴影显示的，光线从一边射来，凡是被字形笔画遮挡住的地方，就

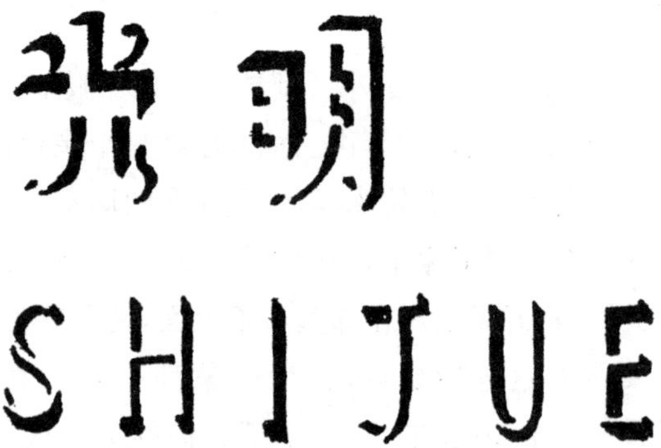

图 53-5

会留下阴影，因此，把字形笔画除去以后，从阴影上也还是能看出字形。这种美术字如果写得不正确，阴影的位置发生错误，字形就看不出来了。为什么看不出呢？因为错误的阴影会破坏字形的主观轮廓线。从这个例子中也可以看出，主观轮廓线不等于主观随意性，它归根到底还是客观存在的产物。

54. 无中生有的天穹

你听见过“天穹”这个词吗？“天穹”也就是天空。为什么把天空称作“天穹”呢？据一本流行很广的汉语词典解释，是因为天空“从地球表面上看，像半个球面似的覆盖着大地”。我国南北朝时期的一首敕勒族民歌中有这样的句子：“敕勒川，阴山下。天似穹庐，笼盖四野。……”穹庐，就是毡帐，俗称“蒙古包”。可见古代人也把天空看成覆盖大地的半球形。这个半球形的天空就叫“天穹”。

天空是无边无际、虚无缥缈的，为什么眼睛会把它看成半球形的天穹呢？

你最好亲自体验一下这样的视觉感受吧。站在一处空旷开阔的地方，或者登上高层建筑的屋顶，放眼向四周眺望。转身 360 度，你就会看出天地相连的地平线是一个大圆圈。让目光从地平线上任意一点向天空高处移动，直到仰起头看到天顶，然后再转过身，继续向下看，一直看到与目光出发点正相反的地方，目光总共移动扫描了 180 度。这时你就会发现，天空的确像一个半球形，人站在大地上，仿佛站在这半球形天穹笼罩下的地面中央。请看图 54-1，这就是天

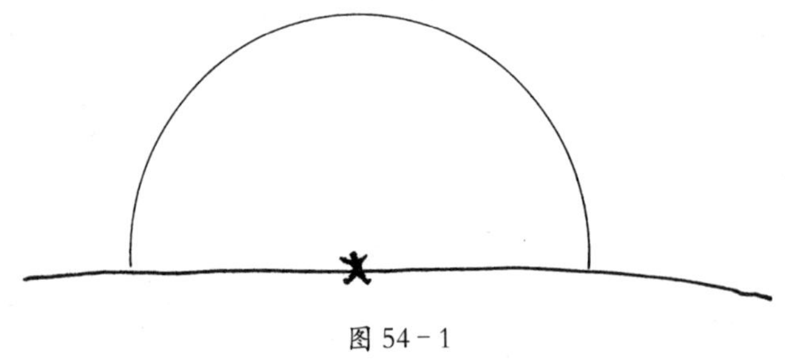

图 54-1

穹的示意图。

这天穹的轮廓线实际上并不存在。天空无边无际，怎么会有这样一条边界呢？这只能用人类视力的有限性来解释。假定眼睛能看到 3 000 米的距离，当你仰看天顶时，便把天顶看成离你 3 000 米远，你看见的地平线也离你 3 000 米远。于是天穹的假象就形成了。天穹的轮廓线是视知觉造成的，它实际上并不存在，因而它是一条主观轮廓线。

不过，通常人们心目中的天穹，它的半径并不只有 3 000 米或者更大些，并不像图 54－1 中那样远远小于地球半径的一个半球形，而是覆盖半个地球表面的巨大半球。这样一个巨大的天穹实际上是人类视力不能达到的。为什么会产生这样一个视觉形象呢？

要回答这个问题，就得了解星空。星空也是天穹，但那是夜晚看见的天穹，它不但是半球形，而且散布着无数亮度不一的灿烂星辰。人类肉眼所能看见的星辰有许多是十分遥远的，得用光年做单位来计算它们同地球的距离。但在眼睛看来，所有星辰不论远近都好像分布在天穹那个半球球面上，就像图 54－2 所表示的那样。因此，天穹的假象不仅有一个虚假的主观轮廓线，而且还有一个虚假的星空形象。这个假象不但掩蔽了星球距离地球的不同远近，而且歪曲了星辰相互间的位置关系。当我们的眼睛把天穹和星空合成一个假象时，人所知觉到的天穹便无限扩大，它似乎就同半个地球之外的空间一样大了。这就是人们把覆盖半个地球表面的巨大空间看成天穹的原因。

天文学最初只是用肉眼观察天空景象的记录，后来发明了望远镜，天穹的幻象就逐渐被打破。现在人类所了解的天体和宇宙空间跟肉眼看见的天穹已不可同日而语，但不管天文学发达到怎样的程度，眼睛看见的天穹假象仍然存在，它仍然激发人们产生种种想象和遐思。人们的眼睛固然是进行科学观察所不可缺少的，但它也得为人类的日常生活和精神生活服务，因此，眼睛看见的有些假象也是人

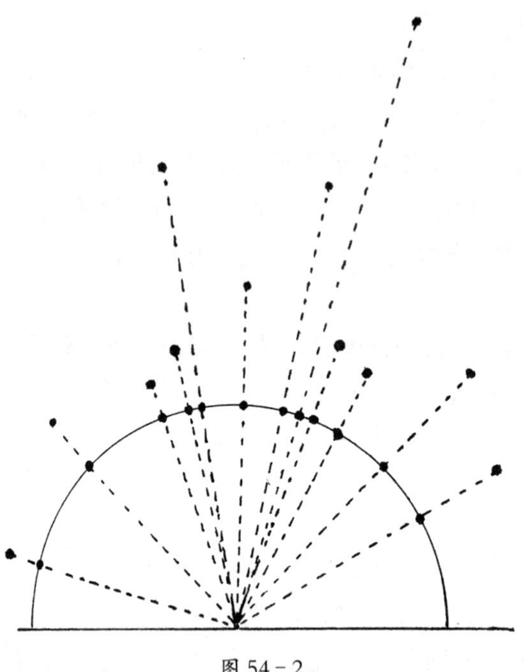

图 54－2

类所需要的，它们已成为人类生活的一部分，不能因为它们是假象而要把它们消除。比如太阳每天早晨从东方升起，晚上向西方落下就是一种假象，这样的假象当然会永远存在下去。天穹这种假象与此假象相似，当然也会长久保持。

55. 点阵游戏

趋合效应虽然能使眼睛从不完整的形象中看出完整形象，但有时也会出差错，把形状看得同真实形状不符。

下面利用图 55－1 上的图形来做个游戏。

找几个小伙伴一起来玩。让他们看这张图，只让他们迅速地看一眼，立刻把书合上。然后让他们各自画出看见的图形。

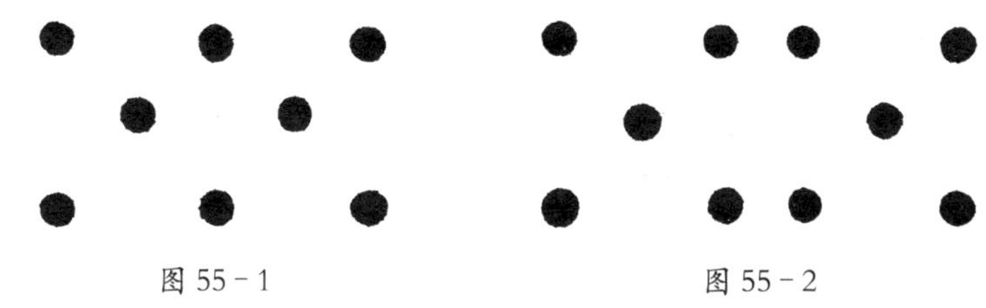

图 55－1　　图 55－2

（采自《Experiments in Visual Science》P.125）

他们会怎么画呢？有些人画得正确，有些人可能会画错。例如，他们可能会画出十个黑点，排列成二组，每组五点，像图 55－2 中那样。

为什么会把八个黑点看成十个黑点呢？因为他们把五个黑点组成了一个图案，以为图中有两个五点图案，没想到其中有两个黑点是共用的，于是发生了错误。原来是趋合效应跟他们开了一个小小的玩笑，让他们把并不存在的两个黑点添上了。

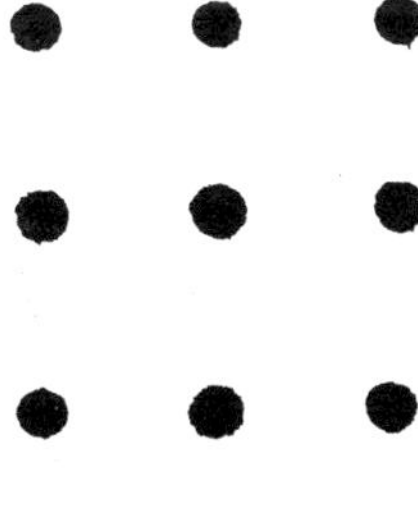

图 55－3

（据《心理学纲要》上册 P.193）

再请看图 55－3，也可以利用这图形来做个游戏。

图上有九个黑点，三个一排，一共三排。你能用笔接连不断画四条直线（笔尖不离开纸面，也不能回头和重复），把这九个黑点都穿过吗？

请你和伙伴们一起动脑筋想一想，用笔试着画一画吧。能不能按照前面的要求把那些直线画出来？

如果花了一些功夫还是画不出，那就请你看下面的提示。

由于趋合效应和简化规则的影响，眼睛会把这排列成方阵的九个黑点看成一个正方形。这个正方形是由主观轮廓线构成的，实际上并不存在。可是我们的视知觉却会被它限制住，目光总是在这个正方形的范围内打转。只有把这个由主观轮廓线构成的正方形抛弃，目光转移到这个正方形界线外面去，让直线比正方形的边和对角线更长，才能画出合乎要求的直线来。

再试试看吧，大概你就要成功了。

答案请在本书中寻找。（图 55 - 4）

四

56. 魔鬼音叉

有经验的眼睛善于观看物体的形状和图形。它不需从头到尾把那形状都看到，而只要稍稍转动眼球，迅速扫描一下，抓住整体形状的特征，并对特征多注意看一看就行。在第 22 节中，曾介绍了观看石柱时注视点集中的情况，就已经证明了这一点。因为有这样的本领，眼睛就能在短时间里迅速看清楚物体的形状，满足生活实践的需要，不致花费很长时间，耽误事情。不过，有时眼睛用这样的方法观看也会遇到麻烦，被一些特殊的形象困扰，以致看不清真相。

请看图 56-1。在心理学中，这是一个比较新的用作错觉例证的图形。因为它的形状有些像研究声学使用和供音乐演奏者定音用的音叉，但又不完全像音叉，这种形状能困扰视知觉，使眼睛陷入迷乱，因此有人给它取个名字叫"魔鬼音叉"。

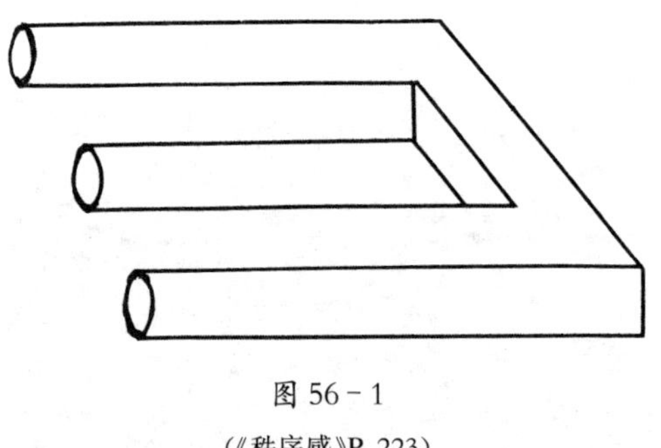

图 56-1

(《秩序感》P. 223)

请你从左向右看，先看见三支分叉，每支分叉似乎都呈圆柱形；看到中间，继续向右看，分叉不知在什么时候变成了方柱形，而且又突然少了一支。这时，眼睛急忙回过头来看左面，又发现那分叉原来并不是立体的形状。这图形究竟表现了怎样一种形象呢？眼睛简直不知所措，无所适从了。

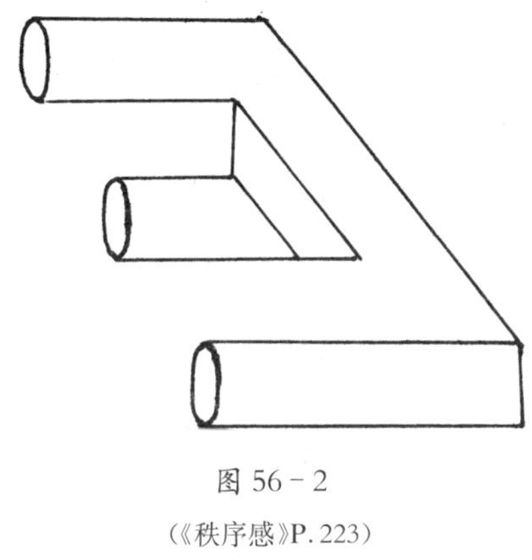

图 56－2

（《秩序感》P. 223）

如果把这个图形缩短，使它成为图 56－2 那样，那么图形的真相就比较容易看清。原来这是一个特意绘制的捉弄眼睛的图形，画的根本不是什么音叉，也不是立体形象，而只是一些线条的毫无意义的组合。

即使弄清楚真相以后，你再看图 56－1，眼睛还是会被迷惑，来回反复地忙了一阵，还是看不出个所以然来。

从这个特殊的图形上，我们可以进一步看出视知觉系统的分离组合活动所起的作用。图形自身并没有变化，它也没有故意装出一个什么模样来欺骗眼睛，把它错看成某种物体的形象完全是视知觉活动自己造成的。

有位名叫戈登·沃尔特斯的艺术家于 1965 年制作了一幅特殊的图案，就是从"魔鬼音叉"中得到的启发。图 56－3 是这幅图案的摹本。从这图上你看到什么呢？图形的左边是白色的横条，白横条中断的地方向上卷曲，形成一个白色的球形；图形的右边是黑色的横条，黑横条中断的地方也相对向上卷曲成球形。在图形的中间部分，眼睛一会儿看见白横条，一会儿看见黑横条，两种形象交互更迭不止。这是怎么一回事呢？原来这图案是根据视知觉活动的规律创造出来的。作者并不是模仿现实中任何一种物体的形象来造型，而只是制作了一种能调动视知觉活动的图形。这图形能使我们体验到眼睛在观看形象时的分离、组合活动，同时认识到这种活动归根到底是由物体形象或图形的特殊结构决定的。

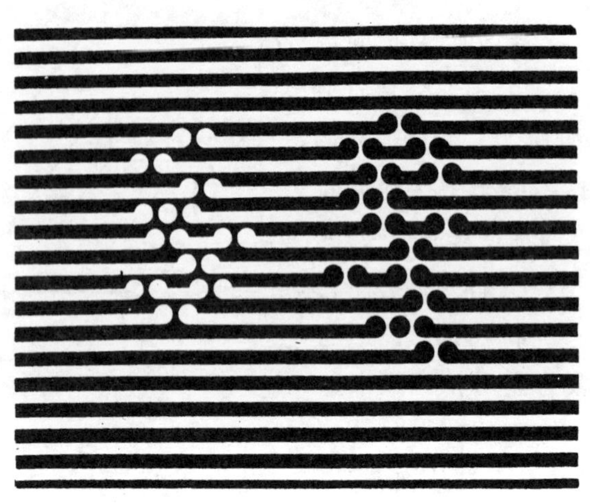

图 56－3

戈登·沃尔特斯：《1 号图》(1965 年)
(《秩序感》P.235)

57. 漩涡和波纹

前面曾经说过，形象是由线条组合成的，但这不等于说，知道每一根线条怎样画以后，就能明白它们组合成的形象是怎样的。眼睛看繁多的线条组成的复杂图形，往往并不追踪每根线条的来龙去脉，而只是从线条组成的形象整体以及它同背景的对比中观看出形象，产生出一个总的印象。

请看图 57－1。这是著名的弗雷泽螺旋图形，是用绘制者的名字来命名的。现在许多心理学教科书中都引用了这个图形。

图 57－1

（《秩序感》P. 235）

从这个图形上你看出了怎样的形象？

把这图放在距离眼睛约 30 厘米的地方，随意向它看去，你会看见一个漩涡形图案，就像用一根小木棒在水面上搅动产生的漩涡一样。水的波纹中心向周围逐渐扩散，离中心愈远，波纹的圆圈愈大，形成一条螺旋线。把这图形叫作螺旋图形正是由于这个缘故。

这条被看成螺旋形的曲线究竟是不是螺旋线呢？靠眼睛看很难分辨清楚，最好动手测试一下。请拿起一支铅笔，让笔尖沿着曲线移动，不管从哪一圈开始，不管是顺时针方向还是逆时针方向，你的笔尖都会转一圈又回到原来的出发点，而不会逐渐接近圆心或边缘。现在，你才明白，原来图形里的曲线是一个个同心圆，根本不是什么螺旋线。

为什么会造成这样的错觉呢？仔细观察图形的结构，不难找出下面列举的原因：那些同心圆不是由单一的线条显示，而是由黑白二色的线条扭绞在一起构成，单看白线或单看黑线，都是一段一段的，不相连续，似乎逐渐向内或向外倾斜。同心圆的背景又是比较复杂的图案，由许多弯曲的白色宽条纵横交错而成；其中空缺处是黑色菱形小斑块，愈接近中心愈小，愈接近边缘愈大。菱形是斜放的，它的一条对角线与同心圆相交，另一条对角线指向整个图形的中心。眼睛同时受到这些形状因素的刺激，就不能专注地观看同心圆的形状。总之，同心圆的形状受到多种因素的干扰，圆周和圆心距离相等的特征便被遮掩，眼睛就难免受骗。

许多直线密集相交，也能产生意想不到的视觉效果。从图 57－2 上，你看见了什么呢？最吸引眼睛注意的，莫过于图中的那个菱形，在菱形中间又显示出上下左右相互对称的一些曲线形，有些像水面上的波纹。因此，这个图形被称为“波纹效应图形”。

不过这种波纹形并不是直接由线条表示的，绘图者根本没有画任何曲线，而只是画了许多直线。这些直线可以分成四组，每组都是 38 根直线，在底边上相距 1 毫米，在顶点相交于一点，构成一个三角

图 57 - 2

(《秩序感》P. 164)

形。四个三角形上下左右相对称，共同构成一个菱形。由于菱形上下两个锐角是直线最密集处，所以看起来漆黑一片，分不出一根根的线条；左右两个钝角附近交叉的线条距离相近，所以看起来是较清晰的网状纹。其余部分由于相交的线条疏密不等，就显示出深浅不一的颜色，较深的地方和较浅的地方各自隐约相连，对比之下，看起来就像白色或黑色的波纹曲线。

图 57 - 3

一种钱币上的扭索纹样

(《秩序感》P. 164)

同这种波纹图案类似的还有一种扭索图案，是用一些曲线形图案反复重叠而成，由于它不易仿制，因此常被印在纸币上。图 57 - 3 就是一种扭索图案。想凭眼睛看出它是由怎样一些曲线构成的几乎不可能，但知道其中奥妙并有了专用的绘制工具以后，就不难画出。现在儿童玩具中有一种繁花规，就是为了让儿童从绘制这类图案中得到乐趣而设计的。

58. 动荡闪烁的光效应图案

现代图案艺术家设计创造出一种新型图案，称为“Op 艺术”，又称为“光效应图案”。这种图案不仅好看，而且能激发人们对视知觉心理的好奇心，激励我们对它进行思考和探索。

请看图 58-1，就是这种图案之一，是斯派罗斯·霍雷米斯在

图 58-1

斯派罗斯·霍雷米斯：光效应艺术图案（1970 年）

（《秩序感》P. 237）

1970 年创作的。

图案中央是一个黑白方格构成的圆形，圆形的外面是向四周辐射的黑白相间的条纹。

如果让眼睛紧紧盯住圆心的那个黑点，不让目光向周围移动，那么就不会觉得这图案有什么奇特之处。不过，眼睛不可能长久坚持不动，只要稍稍向旁边看一看，就会觉得图案中有些条纹转动起来。时而看见白方格连成的弧线，时而看见黑方格连成的弧线。它们向外伸出，有时像漩涡，有时又像尖尖的花瓣。你想数数花瓣的数目，好像五瓣又好像六瓣，忽然又多得数不清了。花瓣似乎还不断由小变大，到了接近圆形的边缘时，又突然模糊消失。

如果眼睛从边缘看起，把目光限制在边缘一带黑白格较大的地方，图案的形象就比较稳定，可以看见黑白格排成直线伸向圆心，也可以看见黑白格绕着圆周排列成圆形。但是当目光渐次移向圆心时，前面说的那种动荡不定的弧线就又出现了，你又看见了数不清的尖形花瓣，很快又变幻成更为复杂的图形。

眼睛先落在图案的哪一点上，眼睛距离图案有多远，注视图案的时间有多长，这些因素都能影响眼睛看到的图形。这些图形都是黑白方格按直线方向排列和按对角线方向排列两种不同样式相互对抗的产物。前一种排列样式使我们看见直线或同心圆，后一种排列样式使我们看见弧线和花瓣形。由于有两种排列的样式相互对抗，因而眼睛看到的图形就动荡不定，不能静息。

这种黑白对比的图形对眼睛的刺激比较强，看久了会使眼睛感到疲劳。即使眼睛还没有感到疲劳，网膜上部分感光细胞中的色素也会造成很大损耗，不容易立刻恢复，所以在观看的过程中还会从图形上看出一些后像。这种后像同图案形象重叠在一起，使眼睛看出的形状更加复杂和更加动荡不定。

再看图 58－2，这是雷金纳德・尼尔在 1964 年创作的一个图案。这个图案的最大特点就是闪烁颤动，眼睛看了会感到有些炫目。仔细看了之后，就会发现，这些黑白相间、方向多变的斜行线条可以组成 不止一种图形。有时你看见九个正方形，排成三排；每一个正方形又可以分成四个层次，每层都是由斜行线排列而成，但相邻两层斜线的走向不同。有时你会看见九个正方形中间显示出的四个中心，其中两个中心是“×”形，两个中心是斜放的小正方形。眼睛盯着各个中心看时，全图的图案就显出各个不同的组合形式。当你注视着图案中的一个局部时，其他部分就闪烁、颤动起来。这个图案也能使眼睛产生出后像，因而使图形更复杂多变，使眼睛更加迷惑不解。

图 58-2

雷金纳德·尼尔：《三个正方形：黑与黄》(1964 年)
(《秩序感》P.239)

这种图形引起动荡不安感觉的根本原因就在于构图太复杂和线条的走向变化太多。如果眼睛只注视其中一个较小部分，而把其他部分完全排除在视野之外，那么，眼睛看见的那一部分形象就会比较稳定。请看图 58 - 3，是图 58 - 2 的局部，它的形象是不是稳定多了吗？

图 58 - 3

图 58 - 2 的细部
（《秩序感》P. 239）

59. 神秘的立方体图形

在幼儿时期，人们就常常接触到立方体。那是积木玩具中的木块，每个边都是一样长，共有六个面。真实的立方体的形状永远是这样的，它不会变化。可是眼睛并不能直接看出这样的整体形状，而只能看到这个侧面或那个侧面。我们是怎样知道立方体整体形状的呢？因为我们能伸出手抓住它，把它翻过来倒过去地看。

然而画在纸上的立方体图形就不一样了，它总是那个形状，不能改变它的位置和放置方式。人们画的正方体大都像图 59－1 那样。它像一个透明体，六个面和十二根棱线都看得见。不过，从这个图形上也能看出两种不同的立方体形象，你相信吗？

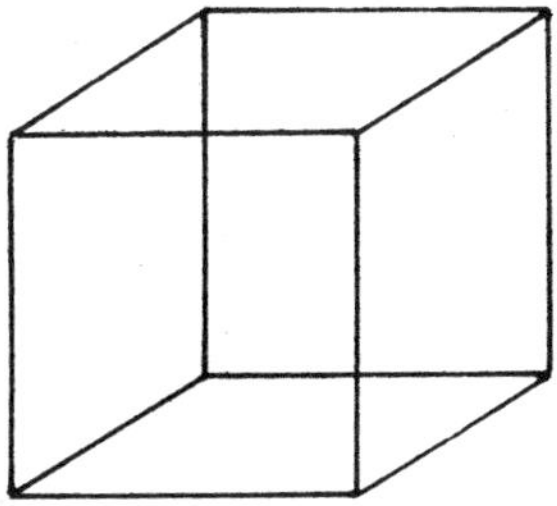

图 59－1

现在你从这图形上看到的是怎样一个立方体呢？

你看到的立方体大概是平放着的，四根竖棱线垂直于地面，八根横棱线平行于地面。是这样的吗？

可是我们又能从这同一个图形上看出另外一个立方体。只有最下面的一根横棱线贴在地面上，靠它支撑着整个立方体，因而我们看见了它的下底。你看见的那个立方体的下底是平放在地面上的，因此看到的不是下底的外面，而是下底的内面。你看见的上底外面，我们现在却看不见，我们现在看见的是它的内面。现在你该明白我们看见的立方体是怎样的了吧？

你能不能也像我们这样来看这个立方体图形呢？现在你应该已

经能够从这个图形上看出两种立方体形象，有时看见这一种，有时看见那一种。开始时，也许你还不是很习惯，经常看到的只有一种形象，但经过多次改变观看方式的练习以后，你就能按照自己的愿望来选择，想看见哪一种，就看见哪一种。

从这个可以有两种看法的图形中，你是否对视知觉组合中主观能动性的作用有了更深刻的印象呢？

古代罗马人在公元二世纪就已经利用立方体图形可以产生两种视觉形象的性质，创造出一种交变立方体镶嵌图案。图 59－2 就是这种图案。图中的那些白色菱形，可以看作一些立方体上底的外面，也可以看作另一些立方体下底的外面。这样，整个图案就能呈现出两种形象：白色菱形面有时朝上，有时朝下，图案是由一排排朝上的立方体组成，或者是由一排排朝下的立方体组成。你能熟练地看出这两种形象了吗？

图 59－2

（《艺术与错觉》P. 321）

60. 贺卡向哪边开

图 60 - 1 是什么形象？

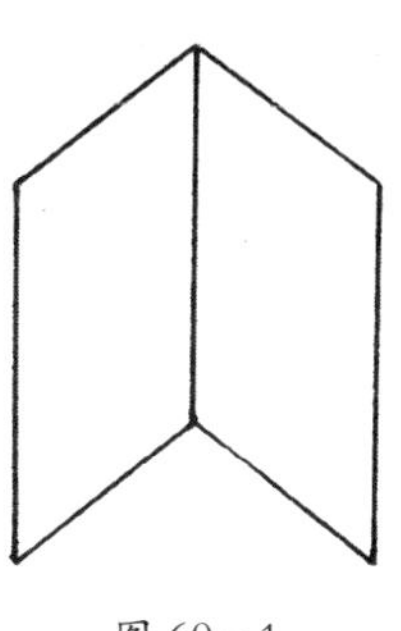
图 60 - 1

如果这是一个平面图形，所有的线条都在一个平面上，那么，它就是有一个公共边的两个平行四边形。这条公共边又是一个对称轴，把左右对称的两个平行四边形联结在一起。

如果它不是平面图形，而是一个立体形象，画的是一个真实的物体，那么它会是什么呢？

你可以设想它是一本打开的书，也可以设想它是一张双连贺卡。如果是书，在封底、封面之间就该有许多书页，还是说它是贺卡更适合些，是吧？

如果把它看成贺卡，那么就可能从图上看出两种不同的形象：一种形象是贺卡朝着你打开，你看见的是贺卡里面的图画和贺词什么的；另一种形象是贺卡背着你打开，你看见的是贺卡的面和底。你看见这两种形象了吧？有时，这图形显得有些执拗；不过有时也能听从人意，你叫它向哪边打开，它就向哪边打开。其实，关键不在图形，而在于人们的视觉系统的组合活动，视觉系统怎样把它组合，它就表现出怎样的形象，向着你打开，或背着你打开。

如果在图 60 - 1 的平行四边形旁边再添上另一个平行四边形，成为图 60 - 2 那样，图形中就有了两条公共边。从这个图上仍旧可以看出两种形象：左边一条公共边显得离你近，右边一条显得离你远；或者反过来，左边一条远，右边一条近。

如果把右侧两个平行四边形上面的两条边当作菱形的两条边，补足另外的两条边，把完整的菱形画出来，成为图 60 - 3 那样，那么图形就比较稳定了。右侧两个平行四边形和上面的菱形组合成了一个立体,像方柱的一截。左侧的那个平行四边形是从方柱体的一个面延伸出来的平面。这时,你再想把右边那条公共边看得离你远就不可能了。它已经成方柱体的一条棱线,自然会向外凸出,而不可能向内凹进。

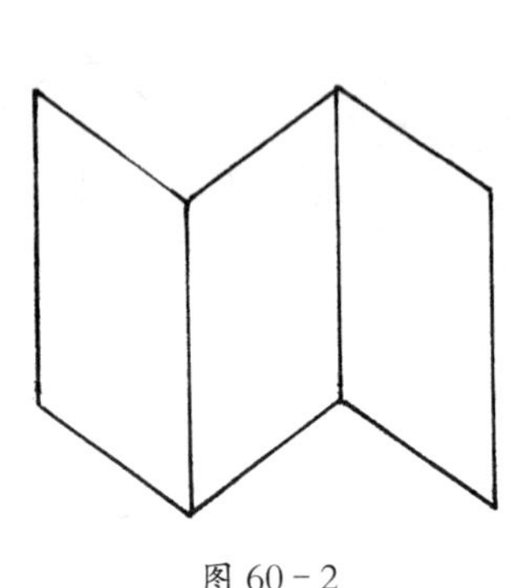

图 60-2

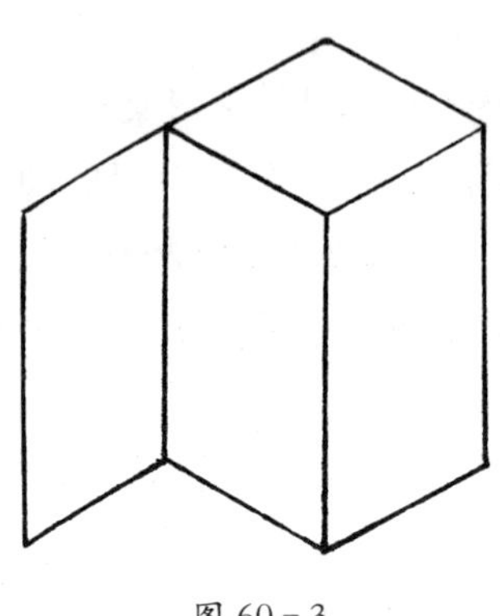

图 60-3

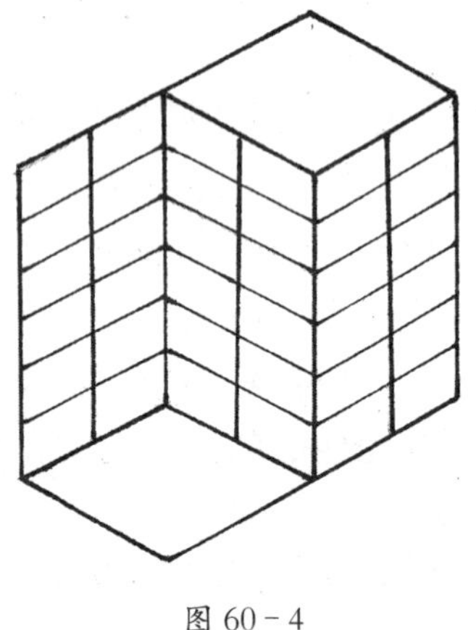

图 60-4

(《艺术与错觉》P.344)

如果把左侧两个平行四边形下面的两条边也当作菱形的两条边,补足这个菱形,那就会形成另一个方柱,它的一个断面可以看得出,方向朝下。图 60-4 就是这样的形状。这时,你就会遇到一个无法解决的矛盾:相连的两个立柱一个断面朝上,一个断面朝下,当你看出其中一个立柱的形象时,另一个立柱形象就遭到破坏,无法构成完整的形象。两个互不相容的立柱形象硬是连在一起,这样,善于分离组合的眼睛也就无能为力了。这样一个图形在心理学中常被提到,它有一个名称,叫作“蒂埃里图形”。

61. 会翻筋斗的楼梯

上楼下楼得从楼梯上走，楼梯的形状总是一级一级升高，固定不变，谁也不会把它看错。可是画在图上的楼梯却变得会翻筋斗了。你不相信吗？就请看图 61－1。

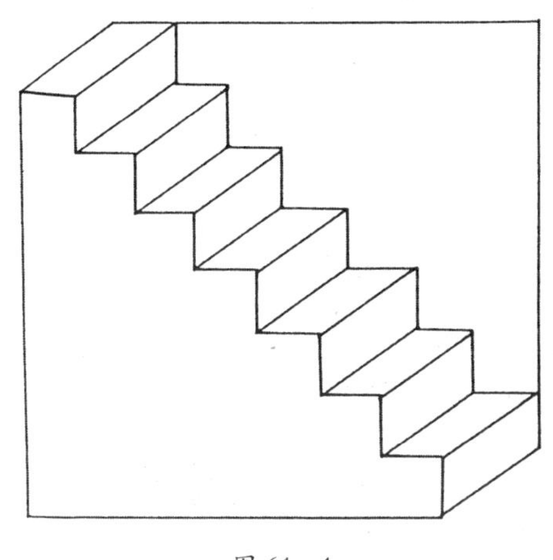

图 61－1

（采自《Experiments in Visual Science》）

你看明白了吗？这个楼梯一共有七级，由高向低，或者由低向高，随便你怎么看都行。

当你这样看的时候，你会看见图形的深处（图的右上方）有一个竖立的面，它是楼梯形象的背景，也可以把它看成墙壁。楼梯的左下方也有一个竖立的面，它离眼睛近些，可以把它看成支撑楼梯的墙，或者说，它就是楼梯的侧面形象。你是这样看的吗？

现在，让我们看看这楼梯翻筋斗，变得颠倒过来。你一定明白，这并不是真的让楼梯翻筋斗，而是让我们的视知觉系统改变一下组合形象的方式，对这图形变换一种看法。

如果把前面说的图形深处的墙壁看成是靠近我们的墙，而把原来靠近我们的墙推到图形深处去，把它看作图形的背景，从上而下，一级一级下降地看，那么楼梯就颠倒过来，原来给人踏脚的梯级变得朝下，人们没法再踏上去了，原来站在楼梯上的人会一个倒栽葱从上面坠落下来。你看出了这样一个颠倒的楼梯形象了吗？看出这个颠倒的楼梯是不很容易的，你得耐心地多看，才能成功。

图 61－2 是另外一个楼梯图形，是根据一张楼梯照片绘制的，左侧有一排做扶手用的栏杆。这张楼梯图也可以颠倒观看，而且还可以看出第三种形象。不过，也得看你的耐心怎样。

图 61－2

（据《艺术与错觉》P.321 改作）

如果你设想这图上的楼梯是真实的，就可以左手扶着栏杆，迈开步子一级级向上走去。这时光线自上而下，照射在每一层梯级的深色地毯上面。这样看是最普通的看法。

如果把图倒转，再用一张纸片遮住栏杆，并且让视知觉从前一种看法中解脱出来，耐心地看几分钟，就可以看出另外一座连接下上的楼梯。由于这楼梯的右面有一部分已在画面以外，最下面的二、三层梯级只能看见一小段，所以从上向下看比较容易看出楼梯的形象。左上角有一个倒放着的狭长直角三角形平面，可以把它看作背景。那直角三角形的斜边，就是最高一层梯级的内边(离眼睛远的边)，它的下面与它平行的直线是外边(离眼睛近的边)，梯级上也铺着地毯。再向下就是同最上一层梯面垂直的面。只要能看出这个直角(在图形上呈现出钝角形)，就容易看出楼梯左面的墙壁，也是一级一级逐渐降低。这样一看，你大概就能看出这座从右下方通向左上方的楼梯了。

第三种看法需要更大的耐心。如果把图横放，让正看时的右边朝上，就比较容易看出这图形中隐藏着的第三个楼梯。这座楼梯向右登楼，一级级升高；向左下楼，一级级降低。没有铺地毯的一面成了供脚踏的面，铺地毯的平面反而成了垂直的立面，因而地毯也就不再是地毯，而只能看作是装饰。我们从旁看这楼梯，处在居高临下的位置上。经过这样的提示，不知道你看到这样一座楼梯没有？

通过这三种不同的看法，同一楼梯的照片便有了三种不同的解释，表现出三种不同的形象。你说，分离、组合活动对构成视觉形象的关系还不十分重要吗？

62. 可疑的平行线

前面几节是从平面图形上怎样看出立体形象，由于对同一图形可以有几种不同的看法，所以看出来的形象有种种差异。其实，单看平面图形也并不容易，有时由于有其他图形或线条的干扰，也会把图形看错，第57节介绍的“弗雷泽螺旋”就是这种错觉的例子。是不是只有构图十分复杂的图形才会使眼睛迷惑，产生错觉呢？那倒不一定，有些极其简单的图形也能欺骗眼睛，使眼睛看不清真相。下面举一些例子。

图62-1中的两个图形也许简单得不能算图形，每个图形中只

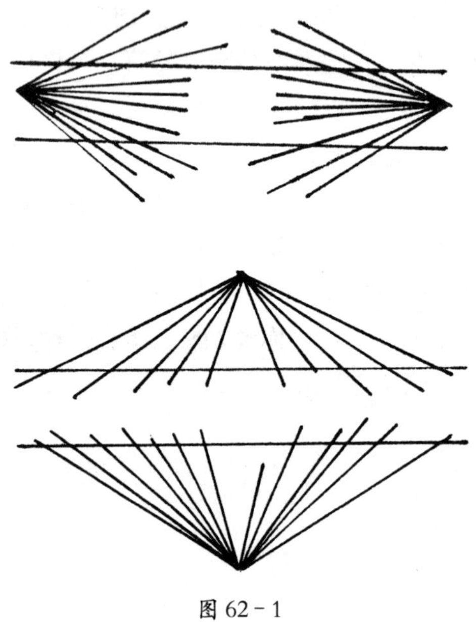

图62-1

有两根平行线，作为形象，另外一些从上下或左右放射出的直线，是它们的背景。能不能说它们是平行线呢？眼睛看着，心里却有些怀疑。用尺来量量看吧，的确是平行线。可是看起来，两组平行线都稍稍向内凹进，直线有些像曲线了。

图 62－2 中的两个图形也是这样的，只是由于放射线的中心不是两个，它不在两边，而在中间，平行线看起来就向外微微凸起。

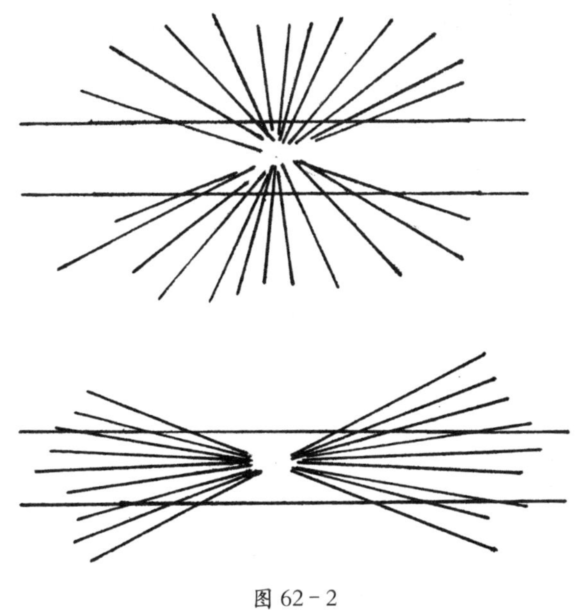

图 62－2

再看图 62－3 中的两个图形。一个图形是一条条斜行的直线，一个图形是一条条纵向的直线。在每一根直线上有许多很短的线段和它相交，这些短线的方向不太规则，但同每一根直线相交的短线大致相互平行，相邻两根直线上的交叉短线方向相反，大致对称。这些直线原来也是平行线，但现在看起来却不平行，线段间的距离一头大，一头小。为什么会造成这样的错觉呢？显然是由于那些交叉短线的干扰。

再看图 62－4，一个正方形，以许多个同心圆为背景，正方形的四

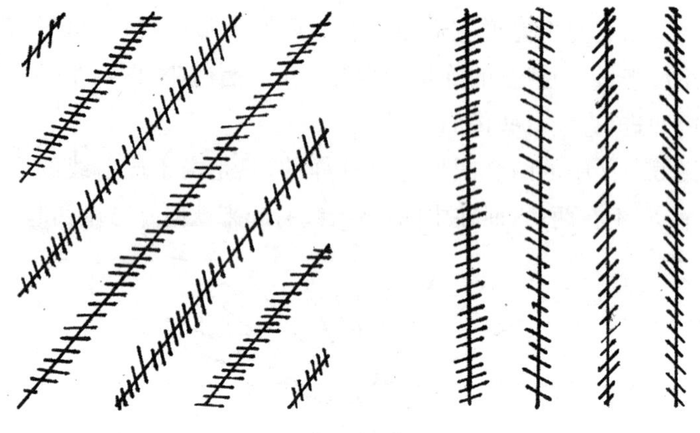

图 62-3

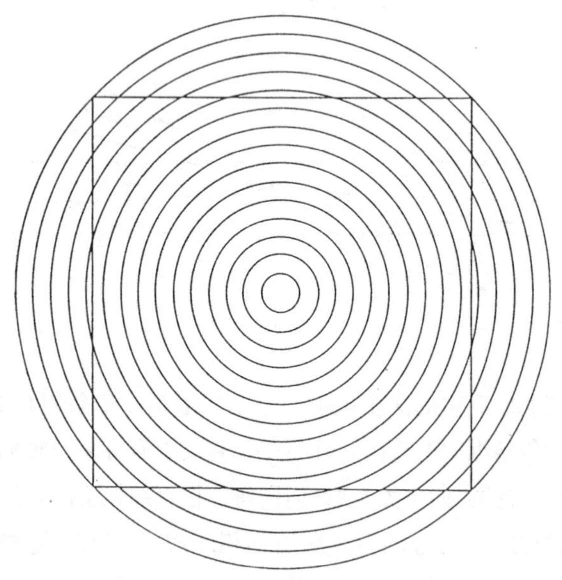

图 62-4

(采自《Experiments in Visual Science》)

个直角都在最外面的那个大圆上。由于这个正方形的四条边也显得有些向内侧弯曲，正方形就不再像正方形。这也就是说，正方形的两双对边已经不再像平行线。为什么会造成这样的错觉？当然也是由于背景上许多同心圆曲线的干扰。

有一种心理学理论认为，当眼睛看见一种形状时，视觉神经系统中就会产生一种张力，不同形象的张力有着不同的方向性。如果方向性差别很大，内部神经系统的张力发生矛盾，就会影响对形象的知觉。在图 62－1 和图 62－2 中，放射线的中心产生出巨大的张力，这张力比边缘地区强大得多，两条平行线被它吸引或推挤，眼睛就觉得它们向内凹进或向外凸出。图 62－3 中，干扰平行线的短线段也是一种放射形线，放射中心偏在哪一头，哪一头的两根平行线就被较强的张力推开。图 62－4 中的许多同心圆则形成一种巨大的向心力，正方形的边被圆心吸引，眼睛就觉得它们向内凹进。也许你不相信它们是直线，那就请用直尺来比一下，就立刻会把错觉打破。

63. 正圆变椭圆

还记得第14节介绍的“米勒-莱尔错觉”吗？同样长短的线段，由于加在两端的箭头方向不同，看起来长短就好像不一样了。如果在一个圆里画出两根相互垂直的直径，又在两根直径的两端画上方向不同的箭头，那将会产生怎样的视觉效果呢？

请看图63－1，就是在直径上加了不同方向箭头的圆。你仔细看看吧，它是不是有些像椭圆？由于垂直方向(纵向)的直径两端加的箭头向内，组成箭头的短线在圆周之外，而水平方向(横向)的直径两端的箭头向外，组成箭头的短线在圆周之内，纵向的直径就好像比横向的直径长。这样的错觉当然会影响对整个圆形的知觉，看起来这圆就成了一个竖立着的椭圆。

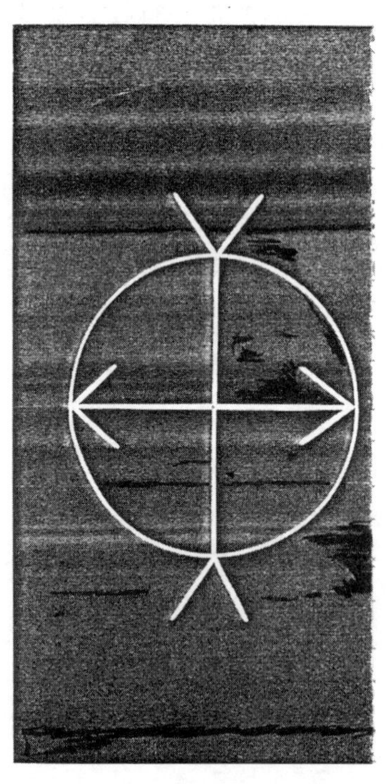

图63－1

(采自《Experiments in Visual Science》)

换个方向再看图63－1中的圆，横向的直径好像长于纵向的直径，看起来它就成了横放的椭圆，通常人们也把这样的椭圆称作“扁圆”。

其实，这圆还是正圆形，一直没有发生变化。把它看成椭圆只不过是眼睛的错觉。

如果在一个圆里画上许多平行线，也会影响眼睛对于圆形的知觉。图63－2a，圆里的平行线是横向的，看起来它的形状就显得扁些，成了横放的椭圆；图 63-2b，圆里的平行线是纵向的，看起来它的形状就显得高些，成了竖放的椭圆。你看出了这样的变化吗？由于这种错觉不很明显，还有其他因素影响人的视知觉，所以有些人不承认有这样的错觉，但多数人是看得出的。

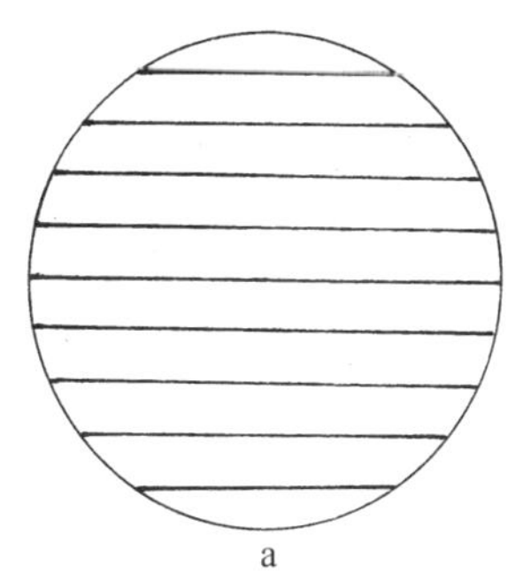

a

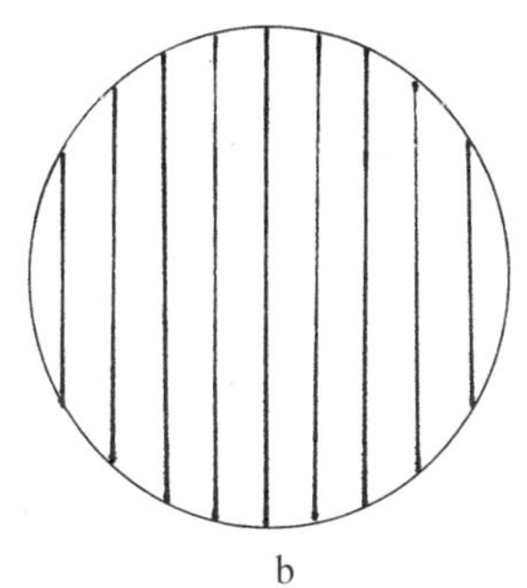

b

图 63-2

（采自《秩序感》P.285）

对于服装设计师和选购服装的顾客来说，都很重视衣服图案对穿衣人体形的影响。图 63-3，展示了一种大家都很熟悉的说法：身材瘦长的人宜穿横条图案的服装，这种图案会使穿衣人的身体显得稍稍丰满、富态些；身材矮胖的人宜穿竖条图案的服装，这种图案会使穿衣人的身体显得修长、苗条些。这样来选择衣服图案，正是对上述那种错觉的利用。

图 63-3　穿竖条和横条图案面料衣装的模特

64. 这是一条直线吗

一根斜行的直线如果出现在几条竖直的条纹后面，直线的一些部分被条纹遮住，那么眼睛对这根斜行直线的形状也会产生错觉。

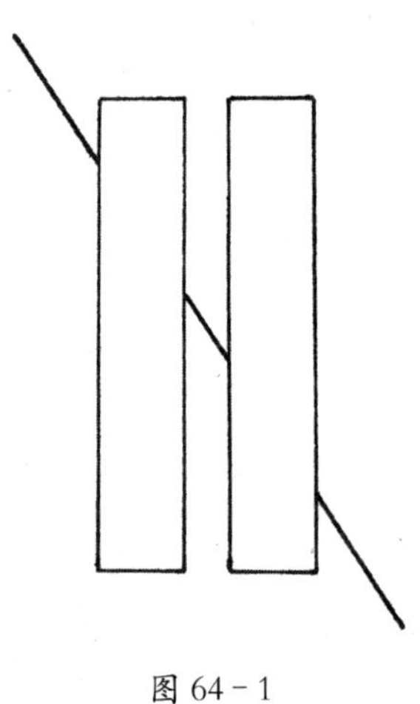

图 64－1

（根据《图象与眼睛》P. 65）

请看图 64－1。被两个狭长矩形隔开的三条斜行线段是不是属于同一根直线？

通常，眼睛从这图上会得到这样的印象：从两个竖直的矩形间隙中露出的线段比左上方的线段降低了一些，最右边的线段降得再低些。这样，三条线段就不像一根直线。可是，用直尺来比试一下，它们明明在一根直线上。原来不是一根直线的印象是一种错觉。

在心理学上，这样的错觉图形叫"波根多夫直线错觉"。

15 世纪意大利有一位著名的雕塑家名叫多纳太罗，他为佛罗伦萨大教堂的唱诗班座席创作了一排跳舞的小爱神雕像，在小爱神像前面故意安置了一排圆柱，遮住了雕像的一些部位。这样的构思是一个大胆的创意，过去从来没有人用过，但取得了意想不到的艺术效果，许多观众都觉得那些小爱神简直真的跳动起来了，大大加强了对动态的感受。为什么圆柱遮住雕像的一部分反而使雕像更加栩栩如生呢？道理就同波根多夫直线错觉相似，雕像的肢体被圆柱遮断以后，便发生了移位的错觉，这种移位又不是固定的，而是同观众的视知觉活动紧紧关联着，因此雕像就像真的动了起来。图 64－2 便是这雕像的照片，虽

图 64－2

多纳太罗：圣诗班座席，局部。1433—1440 年，佛罗伦萨大教堂

（《图像与眼睛》P.65）

然不是很清楚，但也能看出移位错觉的动态效果。

图 64－3 是 1968 年在格勒诺布尔举行的冬季奥林匹克运动会图标图案。你是否看出图案中藏着一个什么形象？

图 64－3

（仿《图像与眼睛》P.65 制作）

距离这张图稍远些，反而比较容易看清楚那一条条横线后面的形象。你说，那像不像一个滑雪运动员正弯着腰，前后摆动着手臂，奋力向前滑行？

你看出这张图是怎样制作的吗？运动员的形象并没有一个完整的轮廓，而是加粗黑色横条的某些部位，使它们尽可能相互接近但又不连成一片，于是我们就看见了运动员的身影。这身影似乎是被一根根白色的条纹阻断的，因而表现出的动态更加逼真了。

多纳太罗把小爱神像安排在一排圆柱后面，大概是恰巧同波根多夫直线错觉相符，但1968年冬季奥运会图标图案则是有意识地利用了这种错觉。这两个例子表明，错觉在科学观察中虽是有害的，但有条件地运用它们，却有益于人类的审美活动。

65. 显示运动的图形

画在纸上的图形自然是固定、静止的，可是有些图形也能使人产生动感。前一节说的波根多夫直线错觉就是一个例子，还有一些光效应图案和能显示出两种形象的图形，也都能使眼睛感觉到运动。

画家为了表达出人物形象的精神，自然要想方设法让形象动起来。他们是怎样让图画中的形象显示运动的呢？最重要的一点就是抓住最能显示动态的瞬间。形象虽然是静止的，但从这形象上可以让人看出在这瞬间以前和以后的另外一些形状。能做到这样，形象就是正处在运动过程当中，就能显示出运动。

图 65－1 是汉代画像石上的朱雀。它头向后仰，双翅高扬，右腿正举起向前跨出。很明显，右脚就要踏下来了，左腿也将举起向前

图 65－1

（仿四川汉画像石《沈君右阙朱雀像》制作）（转采自《论艺术的技巧》）

跨，像右腿现在的样子。这朱雀的形象不正是处在最能显示出动态的一瞬间吗？

又如南部非洲岩洞中，有一幅布须曼人的图画，画的是争夺牛群的战斗。图 65 - 2 是这张画的局部。牛的右腿跨得很远，尾巴也向上扬起，要不是有人急急驱赶，它们决不会这样狂奔。赶牛的人手持棍棒，双腿分开，跨着大步向前走。在他们后面是另外一个部落的人，为了夺回被掠走的牛群，正匆忙追赶。一手持投枪，一手持盾牌，敌箭纷纷射来，为了用力持盾挡住箭雨，身体的重心转移向后，呈下蹲的姿态。正是在这样的姿态中，形象的动感非常强烈地表现了出来。

图 65 - 2

（采自《艺术的起源》P. 138）

像这样的例子，可以举出许多许多。可以说，凡是表现动物的图画，凡是叙事性的图画，大都用类似的方法来达到显示动感的目的。

可是，眼睛看到这样的图画为什么就能感受到运动呢？图形本身毕竟是静止的，不论看多久，它也不会有丝毫改变，它怎么会动起来呢？

原因很简单：因为眼睛是人的，而人是有头脑的，眼睛看见的形象是经过头脑处理过的信息，图形中表现出来的运动是人看出来的，是人的一种认识。当然，人的这种认识同眼睛接受的光信息紧密联结在一起，同图画的形象紧密联结在一起。

把眼睛看见形象和头脑理解形象截然分成两个阶段是不可能的，因此，现代心理学把视觉直接看成一种知觉，认为单纯的视感觉阶段实际上并不存在。从图形中看出运动的事实，再一次证明了这样的观点。视知觉既离不开当前的网膜映像，同时也离不开以往的经历、经验和头脑里储存的形象记忆。一个从来没有看见过运动的人当然也不可能从图形上看出运动。

66. 方向·角度·位置

虽然我们说过，眼睛能看出形象表现的运动，主要是靠头脑，但也不认为运动同构成形象的形式完全无关。

请看图 66－1。一个不等边三角形如果有一个边处在水平方向上，它看起来就是静止的；如果底边取倾斜方向，有一个角翘起，那么它就好像动了起来；如果位置更高，一个角朝下，它就像在跳跃，甚至是在翻筋斗呢。

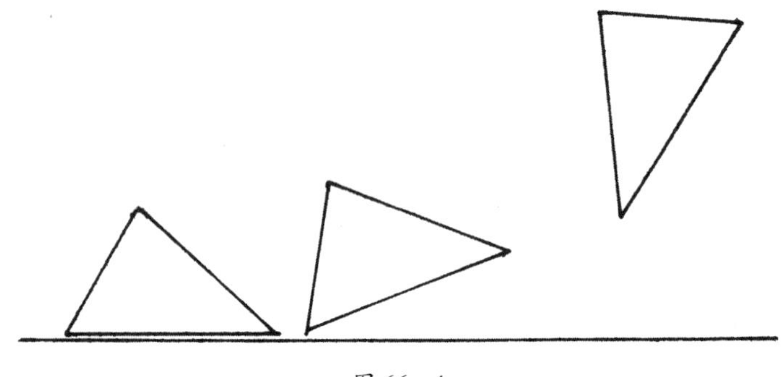

图 66－1

再看图 66－2。背景中的山崖、树木是垂直方向，因而看起来很稳定。三个人的形象显然是在运动中，一个人头朝下，正向山谷中坠落，另外两个人也都腾起身，显示出倾斜的方向，看来也将要摔下山崖。我们从图上看不出他们为什么坠崖，但眼睛一见就能知道他们正处在坠崖的过程中，正在运动。形象的方向性显然同眼睛得到的动感有关。这种方向性，也是构成形象的形式因素之一。

如果我们看的形象不是绘画上显示的，而是一件圆雕，是立体的

图 66 - 2

(据《艺术与错觉》P. 273 改作)

形象,从哪一个角度看它都行,那么,观看的角度也会影响动感的强弱。图 66 - 3a 是古希腊著名雕像《掷铁饼者》复制品的剪影图。通常都是从这样一个角度来看这雕像的。因为这样能看见掷铁饼运动员的正面形象,除了腿部有一部分被遮住而外,脸的表情,胸部的肌肉都能看见。这个雕像是表达出动感的典型,不但看得出躯体正处于迅速的运动中,还看得出运动员奋力拼搏的精神力量。据当代著名的艺术史和视觉心理学家贡布里希说,如果从另外一角度看这个雕像(见图 66 - 3b),躯体和面部的形象虽然看不清楚,但从形象上得到的速度和运动的印象更为强烈。

许多成功的绘画作品也都是选择一个最有表现力的角度来反映形象的。图 65 - 1 的朱雀形象不正是从这样一个角度来画的吗?摄影者对角度的选择更加重视,这几乎是人人都知道的。角度,是眼睛同物体之间的位置关系,但它能从物体的形象上体现出来,因此,也

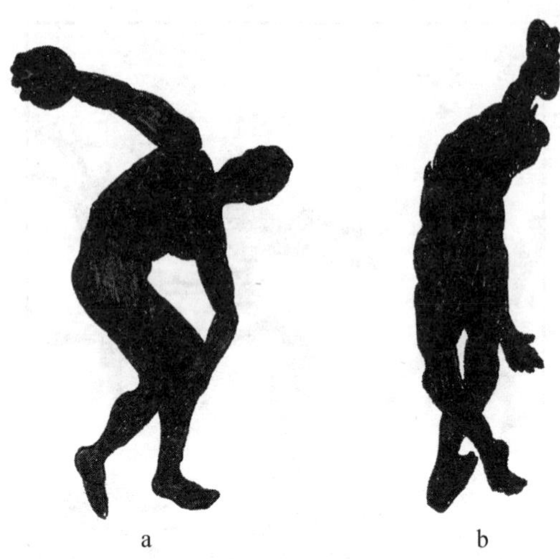

图 66－3
（据《图像与眼睛》P.66 改作）

成为构成形象的形式因素之一。

形象在图形中的位置也会影响形象的动静。图 66－4 是两张帆船图。请比较一下观看以后的印象。哪一张图上的帆船显示出较强

图 66－4
（仿《图像与眼睛》P.63）

的动感？有一本为摄影爱好者写的题为《眼见为实》的小册子中说："一艘船如果在照片的画面中心就会显得像搁浅似的，如果让它偏离中心就会显得在移动。"这话是很有道理的。

67. 波形线和辐射线的动感

不但有些图形能使眼睛看见运动，有些简单的线条也能使人获得动感。

图 67－1 中有一根水平方向的直线和一根方向相同的波形线，请你注意观察它们一会儿，可觉得它们使你产生的感受有什么不同吗？

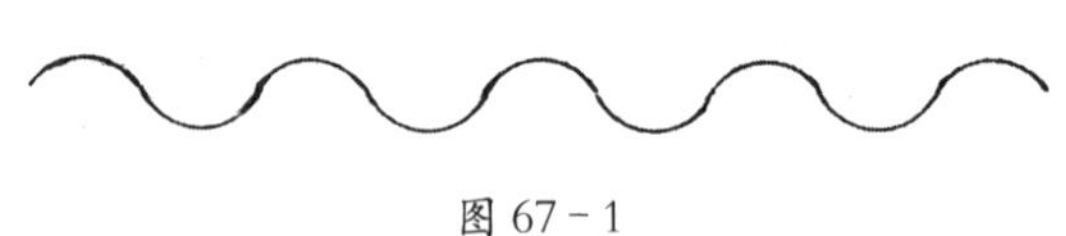

图 67－1

大多数人都会这样说：直线是平静的、静止的，而波形线好像上下波动不停，甚至好像还在向一个方向做水平运动。你是不是也有这样的感觉？

为什么波形线能引起人们的动感？

有些心理学家认为，人在看波形线时，眼球会随着波形线上下运动，因此，波形线引起的动感实际上是眼球的运动造成的。另外，还有一些心理学家认为，波形线的形状变化是有规律的，它总是沿着一根水平轴线上下摆动，摆动的幅度相同，因此，眼睛只要看见了一段波形线就能预期到连续而来的另外一段波形线，这种心理预期使人感觉到线条自己在运动，在不断向远方延伸。

波形线究竟为什么使人产生动感呢？上面两种学说可以供你参考。你也可以研究、思考，探寻出更好的答案。不过，应该看到，波形线引起动感的原因不会是单纯的，不能片面地单从生理方面或单从主观意识方面找原因。视知觉系统是由极其复杂的神经结构和神经临时联系构成的，从简单线条上看见的运动归根到底是复杂神经过程的产物。

直线通常只能使人产生静止的印象，可是当它同别的线条或形象组合在一起时，往往也能显示出运动。请看图 67－2a，图中从圆周线上向四面八方伸出几条短短的直线。这图形表现的是什么呢？儿童画太阳时常常会这样画，可以说，它是许多儿童头脑中的太阳图式。圆圈四周的直线代表阳光，它们都是从圆心射出的，因此可以称之为辐射线。辐射线和其他直线不同，它能引起动感。

为什么辐射线能引起动感呢？

也许你会说，因为图中的辐射线是代表阳光的，光芒四射的太阳不是一直不停地向宇宙中放射出光和热吗？因此辐射线也就能表现出一种运动。不能说你的这种看法没有道理，但也决不能忽视辐射线在形式结构上对动感的引发作用。难道我们不能这样设想：为什么儿童们画太阳时一定要加上辐射线呢？因为辐射线的形状能引起动感，好像有一种脱离中心的力量向四面八方投射，所以用它来代表太阳的光芒最为合适。

辐射线的动感并不是不受其他形式因素影响的。请看图 67－2b，辐射线离开了圆周线，这样的图形就更像太阳，辐射线的动感也就更加强烈。为什么这个图形会引起这样的感受呢？在前一个图形中，强调的是辐射线和中心点的联系，使人感到它们是从同一个中心发出的；而在这个图形中，强调的是辐射线和中心点的分离，表现出一种脱离中心的强大力量，因而表现出的动感比前一个图形中的辐射线更强。

图 67－2c 是在图 67－2a 的图形上加一个直径较大的同心圆。从这个图形上你还能感受到动感吗？你一定会说，它不再像光芒四射的太阳，而成了一个轮盘状的物体，形状固定，不再能表现出运动

了。在辐射线外加上一个圆圈辐射线就不再是辐射线，而是被限制在两个圆周中间的一些短短的直线，当然不再能引起动感。

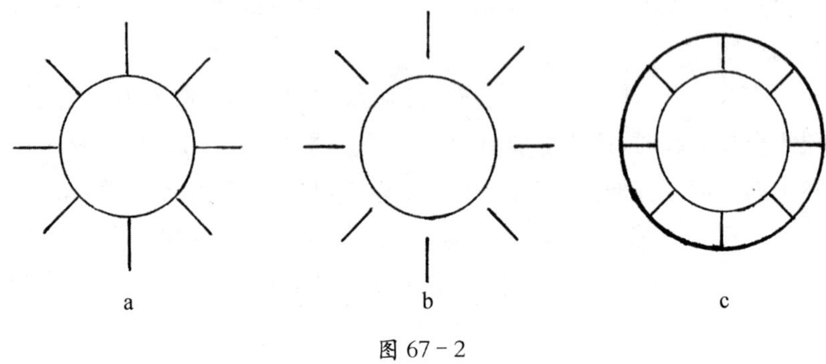

图 67－2

（据《秩序感》P. 242 改作）

68. 万字纹和阴阳符

由两根直线垂直交叉组成的十字形是世界上流传最广的一种抽象图案。在基督教信徒的眼里，它是神圣的，相传耶稣基督就是被钉死在十字架上。基督教徒所尊崇的十字架横条比竖条短，呈轴对称的形状。另外还有横条、竖条一样长短，呈中心对称形状的红十字和绿十字符号，被用作医疗救护、救济和劳动保护的标志。撇开这种种内容和含义不谈，单看十字形的形式，它有什么特点？可以说，它的最大特点就是稳定，上下左右相互对称，使人感到平衡，不会产生任何动感。

如果稍稍改变一下十字形的形状，在四个终端各加上一条短直线，组成图 68－1a 那样的图形，你的视觉感受就会改变。它的形状不是变得有些像儿童玩的纸风车了吗？而且它不再使你感到稳定，似乎有了转动的趋势。西方人习惯称这种图形为曲十字，而我国自古以来称它为“万字纹”。这种图形的广为流传同从印度传入我国的佛教有关，在印度，这图形称之为吉祥纹样，寺庙里如来佛塑像的胸上也有这个纹样，据说它的含意是“万德所集”。在汉语中，它被当成文字，并给它取了一个“万”字的读音，“万字纹”的名称就是这样得来的。不过，印度通行的这个纹样和我国的“万字纹”并不完全一样，它的十字形四个终端上加的短线方向恰恰相反，如图 68－1b 所示。这个纹样后来曾被德国法西斯分子用作纳粹党的党徽图案，因而被玷污了，在许多人的心目中，它成了罪恶的象征。万字纹和反万字纹的这些意义都是在社会生活中形成和发展起来的，图形本身同这一切都没有关系，因为它原来就没有任何意义。不过，这图形所显示出的运动，却是由形象的线条组合决定的，只要组成这样一个形象，就自然会使人感到它在运动，或趋向于运动。

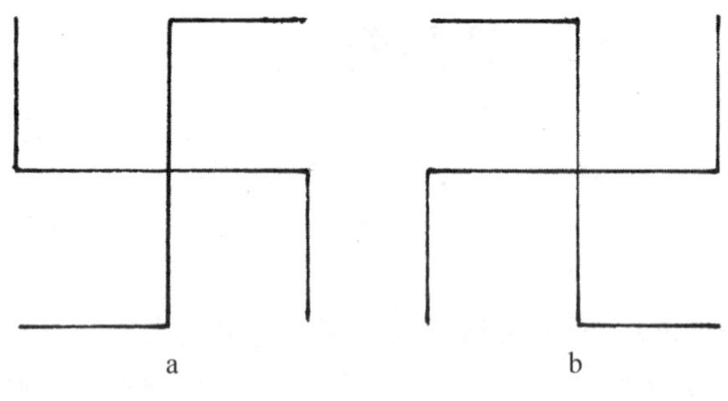

图 68－1

现在，让我们把这个形象再改变一下，把直线改成弧线，就会变成图 68－2 中的那种形象。这样不就更像风车或者涡轮了吗？不就更倾向于运动，使人得到更强烈的动感吗？而且，图形中线条方向性的改变还会改变运动的方向，图 68－1a 的形象是做顺时针方向的运动，图 68－1b 和图 68－2 的形象是做逆时针方向的运动。你是不是有这样的感觉呢？你产生这种感觉并不是由于你的想象或思维，完全是靠眼睛看见的。由此可见，眼睛从图形上获得的动感主要决定于形象的组合形式，其他来源则是次要的。

图 68－2　　图 68－3

我国古代很早就出现的阴阳符（见图 68－3）也是一个流传很广的图形，它是太极图的中心部分，显示出宇宙中的阴阳二气不断相互结合、相互转化，由此产生万物，产生万物的变化，生生不息，无穷无尽。这原是道家的学说，后来又被用来表示更多样的哲学内容。这些在这里不必多谈，因为使我们感兴趣的是这个图形中也包含着运动，在形象组合中所体现出强烈的、无止无尽的动感。道家选择了这个图形来表示他们的哲学思想，也许正是看中了这个形式中所蕴含的动感吧。圆的形状本来是静态的，可是当它分裂成阴阳两个部分以后，静态就被打破，它开始酝酿着运动，可以做顺时针方向运动，也可以做逆时针方向运动。这图形其实也是一种对称图形，但它打破了中心对称图形的束缚，打破了静止不动的局面，因此有人称它为"动态对称"图形。这图形使人产生了无穷的想象，给古今中外的图案设计家们种种启发。

图 68-4 是根据陕西省宜君县姜俊绒创作的一张"农民画"复制的，标题是"鹰抓兔"。你看鹰的一对翅膀是怎样产生的，不是正像上面说的"动态对称"图形吗？著名画家郁风在《宜君农民画的启示》一文中评论这幅画说："虽然鹰的翅膀事实上不可能同时一面向上一面向下翻卷，但它正符合错觉中的动感而又更富于形式

图 68-4

宜君农民画

（仿姜俊绒《鹰抓兔》(局部)《新华文摘》1985 年第 11 期）

美。"所谓"错觉中的动感",就是指眼睛从静止图形中感觉到的运动。这幅画的作者可能不是有意模仿阴阳符图形里的那种曲线,但这幅画所获得的效果却同那图形相似,也是从特殊的组合形式中使人得到动感的。

五

69. 可以乱真的绘画和第三维度

一幅画是好是坏并不全在于画中形象是不是像实物，但人们评论绘画时还是常用“像不像”这一条作标准。我国古代赞美绘画时常用“可以乱真”这句话，意思是说，画中形象和实物非常相像，看画的人会把它当作真实的事物，分不出是真是假。

欧洲流传一个古代希腊著名画家宙克西斯和巴尔拉修比赛绘画的故事。宙克西斯画了一串葡萄，画得像极了，跟真的葡萄毫无两样，吸引了几只小鸟飞来啄食。巴尔拉修趁宙克西斯暂时走开的机会，在画面的葡萄上添画了一层薄薄的纱幕。宙克西斯回来时，发现自己的画被纱幕遮住了，就伸手去揭，手碰上画板，才知道纱幕是画的，并不是实物。这两位画家的绘画都很逼真，究竟谁的绘画本领更高一些呢？传说当时的人们是这样评论的：宙克西斯的画能骗得过小鸟，而巴尔拉修的画却连宙克西斯也骗过了。这样，谁的本领高，谁的本领低，也就不言而喻了！

这样的评论，无疑是把“像不像”或“可以乱真”当作评价绘画好坏的标准。

怎样的画才可以乱真呢？除了其他的条件而外，有一点不能忽视，那就是要表现出物体的立体形状。前面所说巴尔拉修的画一定做到了这一点，要不然，宙克西斯怎么会伸手去揭他画的纱幕呢？

图画和真实物体有一个重要区别：画中的形象是平面的，真实物体的形象是立体的。画家的本领就在于能在一个平面上展现本来在立体空间才能显示出的形象。平面只有两个维度，即长度和宽度，而立体空间却有三个维度，在平面的两个维度之外还有一个第三维度，通常称作“深度”，有时也称作“厚度”，这是指离开眼睛愈来愈远的那个方向。图 69－1 是三个维度的示意图。一个正方形有两个维度，但一个立方体却有三个维度，图上箭头所指的方向就是第三维度的方向。

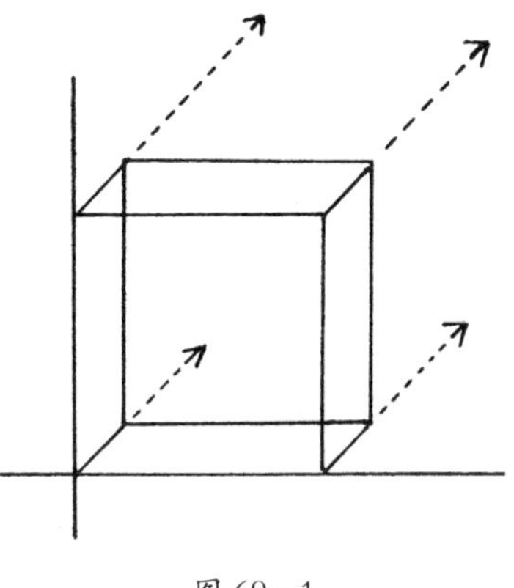

图 69－1

眼睛看世界，看真实的事物，能够看出它的立体形状，这就表示眼睛看出了三个维度。很难说清楚这本领是天生的，或者是不知不觉养成的。我们在看出立体形象时好像一点儿也不难。其实，这本领并不能轻易得到，人在婴幼儿时期就开始学习，后来在长期的生活实践中经过反复练习，发生过多次失误并不断纠正，才逐渐培养起来。不过，一般人在知觉立体空间和三维世界以后，只知道该怎样用自己的肢体动作来适应这样的世界，只知道怎样在这个世界中从事生活实践，而并不关心眼睛直接看见的三维世界究竟有着怎样的形象。

眼睛直接看见的三维世界是从网膜映像上显示的。网膜在眼球的内壁，略带弯曲，但仍旧是一个平面，因此，网膜映像显示的三维世界是从平面上显示出来的。通常，人们依靠网膜映像对世界产生知觉以后，就把网膜映像抛开，并不把它所提供在平面上的三维形象保持在记忆中。这正与《庄子》中说的“得鱼忘筌”一样，筌是捕鱼的工具，得到鱼以后就忘掉工具，网膜映像是形成视知觉的工具，视知觉一经形成，网膜映像也就给遗忘，抛到一边。除了以绘画为目的而观察世界的人以外，很少有人注意到那在平面上显示的三维世界形象。

我们知道，没有学过初步绘画技法的人是很难正确画出立体形象的。为什么难？就是由于平时没有注意投射在网膜上的立体形象究竟是怎样的。请看图 69－2。这是心理学家搜集到的一张儿童画。你能看出画的是什么吗？毫无疑问，你能看出是一间房屋，有一个人

图 69－2
（采自《艺术与视知觉》P.265）

站在屋里。可是，它同我们平时看见的真实人物形象不同，它们只有两个维度。如果你不依靠头脑里储存的知识和经验来理解，就会对这形象产生许多疑问：这房屋里的人是怎样走进去的？他站在哪里？是站在一根线上吗？他能不能转身？他一转身不是要把那墙壁撑破了吗？如果屋里还有另外一个人，那个人要从他的左面走到他的右面去，该怎么个走法？从身前身后都挤不过去，看来只能腾身从他头上越过去了。如果你并不觉得有这样一些问题，而只觉得它画得幼稚，那就表明：你看不出图画上三维形象和二维形象的区别，你平时并没有注意到真实世界的三维形象是怎样的。你和大多数人一样，依靠网膜映像形成对三维世界的知觉以后就把网膜映像抛开了。

我们的视知觉系统有许多令人惊叹的神奇本领，能从网膜平面上看出三维形象就是其中的一种。我们人人有这种本领但自己却不知道。为了了解这种本领究竟是怎么回事，就得从知觉阶段再回到形成网膜映像的那个阶段去，去看看它提供的形象和我们知觉到的世界有什么不同。

70. 变成平面的立体世界

我们在这个世界上生活，总是头顶天，脚踩地，眼看四面八方，而且，我们还可以迈开双脚往前走，伸出手指到处摸索。因此，我们知道世界是立体的，有三个维度。不管眼睛看着什么地方，看见的物体是大是小，都把它放在一个三维框架里理解，决不会把世界理解为二维的平面图形。如果有人对你说眼睛看见的世界形象是在一个平面上展开的，你自然不会相信。但是，有许多事实都证明眼睛看见的任何立体形象都表现在平面上，而且只能表现在平面上。请看，所有的照片、图画、电影画面电视屏幕上的画面不都是平面的吗？从玻璃窗上看见的室外景物，从镜面上看见的物体和人像，从平静的水面上看见的倒影不也都是平面的吗？甚至给我们有强烈立体感的立体电影画面也并不真的是立体形象，仍然一丝一毫都没有离开银幕那个平面。

那么，立体世界是怎样在平面上表现出来的呢？简单说来，就是把第三维度上的形象压扁，让它们也紧贴在眼睛看见的那个由长阔两个维度构成的平面上。如果在野外，你会看见天空像一块巨大无比的淡蓝色幕布从高处垂挂下来，同远方的地平线、草木、建筑物等连在一起，离你比较近的房屋、树木就以它们为背景，不论它们距离多远，都被压缩在一个平面上。如果在室内，你会发现，眼睛看见的地面并不是平铺在地上，而是被挤压得竖立起来，我们靠墙壁和地面之间的那条地平线，才看出哪里高、哪里低。物体的侧面，也就是表示第三维度（深度）的那个面，通常不可能完全看见，而只露出一部分，这一部分也被挤压得贴在平面上，挨着物体的正面排列。物体侧面的边本来和正面一样高低，被压缩在平面上之后，它便屈折到一边去，有一端似乎变高或变低了。

这样一个被压扁了的立体世界形象你能看出来吗？眼睛看见的世界形象实际上一直是这样的，但经过视觉系统的处理，你却不再注意它，而按照立体世界的真实情况去知觉它、理解它了。有一个简便的方法能帮助你找回眼睛最初感受到的那种被压扁了的世界形象。你可以用厚纸板做一个长方形的取景框。通过取景框来看世界，框里的形象就是从一个平面上展现的。图 70－1 就是从取景框里看见的形象。不过，由于眼睛对这样的形象太熟悉，视觉系统很快对它做出解释，不容易区分出眼睛直接看见的形象和头脑中最后形成的视知觉，所以不觉得奇怪。如果看见的形象平时没有引起过你的注意，视觉系统一时对它不能做出解释，那么你就会发现它的确是一个平面上展开的图形，后来才弄清楚这图形所表达的立体世界是怎么回

图 70－1

事。请看图 70－2，这三根辐射的直线是什么形象？也许你没法理解吧？请你仰起头看看教室或住房内部的屋角，顶板和两片墙角就构成这样一个形状。这自然是一个立体形象，但眼睛看出的只是这样三根交会于一点的直线。图 70－3 和图 70－4 又是什么形象？是一条通向前方的碎石路，是目光穿过管筒看到的一段管道和管道那边的建筑工地。现在你该承认眼睛直接看见的形象同视觉系统对形象的知觉不是一回事了吧。

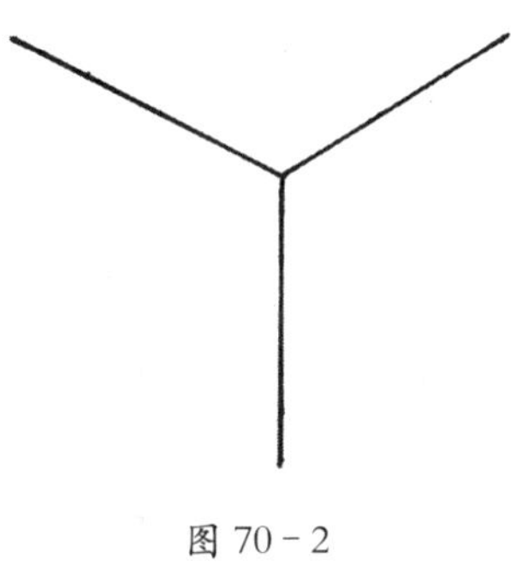

图 70－2

图 70－3

其实，不用取景框观看也一样，只是你不习惯让视野暂时固定下来罢了。只要不改变视点，不让躯体、颈部运动，眼睛看见的范围并不大，中央很清楚，周围渐渐模糊。这样看见的世界也就同从取景框中看见的世界相差无几。如果你没法保持住这样一个固定的视野，眼睛看见的范围随时随地变化，便会把远处的景物一直联结到自己脚下，就会感到身处在眼睛看见的立体世界当中，不可能再把它当成

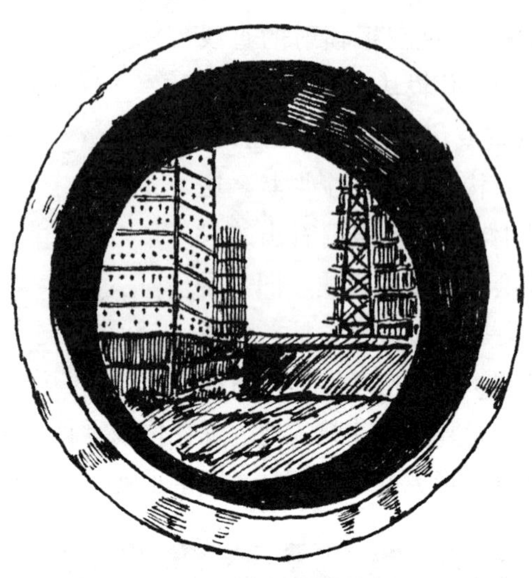

图 70 - 4

一幅图画来看。那么，把立体世界压缩在其中的那个平面也就会消失。

71. 知觉深度的线索

眼睛能够看出物体的远近，也就是能看出深度，看出世界是立体的。眼睛是靠什么看出远近的呢？是根据形象所显示出的一些特别性质，也许你并不注意它，但它却向你提供了知觉深度的线索。

我们有一双眼睛，每个眼睛里都能形成一个网膜映像。当我们观看一个物体时，得到的是两个网膜映像，这对深度知觉能起很大的作用，以后将要专门谈这个问题。现在要谈的是当我们只用一只眼睛看物体时，是靠了一些什么线索来知觉深度。心理学上把这样的线索称为“单眼深度线索”。

图 71－1 上有两个矩形，你能看出它们的远近吗？

很明显，黑色的矩形远，白色的矩形近。

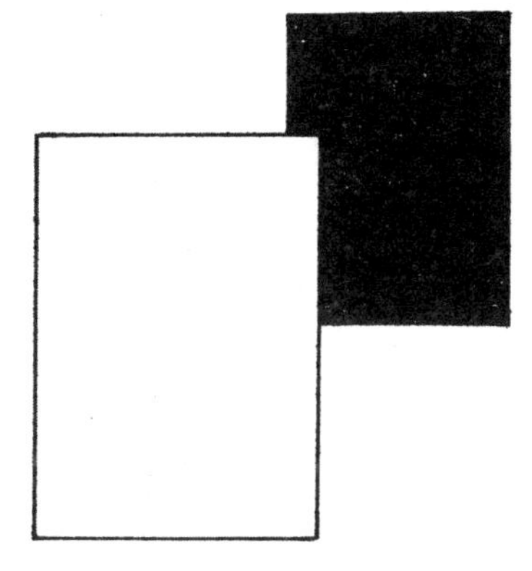

图 71－1

你根据什么做出这样的判断？因为你看出白色矩形把黑色矩形遮挡住了一部分，当然总是近处的物体遮挡住远处的物体。一物遮挡住另一物，也就是形象发生了重叠。遮挡或重叠正是最显著的单眼深度线索之一。如果我们看见连绵的山峦被一棵大树遮挡成两截，肯定大树离我们近，而山峦在远方。如果一排房屋被一堵墙壁遮住，只露出屋顶，当然是墙壁近，房屋远。

如果你知道两个物体原来一样大，而现在看起来却是一个大，一个小，你说哪一个物体更近些？当然是看起来大的物体近。图 71－2

上是两根电线杆，一根高大，一根矮小，你当然知道，那矮小的一根离你远些，因为它们本来是一样高低一样粗细的。形象的相对大小也是一种显著的单眼深度线索。

此外，还有一种可以提示深度的单眼线索，那就是相对清晰度。看远方的物体，有些看得比较清楚，有些显得模糊，当然是距离较近的物体形象比较远的物体形象清楚。许多风景画上的树木有些清楚，有些模糊，你看一眼就能知道这是由于它们的远近不同。

前面我们曾看过一张剧场座椅的插图(图 4－2)。有些椅子可以看出整个椅背，还有许多椅子被遮住了一部分，它们的大小也不同，清晰度也不同。从这样的图形中就可以看出剧场的深度。你在实际生活中走进剧场时看到的座位是不是这样的？你注意到上面所说的三种单眼深度线索了吗？尽管你没有注意，但网膜上的映像正是这样的，视知觉系统就是根据网膜映像提供的这几种线索，知觉到剧场的深度，知觉到舞台或银幕离你大约有多远。

图 71－2

(采自《图像与眼睛》P. 391)

72. 是圆圈还是乒乓球

你从图 72－1 上看见了什么？是圆圈还是乒乓球？

不但你不能确切地看出它是什么，不论谁也看不出来。

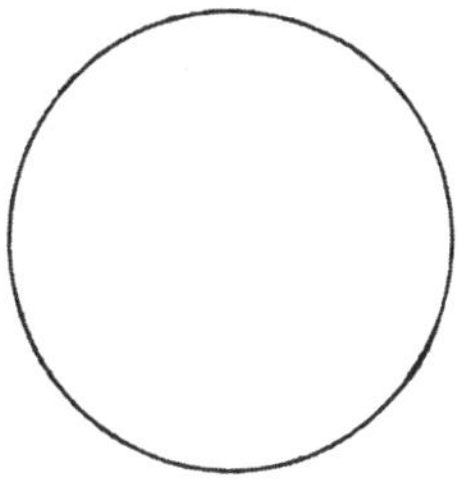

这时，你就该发现，单单依靠轮廓线并不能十分有把握地看出物体的形状究竟怎样。只看见轮廓线，就只能看出两个维度；只有看出第三维度，才能知道它的立体形状，才能准确知道是什么物体。

图 72－1

图 72－2 中 a 和 b 是什么物体的形象呢？可能是一个乒乓球或者橡皮球，但绝不是圆圈，不是一个圆形平面。因为从它上面看出了第三维度，它是一个球体。

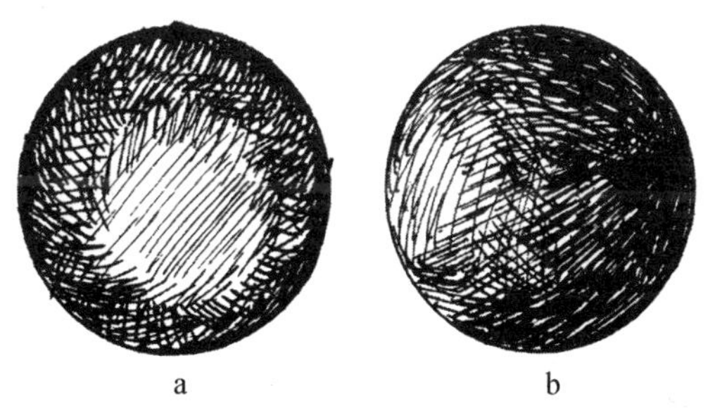

图 72－2

（参考《艺术与视知觉》P. 425 插图制作）

是圆圈、圆形的平面还是球体，主要靠形象轮廓线里的明暗度来决定。平面上的圆形轮廓在一个光源照耀下有着同等亮度的反光，但球体表面上受到的光照就不可能完全相同。我们正是依靠图 72-2 上表示明暗度的线条看出了那圆形是一个球体。最好去看实物,注意一下球体表面反光的情况。在那里,不是靠表示明暗的线条,而是由眼球网膜的感光细胞直接感受光线的刺激,物体表面的明暗度你能立即分辨出来。这种明暗度正是一种非常重要的单眼深度线索。

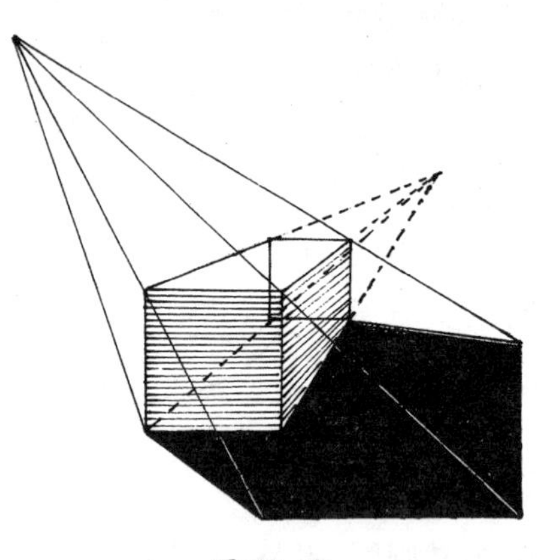

图 72-3

(参考《艺术与视知觉》P.435)

图 72-3 是一个立方体。光线从左上方投射下来,把它的顶面照亮,其他两面不能直接受光,所以显得暗淡;而且,光线还把它的阴影投射在地面上,形成一种特别的形状。从这样的明暗线索中很容易看出立方体的三个维度,决不会把它看成平面。

如果遮住光线的是平面,就不可能有光亮的顶面出现,而且它的阴影也会是另外一个样子。

过去有许多建筑物和橱柜的门上常用凸起的面板做装饰,图 72-4 就是这样一种有两层凸面的板。光线从左上方射下,迎光的凸面受到光照,而背光的凸面则在阴影中。图中涂了黑色的部分就是阴影。如果没有这阴影,只看见两层凸面的轮廓线,眼睛就很难肯定它是凸起的或凹进的,甚至会把凸面的轮廓线看成画在平面上的线条。

在反光很强的物体上更容易看出光照和第三维度的关系。一只玻璃瓶,一个崭新的铝水壶决不会使人把它错看成是平面的,因为它们凸起的表面上明暗度的区别十分明显。请看图 72-5,轮廓线里黑白分明,这当然不是表示玻璃瓶和水壶的表面上有黑白两种颜色,眼睛一看就明白那是表示明暗对比,表示它们有着圆弧形的表面。

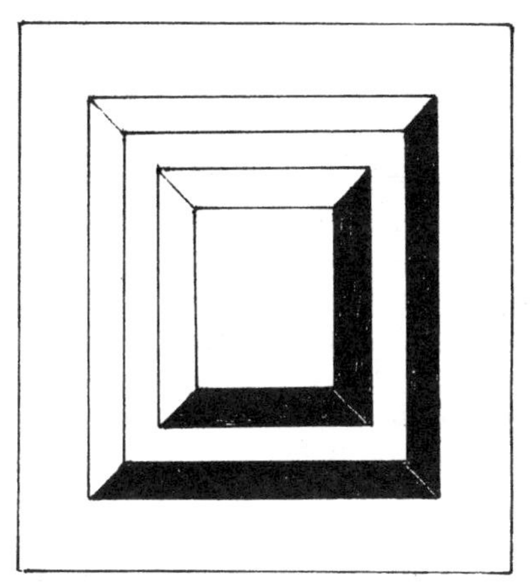

图 72-4

（参照《图象与眼睛》P.381）

图 72-5

记得在第 28 节中说到轮廓线时，曾提起显示形象的辅助线条，那种辅助线条也是从光照和阴影的对比中看出来的。从剪影上能看出侧面人像，可是要看正面人像，只看出轮廓线是不够的，还必须看出眼、鼻、口等器官的形状，否则就只能看出一张平平的脸，那怎么能看出是谁呢？眼、鼻、口等的形状从脸上显现出来，也得靠光照和阴

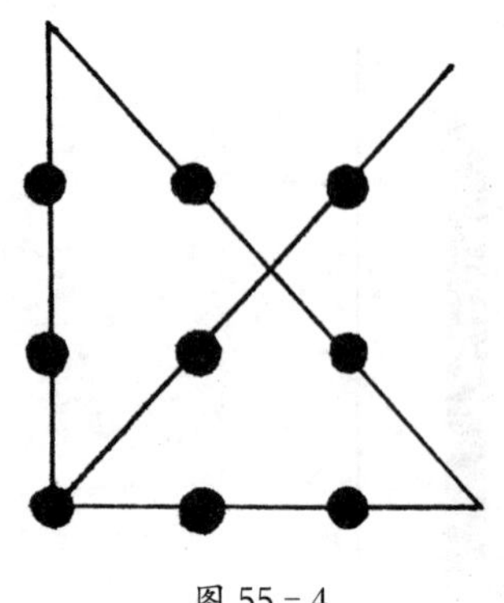

图 55－4
游戏答案
(《心理学纲要》上册 P.218)

影。显示形象的辅助线条也就是暗示光影分界的线条。在真实的人脸上，你找不到任何线条，但你能看出高低。为什么能看出高低呢？因为光照的明暗度显示出了第三维度，显示出了隆起的鼻子和凹陷的眼窝等等。对于一般人来说，能这样看出立体的形象就够了，只有画家才需要具备把明暗度转变成线条或色彩的本领。

73. 高低和远近

在视野中,深度线索常常从物体的位置高低上表现出来。同一个物体的形象或同样高低的物体被看成高低不一样时,就表明它们的深度不同,或者说,它们距离我们眼睛的远近不同。当你看出路边的行道树从眼前渐渐伸向远方时,实际上你的视觉系统中已经过了换算,把看出的高低转换成了对远近的知觉。这样的过程你虽然不知道,但确实发生过。

视觉系统是怎样把高低换算成远近的呢?

有几种不同的情况,下面分别做简要的说明。

如果眼睛看远方,看得见天空和大地连接的地平线,这地平线就是一个标准。在地平线以下的物体形象,位置愈低,距离愈近;位置愈高,距离愈远。在地平线以上的物体形象,位置愈低,距离愈远;位置愈高,距离愈近。

让我们再看一看图 4－1 吧,这是伸向远方的一排行道树。先看树根的位置,它们都在地平线以下,由低而高,所表示的是由近而远。再看树梢的位置,都在空中,当然在地平线以上,但却是由高而低,所表示的也是由近而远。

图 73－1 是一所大厅的内景,眼睛是怎样看出圆柱和墙壁的远近呢?那也得以地平线为标准,按照前面说的规律,可以从它们的不同高低位置上来区别远近。不过,在这里看不见天空,地平线是以地面和墙壁、柱础作为分界线来表示的。

如果物体离眼睛比较近,就不能以地平线为标准,而只能以视平线,即以眼睛为一端的那条跟地平线平行的直线为标准。在视平线以下的物体,位置低的近,位置高的远;在视平线以上的物体,位置低

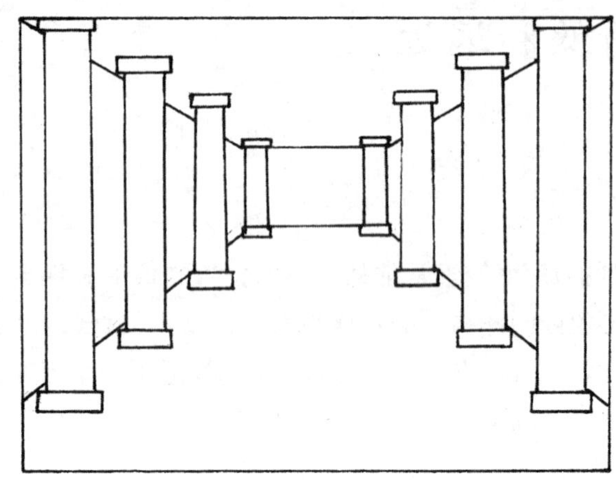

图 73－1

的远，位置高的近。从图 73－2 中可以看出，室内家具凡低于视平线的，都可以看出它们上方的那个平面，近边较低，远边较高；高于视平线的家具就看不出上方的平面，只有侧面能看见，近边较高，远边较低。

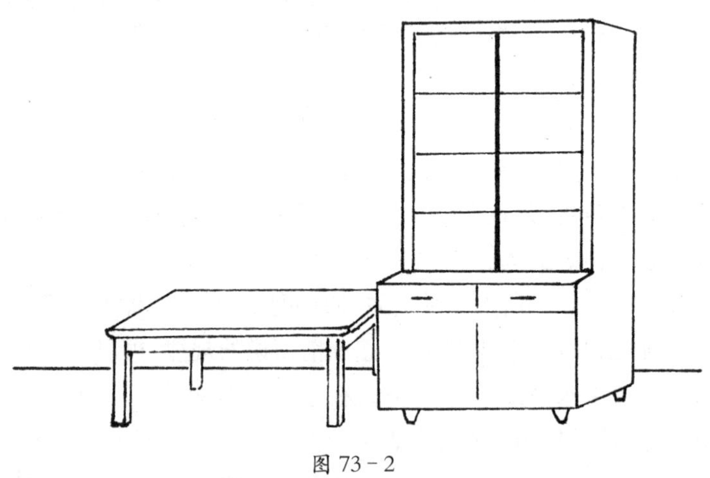

图 73－2

为什么视觉系统能这样把看见的高低换算成第三维度的远近呢？为什么处在地平线（或视平线）上下的形象换算的方法不一样

呢？归根到底，这是由于眼睛直接看见的形象是物体形象在网膜上的投影，是立体世界三维形象在平面上的压缩变形。在这种变形中，较远的边和较近的边在一个平面上表现为不同高低的边。在低于地平线（或视平线）的物体形象中，用来比较的是水平方向的边，因此位置愈高的边距离愈远。而在高于地平线（或视平线）的物体形象中，用来比较只可能是垂直方向的边（水平方向的边被垂直的面遮住，不可能看见），因此看起来愈低的边愈远。

74. 伸向远方的铁路

铁路从你脚下伸向远方。如果你的眼睛也沿着铁路由近向远看去，你会发现铁路的形象发生了怎样的变化？

离你近的铁路你当然看得很清楚。你看见路基上的碎石，看见一根根坚固的枕木，看见两条被火车轮磨得锃亮的平行铁轨……再往远处看，它的形象就渐渐模糊，两条铁轨间的距离也愈来愈近，几乎要合并在一起了。正是由于形象的这些逐渐发生的变化，才使你知觉到铁路是向远方伸延的，才使你知觉到空间的深度或第三维度。

心理学把由于空间深度而发生的形象逐渐变化称为“深度视觉梯度”，简称“梯度”。形象是由种种形式因素构成的，梯度也从这些不同的形式因素上表现出来。前面所说的几种深度线索，就是这些形式因素的不同表现。可以说，深度视觉梯度也就是各种深度线索的总和。

请看图 74－1。从这一排正方形上你可以看出深度梯度。它们不是排列在一个平面上，而是逐渐向纵深展开。你凭什么从这形象中看出空间深度的呢？就是凭眼睛看出的正方形群体的形象逐渐变化，凭梯度。

首先看出的是位置倾斜梯度。在图中，这是由一条倾斜的虚线来表示的，这条虚线稍稍偏离了水平线。如果闭上一只眼，用单眼从水平线上看这一排正方形，那么就只能看见最前面的一个，后面都给遮住了，自然谈不上深度。只有让视线稍稍偏离水平线，同水平线之间形成一个角度，你才能把前前后后的一排正方形都看出来。这时你看见的正方形就好像排列在一条斜线上，渐渐远离了原来的水平

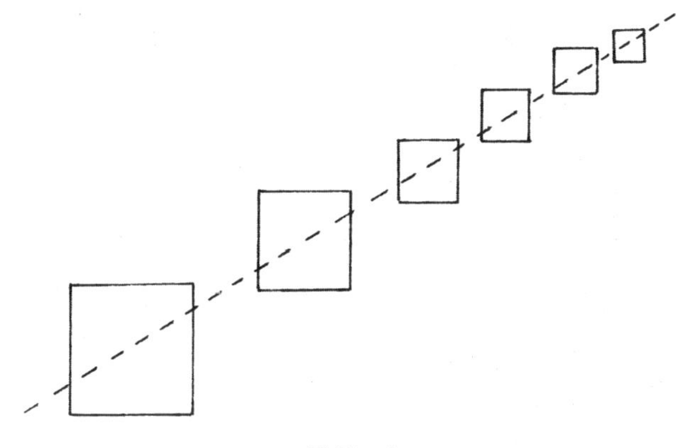

图 74－1

（采自《艺术与视知觉》P.376）

位置。这样看出的形象逐渐变化就是位置倾斜梯度。

其次，你会看出大小梯度。物体的距离愈远，它的形象愈小，于是这一排大小相同的正方形看起来就像图上所画的那样，除最前面的一个之外，其余都向后依次逐渐缩小。这种由大而小的变化，使眼睛产生了强烈的深度感。

在实际的空间中，物体的深度梯度还有其他种种表现，但在图 74－1 中看不出来。其中最重要的一种就是狭义的变形。位置倾斜梯度和大小梯度也是变形，但那是广义的变形。狭义的变形是指每一个体单位形状式样的改变。如正方形变梯形，圆形变椭圆等。假如地面有许多黑色的圆形斑块，你由上垂直向下看，每一个斑块都是正圆形，但从水平方向看去，它们就变成了扁圆形，而且愈到远方形状愈扁。图 74－2 就是眼睛从水平方向看去所见到的形状。在海滩上看到的一大片鹅卵石的形象，在会场上看到

图 74－2

（采自《心理学的体系与理论》上册 P.207）

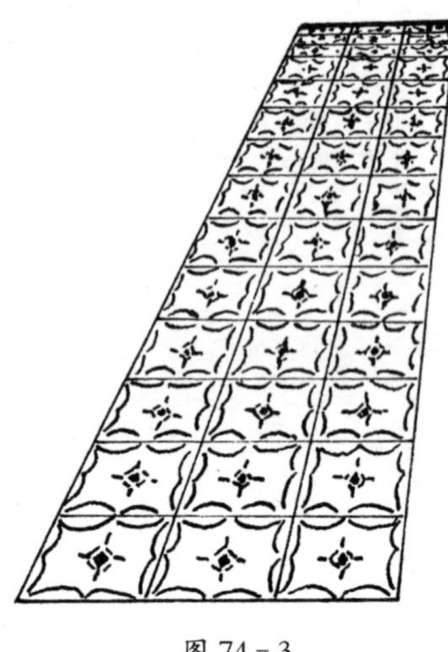

图 74－3

的人头挤挤的形象，都表现出这种形状式样的梯度。

不过，在自然界的物体中，形状式样的梯度还不十分显著。人工制品的形状特别有规律，有些制品上还有装饰图案，因而最容易使人看出梯度。比如地毯上的图案原来是方格形，中间有花饰，当它平铺在地面上时，远远看去，正方格子变成了平行四边形或梯形，而且它们的高度渐渐缩减，方格中的纹样也渐渐压缩变形。图 74－3 就是这样的变形。看了这样的形状式样梯度，人自然很容易产生深度感。

光亮的强弱、色彩的明暗和形象的清晰度也都能表现出梯度。物体距离愈远，不但形状渐渐变得模糊，色彩的区别和亮度也渐渐降低。这一切梯度变化也都能加强眼睛对空间深度的感受，使眼睛能从平面上看出第三维度，知觉到世界的立体形象。

75. 第三只眼睛

前面说的深度视觉线索都是单眼线索，用一只眼睛看就能看出立体世界。既然只需要一只眼睛什么都能够看得出，人为什么还要生一双眼睛呢？

也许你可以找到这样的一些理由来为双眼“辩护”：单眼视野远远比双眼视野狭窄，如果有人从右边袭击一个失去右眼，只剩下左眼能观看的人，拳头将要打到他右额角上时大概还不会被发觉。其次，用一只眼睛看比用双眼看费力，易于疲劳。再说，人有一双眼睛可以防备万一，如果不幸失去一只眼睛，还有另外一只眼睛可以用，不至于完全失去视觉……

这些理由都能成立，都有道理，可是你不要忽略了更重要的一点：用双眼看世界，分辨远近和看出第三维度的能力比单眼强得多。可以说，人有双眼，主要就是为了看出世界的立体形象，这对于在这个世界上生活和从事各种实践活动都非常重要。

用双眼看见的物体形象难道同用单眼看见的形象有什么不同吗？这样的视觉形象对深度知觉又有什么好处呢？

下面就让我们先来观察一下自己的单眼视觉形象吧。请伸出左手的食指，让它距离眼睛约二三十厘米远，把它放在鼻梁的正前方，不偏不倚。先闭上右眼，单用左眼观看，于是你看见了食指的一个形象(图 75－1a)。再闭上左眼，单用右眼观看，于是你又看见了食指的另外一个形象(图 75－1b)。这两个形象并不一样。只要稍作仔细观察，就会发现它们之间的差别。看任何物体时都是这样，由于左眼和右眼相隔约有五六厘米，两眼对物体的视角不同，自然就会形成两种稍有差异的视象。

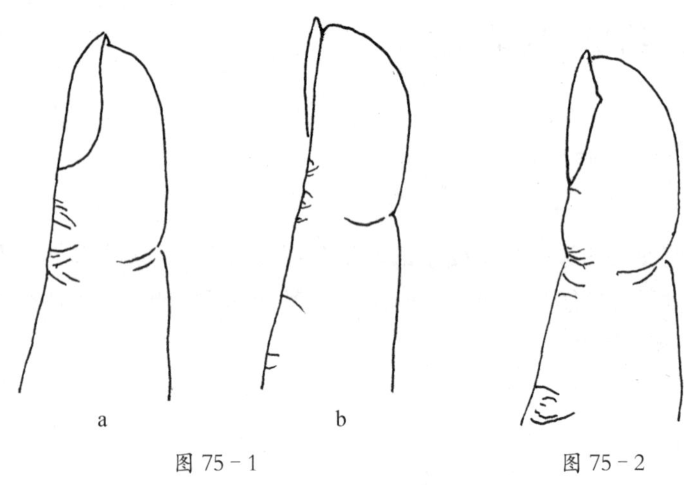

图 75－1　　　　图 75－2

现在再来观察一下双眼视象。还是看左手的食指，并把它放在原来的那个位置上，但同时睁开两只眼睛观看。这时，你所看见的食指形象就会像图 75－2 中的那样。它同前面观察到的两种单眼视象都不同，仿佛是由生在前额两眼中间的另外一只眼睛看出来的，仿佛是第三只眼睛看出的视象。在神怪小说《西游记》和《封神榜》里都有名叫杨戬的一位神将，你还记得吗？只有他那样的天神才有三只眼睛。他那第三只眼睛是专门用来看鬼怪的，它的功能同我们所说的第三只眼睛完全不是一回事。

事实上，我们并没有第三只眼睛。那么，为什么我们能看出第三种视象呢？原来那是由左眼和右眼共同协作而产生的。因为它不是由左眼右眼两种单眼视象叠加起来所造成，而是由它们相互融合造成，所以称为“双眼融合象”。融合象能使我们更容易看出物体的第三维度。

为什么双眼融合象有利于深度知觉呢？这就是下面一节中要谈的话题。

76. 双眼融合象的深度感

用单眼观看和用双眼观看，不仅看到的视象不同，它们在观看时的生理过程（肌肉的弛张和临时神经联系等）也不相同。因此，不论用左眼还是用右眼进行单眼观看，和同时用双眼观看所进行的活动并不一样。双眼视象并不是两只单眼视象的叠加或总和。那么，所谓双眼融合象究竟是怎么一回事呢？

双眼共同观看物体时，必须调整两个眼球的瞳孔，使它们朝着一个共同的视线方向，让同一物体的投影落在两个网膜的中央窝附近，而且要在相互对应的位置上，这样，两个网膜映像才能相互接近，达到尽可能近似的程度。眼球为了实现这样的活动，必须调整两个眼球外周的动眼肌，使它们适度地弛张。如果不能做这样的调整，就不可能形成双眼融合象。

可以通过简单的实验来证明这一点。当被观看的物体距离眼睛太近时，两个眼球不可能把瞳孔调整到同一方向上，也就不可能形成融合象。试把左手的食指渐渐移近眼球，最后让它接触到双眼之间的鼻梁上面；同时，双眼的视线也跟着手指移动。开始时还可以形成双眼融合象，手指离眼睛愈近，融合象就愈模糊，直到不能形成融合象。为什么不能形成融合象呢？就是由于双眼的瞳孔无法再调整到适合的方向上。当你这样强迫双眼观看离眼睛很近的物体时，会感到眼睛酸胀，这就是动眼肌疲劳的症候。

此外，还可进行另一种实验。请用双眼看书上的文字，看见的文字自然也是融合象，笔画十分清晰。如果用手指按在左眼或右眼的眼睑上，压迫一个眼球，使它不能随意活动，这时眼睛看见的文字就产生了重影（参看图 76－1）。为什么产生重影？因为有一个眼球失

图 76 - 1

去自行调节视线方向的能力，于是就再也不能形成双眼融合象。

现在可以回答前一节最后提出的问题了。当眼球根据形成双眼融合象的需要调整动眼肌时，双眼就会各自发出一种运动信息反馈入大脑。它们汇合到视觉系统中，作为构成双眼视觉的一种因素，就给视象的深度感提供了依据。

而且，双眼的融合象也并不是丝毫不差地融成一个整体，其中仍然存在着左眼和右眼的差异。20 世纪 60 年代有一位研究双眼视觉的心理学家用成对的随机点图形做成实体镜片，两个图形中的多数点子在双眼视象中是对应的，能相互重合，但有少数点子是错位的。这种错位的点子在双眼视象中表现为凸起或凹陷的形状。可见融合象中一些不能消除的双眼视象差异也是深度视知觉的一个重要来源。

我们没有条件用实体镜片来做实验，但可以用一种简单的几何模型来证明双眼融合象中的错位，以及这种错位产生的深度效果。请看图 76 - 2。c，d 两个黑点代表物体形象上不同深度的两个部位。a，b 两个小圆圈代表人的双眼。当双眼同时看 c 时，双眼视线集中于 c，双眼同时看 d 时，双眼视线集中于 d。图中的四根直线，就是代表这四条视线。这样，从双眼射向目标的视线就必然形成大小不同的角度，从图上可以明显看出 a 角大于 b 角。因此，虽

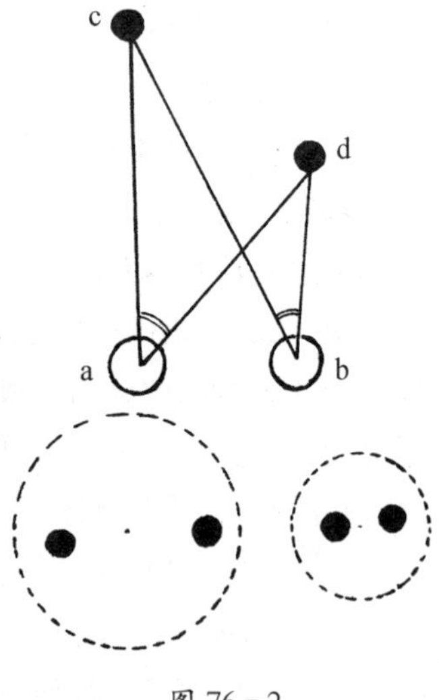

图 76 - 2

（采自《艺术与视知觉》P. 381）

然 a,b 两个网膜映像在一个平面上,但在两个眼睛看来,c,d 的距离是不同的。在左眼中,c、d 的距离大;在右眼中,c、d 的距离小。图中两个圆圈中各有两个点,表示 c、d 在左右网膜上的距离,两个网膜上的映像显然不能完全融合,双眼融合象中仍不免有错位的地方。视知觉系统正是利用了这种错位,看出了 c 和 d 不在一个平面上,从而确定 c 是平面深处或较远处的形象。

77. 眼睛直接看见的正立方体形象

立体世界被眼睛观看时，它的形象只能在网膜那个稍稍弯曲的平面上展开，只能表现为平面上的形象。可是，在这个平面形象中有一些能够提示立体空间、提示深度的线索，因此，我们单凭眼睛看也能知道这形象实际上是立体的，它表示的是一个有着三个维度的物体。

不过，从眼睛观看得到的知觉和眼睛直接看见的形象并不是一回事，通常知觉到的往往是立体世界的实际存在形式，而眼睛直接看见的却是立体形象在平面上展开的形式。我们对眼睛直接看见的形象很少注意，因此对这种形象并不熟悉，甚至完全没有留下印象。

也许你不相信这一点。那么，我们就举些实例。先谈谈形状最为简单的立体——正立方体吧。它的形状在我们眼睛里究竟是怎样的？你能说得清楚吗？你能在纸上把它画出来吗？

在第 59 节里，曾经介绍过一种神秘的可变立方体图形，你可还记得？就是先在平面上画出一个正方形，以它为基准，从它的四个角向右上方引出四根相互平行的斜线，使每根斜线的长度相等，再把这些斜线的末端，上下左右连接起来，就画出了一个正立方体。画的方法从图 77－1 中可以看出。

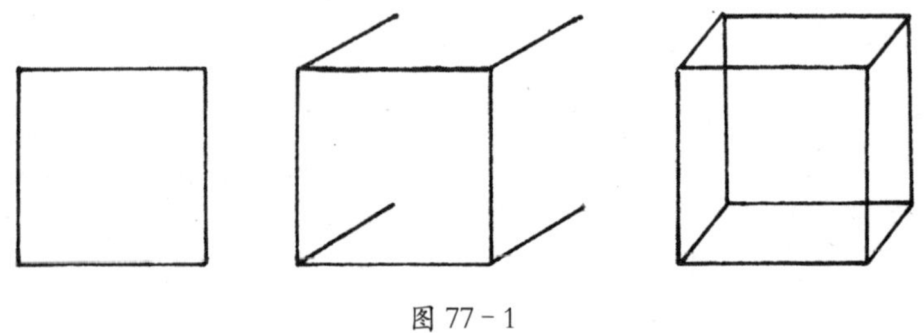

图 77－1

我们承认这图形是一个正立方体。因为在这个图形中显示出了正立方体的主要特征：它的六个面都是正方形，一共有十二根棱线，每根棱线一样长。不过，图中画出的形象只有一部分符合这些特征；只有两个面是正方形，有八根棱线等长。仅仅靠这几点，眼睛就觉得它已把正立方体的特征显示出来。

可是，眼睛直接看见的正立方体的形象是不是真的就是这样？你能十分确定地说“是”或“不是”呢？现在也许你有些犹豫不决了。那么，就让我们来看一看真实的立方体吧。

先用厚纸板做一个正立方体，这是不难的。可以说，正确地做一个正立方体比正确地画出一个正立方体要容易得多。现在我们可以实际观察，留意一下眼睛直接看见的正立方体形象究竟怎样。如果把它放在眼睛的正前方，大体在视平线的位置上，你只能看见它的一个正方形的面，除此而外，什么也看不见。从这样的角度看，看不出它是立方体。但如果把它放在正前方，稍稍高于或低于视平线，那么你就会看见图 77－2 那样的图形：一个正方形，上边或下边连接着一个梯形。这样也看不出立体形象。只有把它放在眼睛的左前方或右前方，并且让它稍稍高于或低于视平线，才能看出它的三个面，才能看出它是一个立体形象。但这样看见的正立方体没有一个面是正方形的。看看图 77－3 中的几个形状吧，也许并不符合你心目中正立方体的观念，可是它们的确是眼睛直接看见的正立方体。

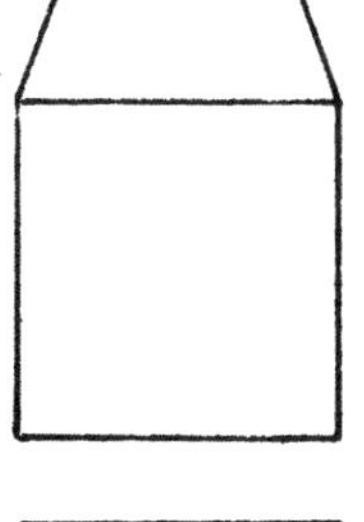

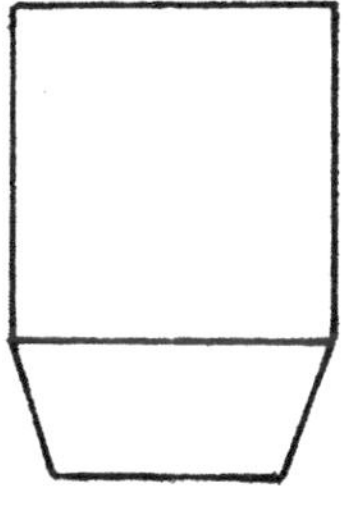

图 77－2

由此可知，用图 77－1 所示方法画的正立方体同眼睛直接看见的正立方体形象没有一点共同之处。

对于不少人来说，这也许是一个新发现。原来通常人们认为很像某一物体的某些图形实际上并不像眼睛看见的那个物体。通过眼

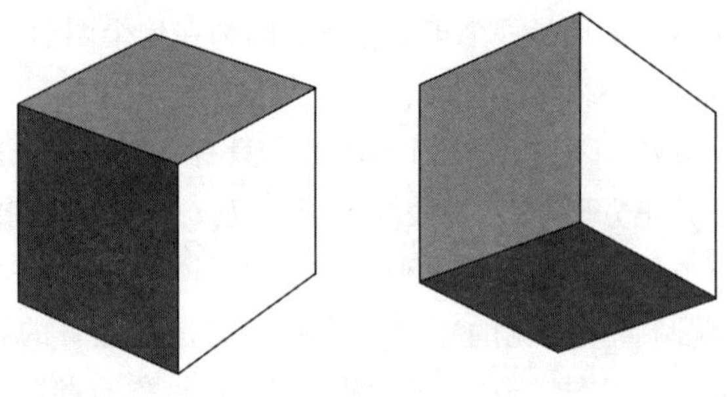

图 77 - 3

睛观看而知觉到的物体形象通常是物体在立体空间中实际存在的形式,并不是眼睛直接看见的在一个平面上展开的形象。

78. 矩形体的几种画法

在我们生活的世界里，许多人工制造的物体都是矩形体。例如，木箱、纸盒多半是矩形体，写字台、长凳等家具从主要结构上看也是矩形体。由于我们同矩形体接触多了，从许多不同的角度和距离看见过它，所以对它的真实形状有正确的理解。哪怕闭上眼睛，也能说得出它的实际模样。那么，请你说说看，矩形体应该是什么形状？

这个问题也不难回答。因为矩形体所有的角都是直角，六个面都是矩形，其中有两个面也可以是正方形，凡是相互平行的面，形状大小都一样。这样说当然是正确的。这个正确的答案是怎样得到的呢？当然是靠眼睛看出来的。不过，眼睛从一个视点直接看到的矩形体并不像你说的那样，你说的那种形状在一个平面上也没法画出来。

我们的视知觉系统已经把看见的矩形体形象转变成一种立体的图式和表象，与平面上展开的矩形体形象已有了很大差别。刚才你说的矩形体形状就是你用语言表达出的头脑中的图式和表象。现在，要你回忆眼睛直接看见的矩形体形象，反而会感到很模糊，甚至一点也想不出究竟是怎样的了。如果要求你在平面上画出一个矩形体，把它的三个维度在平面上表现出来，你将怎样画呢？这个问题比前面提的那个问题反而比较难回答，这也许有些出乎你的意料吧。

人们曾经想出几种方法来画矩形体的三维形象。最常见的有这样一种形式：先在平面上画出一个矩形，从它的三个顶角引出三根一样长的平行斜线，再把三根斜线的末端用直线连接起来，就成了一个正面对着我们的矩形体。图 78 - 1a 就是这样一个矩形体形象。

如果矩形体有一对平行面是正方形，当正方形的面正对着我们时，画在纸上的形象就是图 78－1b 那样。

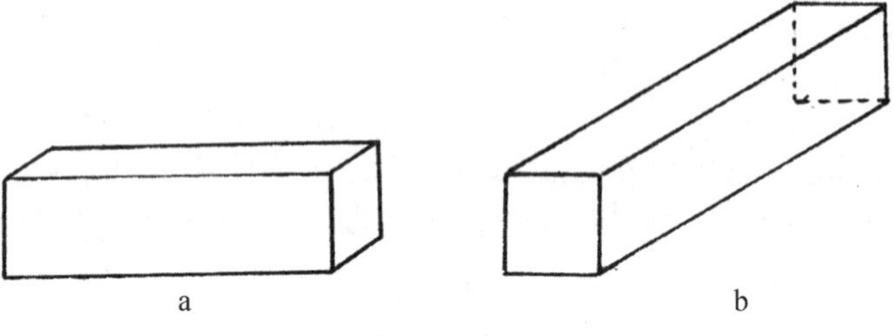

图 78－1

另外，还可以让矩形体稍稍转动一下，不把它的任何一面正对着我们，那么，把这个矩形体的形象画出来就是图 78－2 那样。在这样的图形中，正面的矩形或正方形看不见了，原来的那个矩形面或正方形面变成了平行四边形，也许只有同地面平行的那个面还保持着矩形的形状（其实它看不见，只是头脑中的表象）。幸好所有的棱线还保持着平行状态，使眼睛还能认出它是一个矩形体。

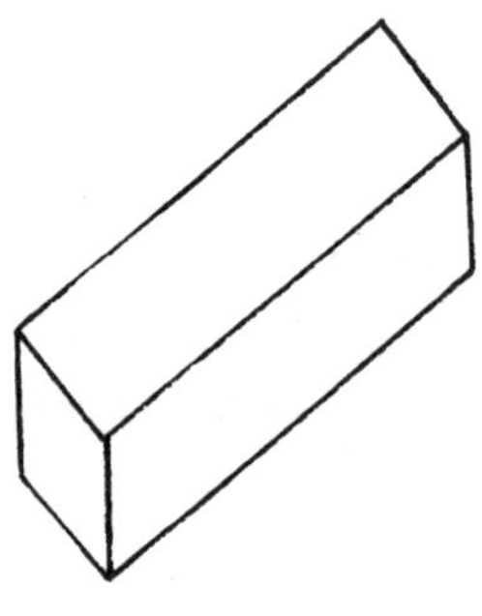

图 78－2

以上几种矩形体的画法都只能让眼睛看见矩形的三个面，这一点使人们感到遗憾。为了让眼睛能多看见一个面，就产生了另外一种古怪的矩形体形象。请看图 78－3，这是模仿 14 世纪西班牙一幅圣坛图中的部分图形绘制的，图中圣徒躺卧的圣坛就是一个矩形体。你也许会把它看成一个梯形体吧，远边长，近边短，两边画成平行四边形。这种画法在现代派绘画中也曾经得到运用。为什么要这样画呢？可能是为了达到某种艺术效果，不过这样画的最大特色是能多显示出一个面，使绘画的表现力增强。在选择这种方法来画矩形体的画家眼中，这样的图形能比较完整地表现出矩形体的形状，决不比

图 78 - 3

（采自《艺术与视知觉》P. 273）

前面两种画法离开真实形状更远。

按照上述方法画的矩形体和眼睛直接看见的矩形体形状并不相同，它们并不是一回事。那么，眼睛直接看见的矩形体又是怎样的呢？

在实际生活中，如果我们从一个矩形体上看见了它的正面是矩形或正方形，那么就只能看见这个面，看不出它的第三个维度和立体形象。如果从正面，从较高或较低的视点来看，看见的只能是一个矩形或正方形的上边或下边连接着一个矩形，仍然看不清第三个维度。只有从偏左或偏右的方向，并从较高或较低的位置上来观察，才能看出矩形的三个维度、三个面和三根垂直于底面的棱线，但没有一个面是矩形或正方形。请看图 78 - 4，这就是眼睛实际上看见的一种矩形体形象。映在我们网膜上的矩形体就是这样的，不过，它千变万化，并非固定不变。正是这种变化不定的形象使我们知觉到了矩形体的真实形状。

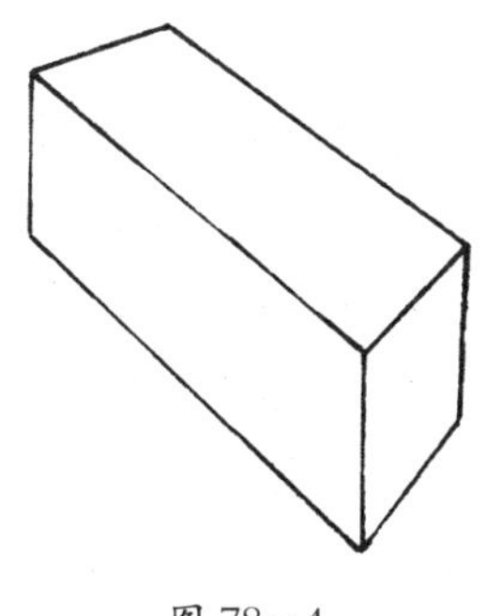

图 78 - 4

79. 古代埃及人怎样画池塘

在一个平面上画出立体形象固然不容易，就连画出地面上的平面形象也并不容易。一张正方形的纸片放在地面上，画出这纸片的形象该比较容易吧，你试试看，是不是能正确地把它画出来？画一张纸片，并不是画出一个正方形就行，而是要画出眼睛看见的形状。你不能总是自上而下垂直看那地面的纸片，只要你的目光稍有倾斜，正方形的纸片就不再是正方形。目光向下倾斜地看地面目标，呈现出视象的那个平面就不再与地面平行，而是另外一个平面，也就是通常所说的画面。从画面上看见的另一个平面自然不再在画面的两个维度之内，它已在第三维度上，形象从物体存在的那个平面转移到画面上当然会变形。要说绘画难，它就难在这里。

图 79-1 是根据古埃及新王朝时期一幅墓室壁画的摹本复制的，你能看出画的是什么吗？两个人的形象暂且不谈，那个正方形和画面处在一个平面上，如果按照通常看画的眼光来看，它就成了一个竖立在地面上的正方形，那么它是什么呢？再说，从正方形的每一边向外周伸出来的那些东西又是什么呢？

原来画面中的正方形是一个池塘。古埃及的画家把地平面上那个池塘在画面上如实地画了出来，四边等长，是一个正方形的池塘。但这样一来，池塘的平面就和画面合而为一，同地平面垂直了。池塘周围是一圈树木，树木的根生在地里，树干、树冠由地面伸向天空，在这样一幅画里该怎么安排呢？古埃及画家并不觉得为难，就把树木画成一把把蒲扇的形状，让树的根部挨着池塘的四个边，平躺在那里。表示池塘的正方形里还套着一个较小的正方形，这才是池塘的水面。两个正方形之间的空处大概就是从陆地到水面的坡岸，那里

图 79－1

采自《图像与眼睛》P. 233

还生长着一丛丛的小草，它们也像树木一样平躺在地面上。

只要耐心看，多体会一下，就能看懂这幅画的内容。古代埃及的画家画出这样一幅画，是为了让长眠在墓中的死者有饮用水供应。画中不是有两个正在取水的人吗？画家画出了这些，就满足了墓主的要求。古代绘画总是为了某种实用目的，哪怕画的形象同眼睛看见的形象相差很远，只要能表示出是什么东西，目的也就达到了。要求把画中的形象画得同眼睛看见的形象一样，那是后来逐渐发展起来的一种艺术风尚。因此，我们并没有理由嘲笑古埃及的画家，他们画得这样古怪，自有他们的道理。

不过，让一位看惯西方近代写实绘画的人来看这幅画，他一定会挑出许多毛病来。他要挑的最主要的毛病就是这幅画违背了视知觉的实际状况，把向第三维度展开的那个平面和画面混淆了起来。地面的正方形池塘怎么能保持住正方形的轮廓？树木又怎么会向四面八方生长？如果请他来画一张正方形池塘的速写，就会画成图 79－2

上那种式样。他画出了眼睛直接看见的池塘和树木生长的形状，距离近的物体画得比较大，距离远的物体画得比较小，正方形的四个边变得不相等，直角变成了锐角或钝角。

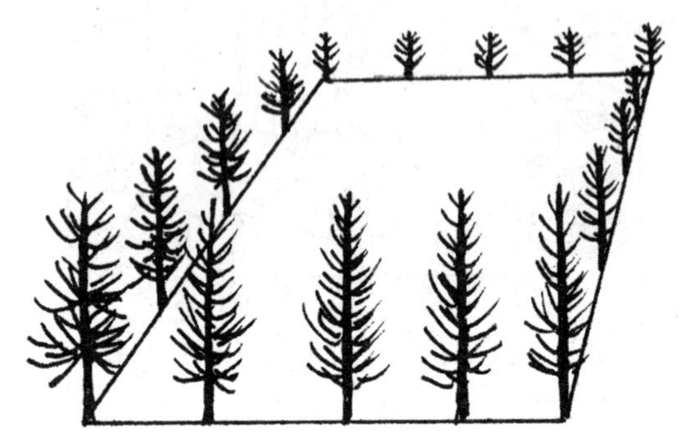

图 79－2

（仿《艺术与视知觉》P. 135）

你说，这张用西方写实主义方法画的池塘图是不是比古埃及的那张池塘图更好些呢？

大概很难做出评判吧。

也许你认为用写实主义方法画的池塘同样使你感到陌生，觉得它也不像你心目中的池塘形象。这样的感受自然也是合理的。

古埃及人画出了他们通过眼睛观看而知觉到的池塘，写实主义画家则画出了他们的眼睛直接看见的池塘。绘画当然得依靠眼睛，依靠视知觉。但视知觉有不同的层次，有多方面的内容，既能看见直接投射到眼睛里的形象，也能看见物体存在的实际形状，而且，视知觉还包含着许多同视觉形象有关的其他意识内容，如思想、情感等等。不同时代、不同民族的不同画家有自己对绘画的特殊看法、目的和要求，看画的人也同样有不同的评判标准。怎么能用一成不变的标准来衡量绘画水平的高低呢？尤其重要的是，怎么能要求一切绘画都画出眼睛直接看出的那种形状呢？

80. 视觉金字塔(上)

眼睛直接看出的物体形象总是在不断变化着的,只要身体稍一动弹,视点稍一移动,映在网膜上的物体形象就会改变。眼睛仔细观看物体形象时,并不是要看清这种时时变化的形象,而是要寻找其中的一些稳定、恒常的特征,找到其中某些重要的性质。即使是画家,也不可能持续地看见一种稳定恒常的形象,但他们要努力寻找一种有代表性的富于特征的形象,使看画的人看了这形象就能想到那真实的物体。画家同一般人的不同之处就在于他们善于把握住这种形象。

不论在东方还是西方,不论在国内还是国外,画家都发现了一种简便易行的绘画方法,就是从一个透明或半透明的垂直平面上观看物体,并把看见的形象在那个平面上描绘下来。这样画出的形象同眼睛直接看见的形象一模一样。

公元5世纪,我国南北朝时期刘宋著名画家宗炳在文章里就曾提到这样一种画法。据他记载,当时有人把大幅薄薄的绡纱帐挂起来,透过这层纱幕看远方山水,映照在纱幕上的山水形象就缩小了,用笔墨把它描绘出来,就成了形状逼真的山水画。这种画法虽然早已被发现,但我国的大多数画家并没有采用这种方法,而且还批评这种方法,认为这样画出的形象太死板,视野狭隘,不能在一幅画中表现出深远曲折的境界。

然而,这种画法在欧洲却逐渐发展起来,得到普遍的运用,但那已是在一千年以后。公元1453年,意大利画家阿尔贝蒂写了一本《绘画论》,详尽论述了这种绘画的技法。他说,从物体不同的面上射出的许多条光线,它们集中到人的眼睛里,就使人看见了物体的形象。如果把这些光线画出来，就构成一个锥体。他把这样一个锥体称为“视觉锥体”或“视觉金字塔”，并说绘画的画面就是这个锥体或金字塔的一个截面。

图 80－1 就是视觉金字塔的示意图。

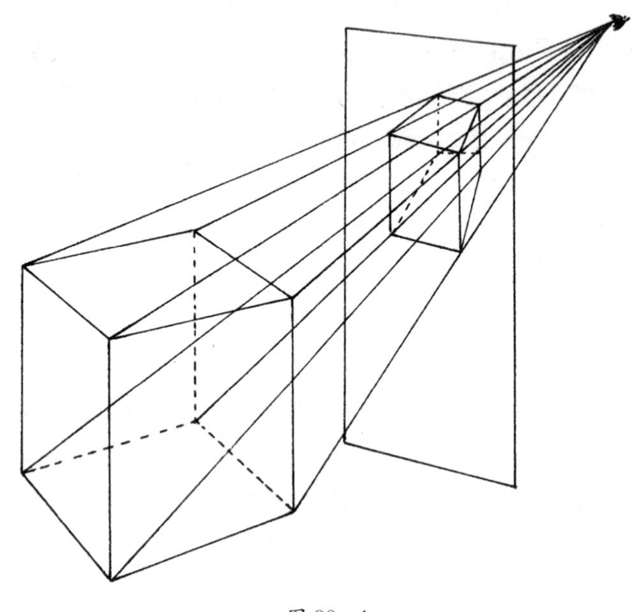

图 80－1

眼睛透过一块垂直竖立的玻璃看一个立方体，从立方体的八个角（也就是立方体六个面的八个交会点）向眼睛引八根直线，这些直线就构成一个锥体。这些直线穿过离眼睛不远处的垂直玻璃板时，在玻璃板上留下八个点，把这些点联结起来，就成了那立方体在玻璃板平面上形成的图形。这块玻璃板可以任意移近或移远，只要保持垂直竖立的状态，平面上的形状就不会改变，只是大小不同。

这种绘画方法就是流传很广的“中心透视法”。它在近代随着西方文化艺术传到我国，成为许多画家普遍运用的方法。不过，现代画家不需要隔着一块玻璃来看要画的物体，而只是根据视觉金字塔的原理来观察和作画。他们闭上一只眼，用单眼观看物体，把物体上显示出形象的一些点按照一定的位置和距离，在画面上设定下来，把它们连接成线条和形状，就能正确地画出物体的轮廓。当然这也需要纯熟的技巧，其中最重要的一点就是始终保持从一个视点来进行观察。视点稍一错位，就没法画出完整、准确的图形。这种画法如果运用得熟练也是一种非凡的技巧。

如果我们平时观看物体形象也像画透视画那样观察，那就太麻烦了。尽管我们随意走动，随意转动颈项，随意低头仰头，尽管我们时时刻刻都改变视点，但我们照样也能看出物体的形象是怎样的。有些高明的速写画家并不用单眼观看，也能画出形象异常准确的图画。这表明，视觉系统的能力比任何一种光学仪器或绘画技法都优越，它能够根据需要调整和变化，而且能不断发展、提高，在不断的实践中培养出人类所需要的绘图和制像能力。

81. 视觉金字塔(下)

从视觉金字塔的一个截面上,能准确地画出物体的形象,这是可以深信不疑的。可是,这并不能保证眼睛从视觉金字塔顶点看见的形象都符合物体的真实形象。

著名视觉心理学家艾姆斯曾经做过一次令人惊奇的实验。他让人们从一个窥孔中观看远处的物体,人们都看出那是一把钢管制的椅子。这个窥孔就像视觉金字塔的顶点似的,是一个固定的视点,因而被看见的形象应该是真实物体的形象,这当然毫无疑问。可是,当人们换一个角度观看时,发现那椅子并不存在,而是挂着一片绘有椅子座板的幕布,幕布前面有许多条方向不同的金属丝。为什么从先前那个窥孔看上去能把这些东西看成一把椅子呢?因为视觉金字塔在一定条件下能造成假象。

请看图 81-1。这里也形成了一个视觉金字塔:孩子的左眼正是它的顶点,它的底部是平面上的一个矩形。一块玻璃垂直竖立着,成了视觉金字塔的截面,从这截面上看到的梯形就是那个矩形的变形。由此可见,如果那孩子原来不知道眼睛看的是矩形,那么他看见这个梯形时就不一定能知道那是矩形产生的视象。如果有其他形状的四边形不是垂直的,而是以另一种角度插入视觉金字塔中,只要那些四边形的四个角恰恰在四根棱线上,那孩子的眼睛也会把它们都看成梯形。

既然这样,运用中心透视画法绘制的物体形象又为什么很像真实的物体呢?眼睛看见那样的形象为什么能知道它是什么物体呢?

不应该忘记,运用中心透视画法的目的是为了把眼睛看见的立

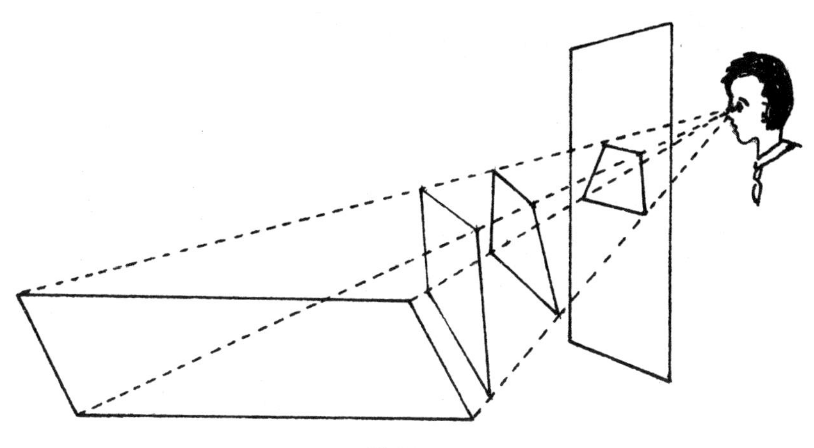

图 81－1

（据《图像与眼睛》P.388 图形改作）

体形象在平面上表现出来，而且让时时变化的形状凝固下来，并不是认为这种单眼观察形象的方法对知觉物体形象，和对人的认识有什么好处。画家通常是用双眼观察世界的，当他看准了某种形象，对它有着具体的了解以后，才闭上一只眼来寻找视觉金字塔一个截面上的形象。这个形象实际上是人们平常看得熟悉，并且非常了解的一个形象，因此，看画的人一看就知道它是什么物体，觉得它很像某个物体的形象。

正是由于这个原因，绘画并不是非用中心透视法不可。正面等角透视法、斜面等角透视法（就是第 77，78 节中介绍的正立方体和矩形体的画法）也都得到广泛运用，而且能让观看者满意。古埃及人画池塘的那种方法至今还在旅游地图中使用，道路、河流是用垂直向下看出的平面图形表示的，而一些风景点则画成立体形象（见图 81－2）。我国传统绘画的构图方法也依旧表现出自己的优越性，受到愈来愈多的外国人士的赞赏，甚至被看成是一种比中心透视画法更能适应现代审美需要的艺术表现方法。

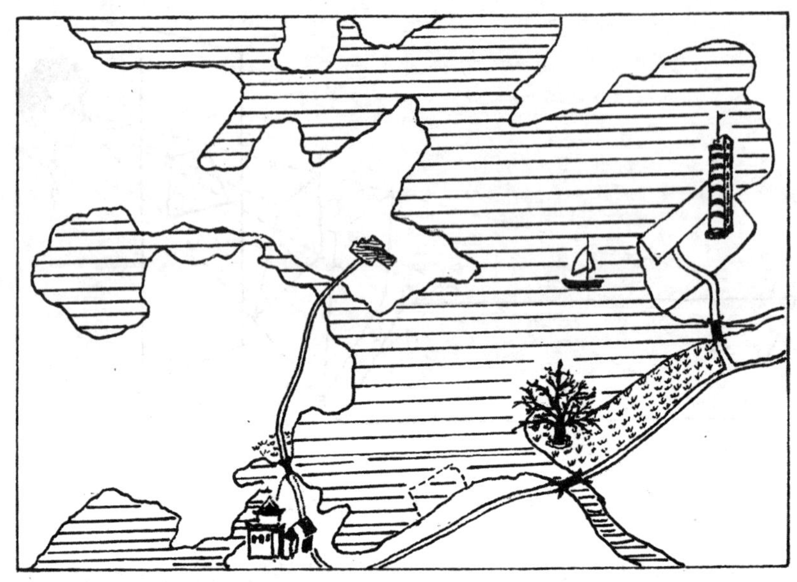

图 81 - 2

六

82. 形状和色彩

在常见的黑白画上，物体的形状是以画在白纸上的黑色线条表示的，而在实际生活中并不是这样，大多数物体的形象是彩色的，只要光线达到足够的强度，物体上就能显示出不同的色彩，有些形状正是靠色彩显示出来的。在光线暗弱的情况下，色彩暗淡，模糊，直到消失，形状就只能以深浅不同的灰黑色来显示。黑白二色和介于二者之间的灰色也是颜色，只不过不是彩色罢了。可以说，形状是不能同色彩分离的。色彩同物体表面的化学成分有关，也同照射在物体上的光线有关；形状也是这样，它是物体的属性，有自己的物质结构，但也得有光线照射才能被眼睛看见。因此，要了解眼睛怎样知觉形状，当然也要研究色彩的作用。

不过，形状和色彩毕竟是视知觉的两种不同要素，眼睛观看物体时，先知觉到哪一种要素并不很容易弄明白。比如，当你看见了一个绿中泛红的苹果时，你是先看见苹果的颜色呢，还是先看见它的形状？

我们说过，眼睛先感受到的是光的刺激，而后由视知觉系统对这光刺激物加以分离、组合，最后才能形成视知觉。颜色也是光，那么，不是应该先看见颜色了吗？但实际上却不是这样的，人总是先知觉到物体的存在，知觉到它的形状，而后才注意到它的颜色。如果你指着一个苹果问孩子："你看见了什么？"他一定回答"看见了苹果"，而不会回答"看见了绿中泛红的颜色"。由此可见，眼睛在知觉物体时，对形状的知觉比对色彩的知觉占优势，总是先知觉到物体的整个形貌。

一些心理学家经过多次实验，也证明了这一点。其中有一种实验是这样做的：

准备好许多用纸片制成的红色三角形和绿色圆形，另外再制作一张红色圆形纸片和一张绿色三角形纸片，把这两张纸片发给接受实验的儿童。要求儿童从许多纸片中找出两张跟发给他的两张纸片相同的纸片。图 82-1 是让儿童选择的许多纸片中的一部分；图 82-2 是发给儿童的两张纸片。请你特别注意的一点是：在要求中只说“相同”的纸片，而不说明是指颜色或形状相同，这正是实验要求让儿童自己来决定的。

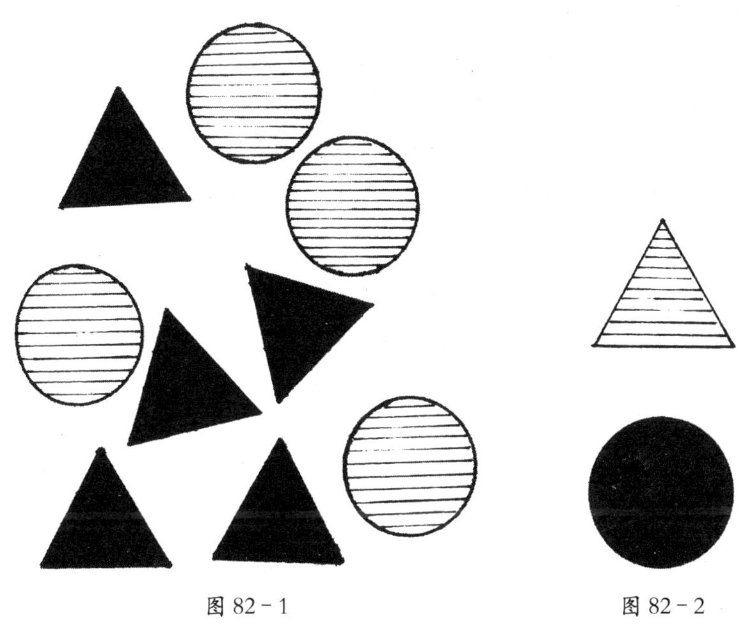

图 82-1　　图 82-2

实验的结果是怎样呢？据报告，不到三岁的儿童大都按照形状相同这个标准来选择纸片，似乎没有想到颜色的不同；三岁到六岁的儿童大都根据颜色相同来挑选，对形状不同并不介意。大于六岁的儿童在接受实验时有些惶惑，一时拿不定主意，但最后大都选择了形状相同的纸片。

从这实验中可以得出这样的结论：儿童在三岁到六岁时视知觉对色彩特别敏感，这表明他们已开始把色彩看成一个独立的形式因素。在这以前，色彩只被看作形状的附属物，没有从形状中分离出来。六岁以上的儿童所受教育较多，生活经验大大增加，智力得到显著发展，他们对实验者提出的要求进行了思考，把形状和色彩两种因素的重要性加以比较后，才决定以形状为标准来进行选择。从这实验中不是可以看出对形状的知觉优先于对色彩的知觉了吗？

许多艺术家根据自己的创作经验也得出了形状比色彩更重要的结论。比如拉斯金曾说过："形状是绝对的，所以在你画任何线条时都可以说它是正确的或错误的；色彩却全然是相对的，在你的整个画面上，每一种色彩都会因为你在别处添加的一笔而发生改变。"查理·勃朗克也认为："形状必须保持对色彩的绝对优势。"我们都知道，不用色彩的素描也能表达出栩栩如生的形象，而没有形状的色彩就无法构成使人看得懂的图画。

视知觉同眼睛接受光的刺激并不是一回事，不能因为眼睛接受光的刺激后才产生视知觉，就把光所显示的色彩当成比形状更重要的知觉因素。不过，色彩的重要性也决不能忽视，它不但能显示形状，而且还能显示物体的其他性质，使视知觉内容更加丰富。

83. 为什么色彩难以捉摸

当我们看见一种物体形象时，可以毫不迟疑地说出它是什么形状，很少发生争议。方的就是方的，圆的就是圆的；即使是不整齐、不对称的异型形状，在不同人的眼里也总是一样的，决不会因人而异，众说纷纭。

可是，色彩就不同了。有些颜色比较明确，如国旗上的红色、黄色，大家看了都会产生相同的知觉；但在自然界中，有许多物体的颜色却是模棱两可、似是而非的，我们往往无法确定是什么颜色，叫不出它们的名称。如天空的云霞、人的皮肤、岩石的断面，等等，它们的颜色究竟是怎样的，你能说得明白吗？就算你能说出它们的颜色，可是你能保证别人也像你这样看吗？

谁不知道色彩呢？除了色盲，谁都能感受到色彩的绚丽缤纷。可是谁又能看得准色彩呢？它总是显得那样暧昧，那样变化不定，令人难以捉摸。

色彩为什么令人难以捉摸呢？

色彩是光的一种性质，因此，色彩又叫作“色光”。色光是波长400～700微毫米的光波，是电磁波中很小的一部分。世界上的光主要是从太阳来的，太阳光通过三棱镜的折射就分散成从红到紫的色谱。雨后彩虹就是太阳光的色谱，那是经过空中无数微小水滴折射而成的。物体表面的色彩，都是太阳光经过反射散发出的。由于物体表面的色素不同，被它们吸收的一部分太阳光也各不相同，因此反射光的颜色和太阳光的色谱就有了区别。这些不同的色光射到人的眼球里面，经过网膜上锥体细胞和另外一些种类视神经细胞的处理，就在大脑中形成色彩的知觉。色光的波长非常细微，不同色光波长的差别就更加细微，只有非常精确的光学仪器才能把光长测定出来。眼睛看出的颜色只是近似一定波长的色光，不可能绝对准确，而且每个人的辨色生理机制不是毫无差异的。此外，还有一些外来因素的影响，人们对色彩的感受就难免有些不同，甚至同一个人在不同时间对相同色彩也会产生不同的感受。既然这样，色彩显得迷离恍惚、难以捉摸就不奇怪了。

色光光波的长短是决定色彩的最根本原因。由光波长短而产生的不同色彩特性称为“色调”，也有人称它为“色相”。我们平常看见的颜色大都由几种不同波长的色光混合而成，因此叫作“混合色”。太阳光谱中那七种不同颜色就是由七种不同波长的色光分别表现出来的，每种色光的波长都相同，这样的色光叫作“单纯色”。不管什么色调都可以由三种基本色光混合而成，这三种色光就是红、绿、蓝，通常称它们为“三原色”。只要把它们按照适当的比例混合起来，就可以产生出任何一种颜色。我们看的彩色电视就是根据这种原理来制作彩色显像管和设计彩色电视信号发射、接收系统的。

在心理学实验室里有一种混色仪器，那是一个可以快速转动的圆盘。把两种或多种色彩的扇形纸片装到圆盘上，快速转动时，从圆盘上就可以看出它们的混合色。图 83 - 1 就是这种混色盘。

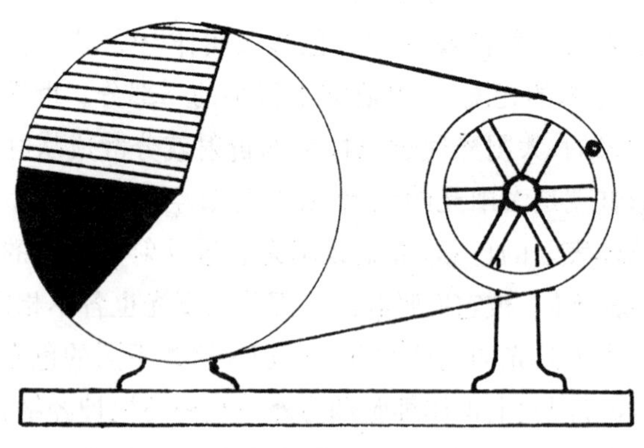

图 83 - 1

由于做混色实验时用颜料着色或用彩色纸较直接混合色光方便得多，因此，通常以红、蓝、黄三种原色来代替红、蓝、绿三种色光。把它们按相等或不等的分量混合起来，就能得到九种主要的混合色。在图 83－2 中，以斜、竖、横三种条纹分别代替蓝、红、黄三种颜色，中间一排三种混合色由两种相等分量的基本色合成，左右两边六种混合色则偏重于相近一边的基本色成分。我们在现实世界中所看到的混合色可达 150～160 种，比图中所列出的混合色要多十多倍。要把这么多种的色彩准确区分开来当然是不容易的，难怪有许多色彩我们看见了也叫不出它们的名称。

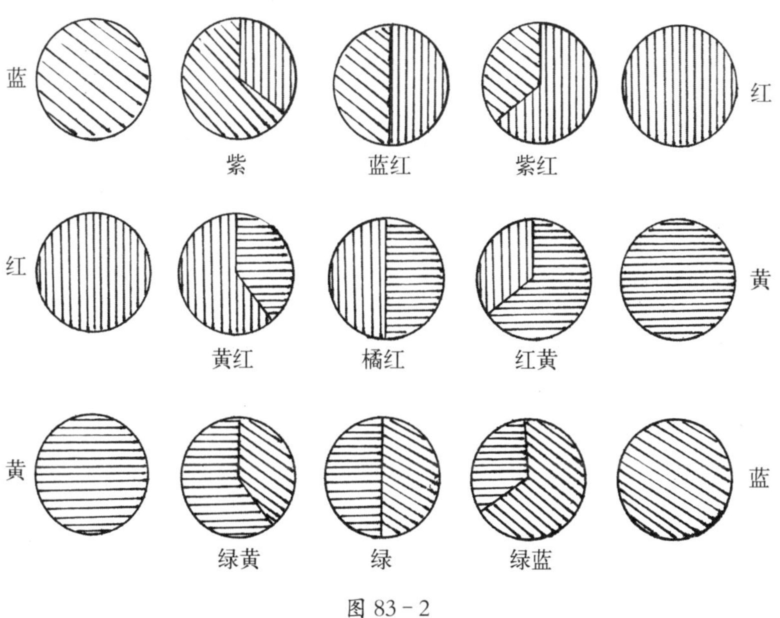

图 83－2

（据《艺术与视知觉》P. 488 资料作图）

色彩不仅表现出一定的色调，而且还表现出一定的亮度，这是由于色光不仅有光波长短的区别，还有明亮程度的区别。同一种色调的光波，不达到一定的强度眼睛就看不见，或者虽看见却分不出颜色。可以看见的色光由于光的强度不同,色彩的亮度(也称“明度”)也随之不同。同样的颜色,能显现出明暗不同的亮度,使眼睛得到不同的感受。

色彩还有浓度高低的差别。浓度又称“饱和度”,它是指一种色调在达到一定亮度时所含可见色光成分的多少。物体除了反射出可见的色光外,还吸收了一部分日光,成为黑色或灰色,这种不带彩色的成分在物体表面上也和彩色一起投射到眼睛里,它们所占的分量愈少,色彩的饱和度就愈高,反之,饱和度就愈低。试着滴一滴蓝墨水在质地坚固致密的白纸上,它的颜色很浓,也就是饱和度很高;再用滴管徐徐地把清水滴注在蓝墨水滴上,它的颜色便渐渐变淡,也就是饱和度渐渐降低。最后几乎看不出蓝色了,那就叫完全不饱和色或无彩的颜色。

眼睛看见的色彩是色调(色相)、亮度(明度)和饱和度(浓度)的综合体,可以说,这是人类知觉色彩的三个维度。我们是在这三个多变的维度中感受到色彩的,因此,色彩世界显得绚丽奇谲,使视知觉内容更加丰富多彩,同时也使我们感到它难以看准,难以捉摸。

84. 相依为命的互补色

在进行混色实验时，让混色盘上的两种颜色纸片各占一半，如果转动混色盘后混合成灰色或白色，那么，这两种颜色就是一对互补色。如红色和青色(蓝绿色)、紫色和绿黄色、橙色和绿蓝色等都是互补色。

为什么称它们为互补色呢？因为当眼睛看见一对互补色中的一种时，会把另外的一种也召唤到眼前来，眼睛仿佛也能看见它。它们似乎不愿相互分离，总是互相吸引，形影难分。歌德在《色彩论》中曾经用“互补色是相依为命”的话来形容它们之间的这种亲密关系。

互补色真的是这样难舍难分，能相互召唤、相互吸引吗？如果不信，请你自己来做一做以下的实验：

裁两张正方形的灰色纸片，在每张纸片的中心画一个“×”。再把红、绿、蓝、黄四种颜色的纸裁成小正方形，边长为灰色纸片的三分之一，把四种颜色的小正方形贴在一张灰色正方形纸片的四个角上(见图 84－1)。先让目光盯着贴有四种颜色小方块的灰色纸片中心“×”，坚持注视 30 秒钟，然后迅速转向另一张灰色纸片，也盯着中心“×”看。这时你就会看见那张灰色纸片的四角也出现了有颜色的小方块，颜色各不相同，它们分别是青(蓝绿)、青蓝、黄、蓝。这四种颜色依次是红、绿、蓝、黄的补色。从灰色纸片上看到的补色实际是另一张灰纸四角四种颜色的后像。还记得第 19 节所说的白纸上出现的船影吗？那是白色船形的黑色后像，现在看见的是有颜色的后像。后像是由于网膜上的感光细胞部分色素分解失去感光能力而发生。色彩的信息是由锥体细胞接受的，据研究，锥体细胞有三种，分别接受不同的原色，并在复杂的视神经网络中再合成各种不同颜色的映像。视觉系统感受色彩的机制还在研究探索中，至今没有得到最后的结论，但根据色彩后像来看，互补色是对同一类锥体细胞中的不同色素发生作用，或由同一类锥体细胞接受又经过其他视觉细胞处理后转化成色彩感觉的。它们成对地联结在一起，大概是由于接受它们的视觉细胞之间有着特别紧密的联系。

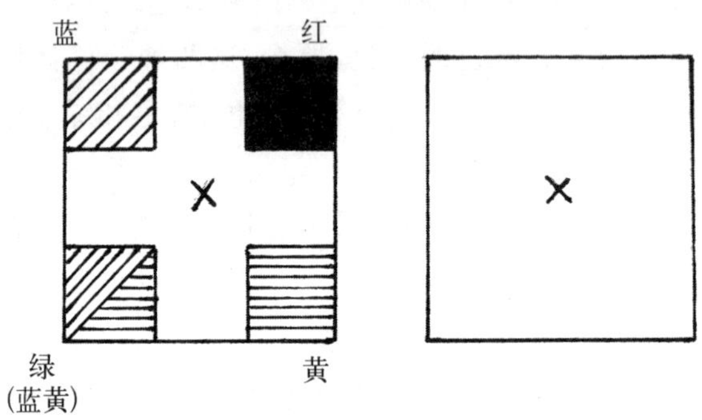

图 84－1

(据《心理学纲要》下册附录彩图⑤改作)

测定表明，两种互补色的光波波长大致成 1 与 1.25 之比。但辨别两种色彩是不是一对互补色，主要还是靠混色试验。只有当混合色呈现灰色或白色时，才能确定那两种色彩是互补色，因此，最后还得靠人的眼睛看，离不开人的判断。有一种根据太阳光色谱制作的"色圈"，能把一对对互补色显示出来。图 84－2 就是这种色圈的示意图，图中用黑白二色和文字、数字来表示出色彩，色彩的位置和波长。你要想知道某种色彩的互补色，可以用一把直尺从这种色彩出发，通过圆心连接到对面的圆周上，那里的色彩就是你要找的互补色。

自然界物体的色彩常常是一对对互补色排列在一起，这样既能看出明显的界线，又能融合成一个整体。最常见的就是花和叶的配合，红花配绿叶，显得特别鲜明。如果观察得仔细些，还可以看出，红里带紫的花，枝叶显得特别绿；稍带橙黄的红花，枝叶显出青绿色。

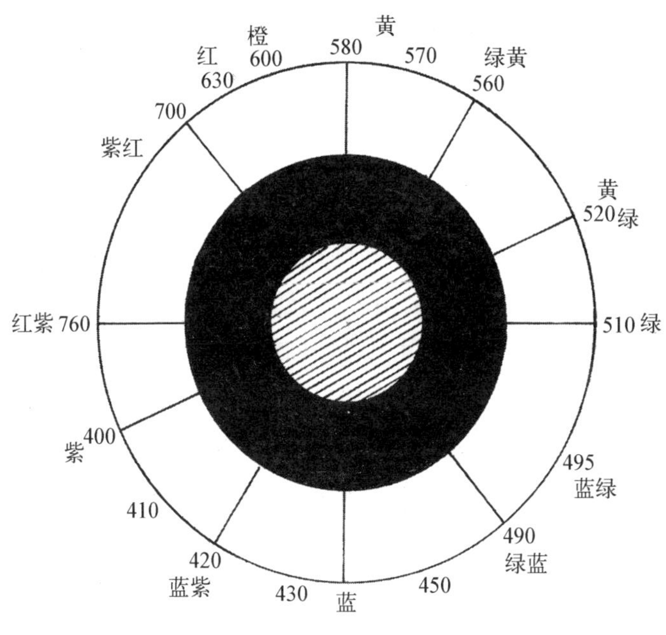

图 84-2

（据《心理学纲要》下册彩图②改作）

自然界中有许多色彩是非饱和色，其中除了某些色调而外，还有大量灰色的成分。这样，在两种互补色之间就又增加了一种共同性，看起来就更柔和。由于互补色的相互渗透、相互融合、相互召唤，于是能更加使人感到颜色飘忽不定，变化多端。

画家在绘画时十分注意互补色的运用。画幅上的互补色看起来就好像组合在一个共同的式样里，使构图显得更加统一。用颜色显示深度时，也少不了互补色。比如，在一个绿色的黄杨球上适当地涂上一些紫色作为阴影，黄杨球的球体就显得更凸出；在略带红色的皮肤或水果表皮上加上一些蓝色阴影，形象的立体感就更强烈。

服装设计和室内装饰等在运用色彩时更不能不重视和巧妙配合互补色，这样既能避免不协调，防止过于刺眼，同时又能使色调丰富多彩，层次分明，增添更多美感。

85. 色彩的亮度

许多画家都注意到了色彩对形状的影响。例如，康定斯基曾说过这样的话："一个黄色的圆圈能显示从内向外的扩张，向观看者靠近；而一个蓝色的圆圈则显示从外向内的收缩，渐渐离开观看者。"诗人歌德在《色彩论》中指出，一个黑色的物体，看起来要比同样大小的白色物体小些。并且他还断定说，一个白色背景上的黑色圆面，看起来要比黑色背景上同样大小的白色圆面小，大约小五分之一。请看图 85－1，你是否能得到这种印象？另外，歌德还提到过一个许多人都熟悉的经验：人如果穿黑色的衣服就会使身材显得苗条些。你是否有这样的体验呢？

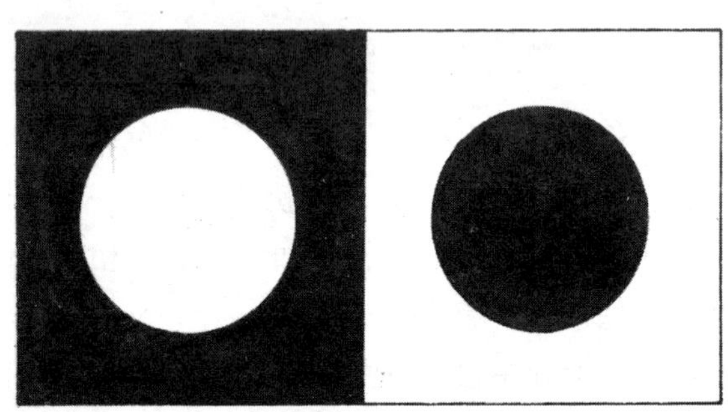

图 85－1

上面说的不同视觉的感受，实际上同色调没有什么关系，而是由色彩亮度的不同引发。黄色的亮度显然比蓝色的亮度高；黑色的物体把大部分光线都吸收了，而白色则把光线全部反射出来，它们标志着完全不饱和色的最低和最高的亮度。这里所说的亮度是绝对亮度，也就是由光波长短不同决定的亮度。光波较长，亮度较大。

可是，色调相同的颜色也可以有不同的亮度。在一盏调光灯上蒙上一层黄色透明纸，让灯光由强逐渐变弱，那么，同样波长的黄色光线，亮度就由高逐渐降低。这样的亮度就是相对亮度。或者，用一盏调光灯照射黄色纸，纸上的黄色色调不变，但它的亮度也能随着灯光的强弱而改变。这也是相对亮度。作为颜色，黑白绝对相反，而作为亮度，它们也是相对的，从白到黑，亮度逐渐降低，呈现出梯度。曾有一位专门研究染料的科学家说，一般人能够在从白到黑的梯度序列中分辨出 200 种不同深浅的灰色。

在日常生活中，眼睛看见的色彩亮度是相对亮度，是在色彩的比较中看出来的。没有比较，就很难确定色彩亮度的高低。格式塔派心理学创始人 W. 柯勒曾用小鸡做实验来证明这一点。他用一张深灰色的纸和一张浅灰色的纸来训练小鸡，每次喂食，都把饲料撒在浅灰色的纸上。小鸡便养成到浅灰色的纸上觅食的习惯。后来，他用一张比原来浅灰色纸更浅的灰纸来代替那张深灰色的纸，再放出那些小鸡，小鸡就走到新放在那里的灰色纸上觅食，不再到原来放饲料的纸上觅食了。这说明小鸡看颜色的深浅并不是根据绝对亮度，而是根据相对亮度，它们是在用眼睛观看、比较了两种亮度以后，再决定从较浅的灰色纸上觅食的。

人的眼睛是不是这样呢?

请看图 85 - 2。左面的灰色小方块在黑色背景前面，右面的灰色小方块在浅灰色背景前面。你凭眼睛看，能看出它们的亮度完全一样吗? 就是把真相告诉你，说它们的亮度的确相同，你的眼睛还是会感到左边的灰色方块颜色亮些或浅些，右边的灰色方块颜色暗些或深些。为什么呢? 因为灰色小方块和周围的背景同时映进眼帘，同样亮度的灰色在跟较暗的颜色比较时，眼睛就觉得它的亮度较亮，而同较亮的颜色比较时，眼睛就觉得它的亮度较低。说了这些道理，也许你还是不能相信两个灰色小方块的深浅相同，那么，就请你亲眼看一看真相吧。用一张黑纸，比照图上的大小剪成一个方框，放在右面的图形上，让灰色小方块露出来，这时，你就能看出两个灰色小方块的深浅的确是一样的。

图 85－2

（据《心理学纲要》下册 P.42 作）

这个实验证明，人的眼睛也只能看出相对亮度。

86. 加上一条线看看

设想有一道光从右面射向一个平面，右面的亮度最高，愈到左边，亮度愈低，形成一个由亮到暗的梯度。如果把亮度最高的地方和亮度最低的地方相邻排列在一起，明暗对比将会非常鲜明。如果情况不是这样，在形成亮度梯度的任何一段上，相邻两点的亮度虽有差别，但差别十分微小，不易觉察，眼睛就会把受到光照的范围当作一个统一视域，在这个视域内，亮度梯度被看成均匀的亮度，平面上各处的亮度变得似乎完全一样。请看图86－1。上面的圆中表现出亮度梯度，这是圆面受光的实际情况；下面的圆面表现出的是均匀亮度，这是眼睛看见的亮度，是知觉到的情况。

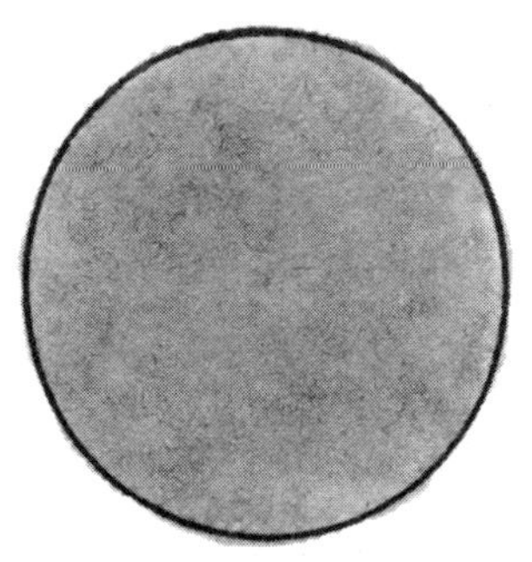

图 86－1

（据《心理学纲要》下册 P.56）

视觉倾向于把一个视域中的亮度看成是均匀亮度，这种倾向叫亮度的同化作用。

如果在图 86－1 的圆面上加上一条垂直方向的直径，统一的视域就被分成两个视域，每个视域是一个半圆。这样一来，眼睛看见的亮度梯度就不再是均匀亮度了，而是两种不同的亮度：左面的半圆亮度较低，右面的半圆亮度较高。请看图 86－2，上面的圆表现的是亮度的实际情况；下面的圆一半明，一半暗，以直径为界，形成鲜明对照，这是眼睛知觉的情况。

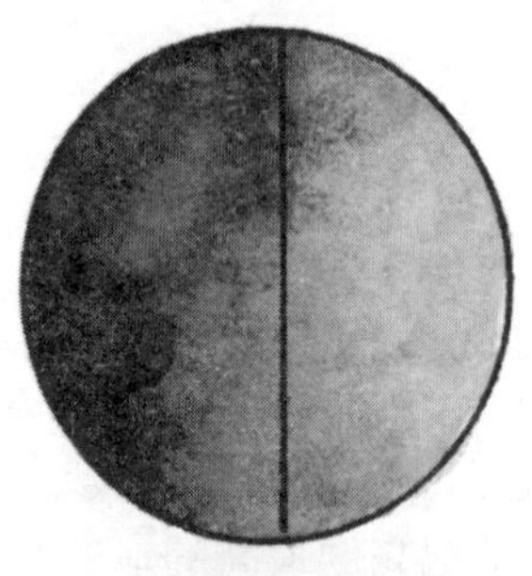

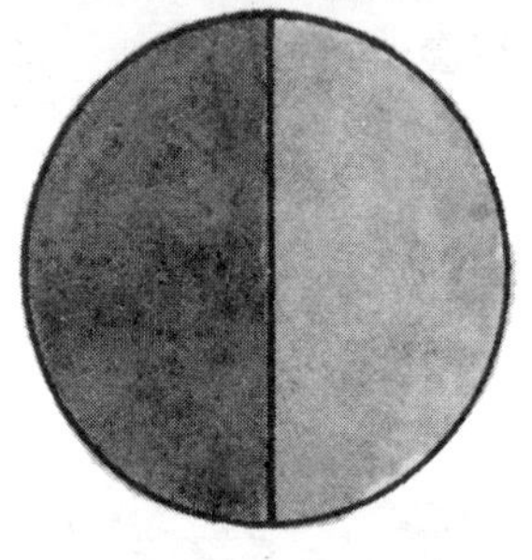

图 86－2

（据《心理学纲要》下册 P.56）

为什么加上一条线，视觉感受就大不相同呢？

因为这一条线把统一的视域分隔成两个视域，同化作用只能在每一个视域中产生效果，所以形成了两种不同的均匀亮度。在统一的视域中表现为梯度的亮度会被眼睛看成一种均匀亮度；在两个相邻的视域中，它们就被看成两种均匀亮度。这两种不同的亮度相互对比，会大大加强视知觉的差别感，使人得到悬殊的视觉感受。

再举一个例子。请看图 86－3。一个灰色的圆环出现在半黑半白的背景上，圆环恰好被黑白交界线分成两半。根据前一节所说的亮度从对比中显示的道理，这个灰色圆环应该显得一半较亮，一半较暗。但现在你看见的情况并不是这样，整个圆环的亮度一样，是均匀的灰色。为什么呢？因为圆环的形状是在统一的视域中，虽然背景分成两种颜色，但圆环却是连贯完整的，因此眼睛还是把它看成在一个视域中。既然在一个视域中，亮度就显得均匀，不会有高低。

如果在圆环中间加一条粗线，或者放一支铅笔在黑白交界线上，眼睛就立刻会得到不同的感受：圆环的左边一半变亮，右边一半变暗。试一试吧，看看是不是这样？

这是为什么呢？请读者自己来思考吧。

前面说过，色彩不同，会影响眼睛对形状的知觉，这一节又说了不同视域中相同的亮度也会引起不同的感受。由此可见，形状不同也会反过来影响眼睛对色彩的知觉。在现实生活中，眼睛看出物体

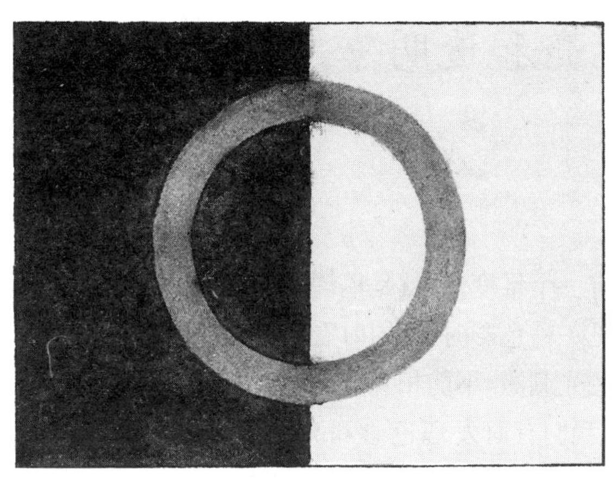

图 86-3

（据《心理学纲要》下册 P.57）

的形象时，总是既看见轮廓线围成的形状，又看见色调、亮度不同的色彩，它们是分不开的，同时又相互制约、相互影响，从而造成一个纷繁错综的视觉世界。我们生活的这个世界是客观的，是由物质构成的，但经过眼睛知觉到的世界却是经过视知觉系统，经过头脑加工的，是一个被人认识到的世界。

87. 光亮和透明

色彩有三个维度，那就是色调、饱和度和亮度，你大概还记得吧？当我们看见一种色彩时，就同时看出了这三个方面，它们是同时被眼睛接收到的光刺激，不能相互分离。

可是，我们有时发现色彩和亮度是分离开来的，色彩相同的物体，表现出不同的亮度。比如有些植物的叶面显得特别光亮，像涂了一层蜡。阳光斜照过来，叶面上有些地方闪闪发光，另外一些地方却比较暗，显出了原来的绿色。这样的色彩使我们感到它有两个亮度层次：一个层次是物体表面色彩原有的亮度，它同色彩分不开；另一个层次是覆盖在色彩上的另一种亮度，是由光源的照射而产生的。显现两个亮度层次的色彩就是通常所说的光亮的色彩。

亮度是不是能同色彩分离呢？亮度的两个层次又是怎么回事呢？

色彩本身是物体的反光，是在光线照射下从物体表面反射出来的色光，亮度就是这种反射光的亮度，不可能再出现另外一种亮度。不过，有些物体表面的物质结构特别紧密，光洁度高，反光强，和色调结合在一起的亮度特别高，就会给人以一种特殊的光亮感。又由于光线照射到物体表面的角度不同，反光的状况不一样，有些部分所受的光照几乎来不及被吸收就直接反射出来，这样就更增加了光亮感。这种光亮感实际上不是游离在色彩之外的，只要看得出色彩，光亮感就来自色彩的亮度；如果只看见亮光而看不出色彩，就表明那里没有反射出色光，没有形成色彩。我们的眼睛把色彩和表面亮度分离开来，不是对物质性质的客观反映，而是一种主观知觉形式。视知觉系统在观看形状时需要进行分离和组合，而且要尽量对这种形状做最简化的理解，视知觉系统在观看色彩时同样也要分离、组合和简化。

把光亮的色彩看成两个亮度层次正是视知觉系统对光刺激进行加工的产物。

不过，在绘画和产品加工中，有时确实有分层涂色、上光的工艺步骤。比如19世纪的欧洲曾流行一种技巧，用上光油涂在已完成的油画作品表面。现在许多书刊常在彩色封面上涂一层塑料薄膜，而油漆家具更是普遍运用先涂色、后上光的工艺。这样一些实践经验大概也影响于上述那种视知觉的形成，把色彩和亮度分离成两个层次。

如果色彩和亮度的确是由两个层次叠加而成的，那么，通常我们就不再把这种感觉称为“光亮”，而称它为“透明”。如果色彩上面加上一层无色透明的物质，在均匀的光照下，那层透明物质对色彩几乎毫无影响。请看图87－1。一条无色透明的薄膜把彩色“十”字罩住了一部分，丝毫也不影响色彩的感觉，但在透明薄膜和彩色“十”字的交界处，可以隐约看出一条界线。不过，如果不知内情，单凭眼睛看，很难确定是透明薄膜压在“十”字上，还是“十”字压在透明薄膜上，这形象无疑会导致两种解释。

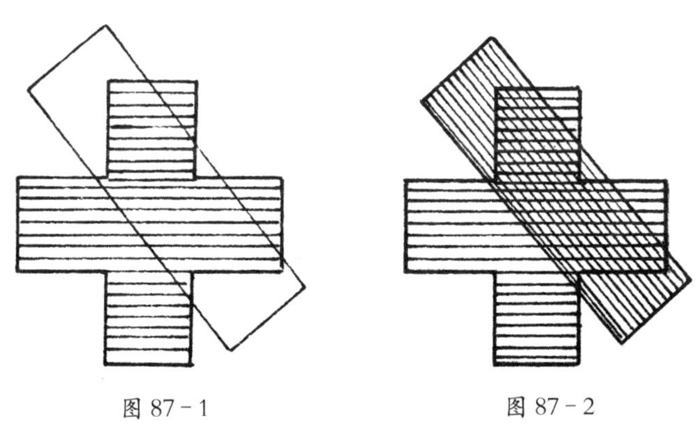

图87－1　　图87－2

要是把那无色透明薄膜换成有色的，就会像图87－2那样。“十”字被薄膜遮住的部分就会显现出另外一种颜色。这种颜色是哪里来的呢？毫无疑问，它是“十”字原有颜色和透明薄膜颜色的混合色。这样的形象就不可能再有两种解释了，谁都能肯定透明薄膜是遮在“十”字上面的。

有些色彩逼真的绘画上，描绘出穿着绡纱衣裙的人体，皮肤的光泽和色彩能透过绡纱显示出来。这也是能够分离的两个层次。画家是怎样表现这样两个层次的呢？他们从来不是先画出人体的色彩，然后再加上一层薄薄颜色来表示绡纱，而是先调好一种混合色，把绘皮肤的色彩和绘绡纱的色彩均匀地调和在一起，用这种色彩直接画出从绡纱下显露出的人体。这样便能得到透明的效果。

由此可见，眼睛从某一点上永远只能接收到一种色调(包括混合色调)的光波和一种亮度的光波，只能看见一种色彩。把物体表面的色彩和亮度分成两个层次是视知觉系统造成的，只有在头脑里才能产生这样的知觉。

88. 色彩知觉的恒常性

色彩世界实际上是光的世界。世界上有各种各样的物体，物体和物体的表面有各种各样的物质成分，它们从各种不同的角度反射出太阳光中不同波长的光波，这些光波又表现出不同的强度和不同的饱和度，……难怪这世界总是显得五光十色、光怪陆离和变幻不定。

我们的眼睛接收到这些难以捉摸的光波以后，头脑是怎样对它们处理和加工的呢？难道要测定它们的波长、亮度和饱和度吗？或者是把它们分类，确定它们的名称，称它们为某种某种颜色吗？虽然我们对视知觉系统的机制还了解得不够透彻，但从人们的实际生活中可以看出，它直接为人类的生活需要服务，不是为知觉而知觉，而是为了认识环境、认识哪些事物对人有利或有害等。因此，眼睛并不需要非常精确地知觉光波和颜色的性质，而只要大致区别它们，通过颜色和光波的某些明显特点来辨识物体，看出它们的性质，这样就能满足生活实践的需要。比如，看见远方一片葱绿，就知道那里是丛林或田野；看见果实从绿转黄或转红，就知道它已经成熟；看见洁白的羽毛和橙黄的嘴，就知道那是鹅或鸭。中医诊病，看舌苔的颜色可以知道病情，炼钢工和印染工也要注意色彩的辨别，这关系到产品的质量。另外，天文学家和化学家也非常关心稍有差别的色彩，它可能导致一项重要的科学发现。

正因为这样，眼睛虽然可以看到成百上千种色彩，但真正能区分出的却只有不多的几种。在任何一种民族语言里，用来称呼色彩的词语并不多，除了红、橙、黄、绿、青、蓝、紫、白、黑、灰而外，更具体地表明某种色调的词语几乎都是用比喻或用加添形容词的方式构成的。红色，你能说出几种？除了大红、橘红、朱红、桃红、粉红、深红、浅红、玫瑰红、紫红而外，你还知道有什么红色呢？其他各种颜色的类别就更少了。你可以看出这种绿色和那种绿色有差别，但你叫不出它们各自的名称，有时，连那种差别也不会去注意。这样，变幻莫测的色彩世界实际上被视知觉简化了：只要知道几种主要色彩就可以满足日常生活的需要，即使在科学研究和特殊生产实践领域，也只要把有关的色调、亮度和饱和度区别开来就行，并不需要知觉世界上所有的色彩和色彩之间的一切差异。

请看阳光下的这一片草地，它是什么颜色？谁都会说是绿色。知道绿色就够了。但实际上，草地并不都是绿色，而且那绿色也并不只是一种。草地里的草有好几种，它们的颜色有浅有深，色调也不相同，有些是黄绿色，有些是蓝绿色或紫绿色。虽然草地的一大半直接在阳光照耀下，可是还有被树荫或楼房遮住的部分，这两部分绿色的亮度差别很大，色彩也随光照的不同而改变。还有，草叶的正面和反面色素不同、受光的情况也不同，色彩自然也不同。仔细观察，你还可以找出其他种种区别。不过，这些区别对于你是不重要的，你只要知道它是绿色，它是一片绿草地就够了。平常，你的眼睛就是这样知觉色彩的。这也是知觉恒常性的一种，跟前面说过的大小知觉恒常性和形状知觉恒常性一样，都是视知觉简化规律的表现。这种色彩知觉恒常性能使视知觉更加集中在需要注意、识别的目标上，对认识世界和实践有积极的意义。

其实，眼睛看见色彩并不都会形成对色彩的知觉，在头脑中常常把色彩信息同其他信息如形状、某种性质等联结起来，转换成另外的知觉内容。请看图 88－1，眼睛直接看见的原本是色彩的区别，但由这些区别知觉到的却是草叶和花瓣的正反面和形状变化，它们有部分翻卷了过来。在图 88－2 上，眼睛看见的原本是不同的色调，是绿叶上出现了黄斑，但知觉到的却是植物遭到了病害或虫害。

亮度不同往往也使眼睛知觉到物体的形象而不是知觉到色彩有

图 88-1

图 88-2

了变化。大海上的波浪使海面形成不同亮度的反光，正是靠这亮度的差别眼睛才看见了波浪（见图 88-3）。暗室中一线灯光照在人的头发上和背上，眼睛靠这亮度的差别看见了人的形象，而不会只看出黑暗中有一部分被照亮，或者认为黑发和黑色衣衫有一部分变白（见图 88-4）。

色彩知觉的恒常性和其他视知觉恒常性一样，不仅仅同视知觉系统有关，是在这个系统内部形成的，而且同头脑中的整个意识机制

图 88－3

图 88－4

有关。人是在生活实践中逐渐形成这种知觉特性的。人们根据自己的实践经验把感受到的视觉因素分类，并把这些因素跟客观世界中的物体和物体的种种性质联系起来，这样就形成了知觉的恒常性。恒常性使眼睛能够举一反三，使感觉转换成知觉，转化成对世界的认识。

画家对色彩的知觉特别敏感。他们不仅要认识世界，而且要用色彩和形状来创造出虚构的艺术世界，因此必须把现实世界中的色彩当作自己观察的对象。对他们来说，只有色彩知觉的恒常性是不够的，还要看出人们虽没有注意但实际上却影响他们思想情感变化的无穷无尽的色彩和色彩间的差异。我们是看了风景画上大自然的绚丽色彩以后，才学会直接从自然界中看出那种美丽景色的。艺术欣赏能帮助我们感受到色彩世界的美，使我们的眼睛从日常生活中的视知觉进一步提高，进入一个更高的精神生活境界——欣赏自然美的境界。

七

89. 眼睛看见的运动都是真的吗?

人在行走,汽车在奔驰,雨点从空中坠落……这些都是眼睛能看见的运动。这些运动都是真实的,谁也不会怀疑。可是,是不是眼睛能看见的一切运动都是真实的呢?

在第58,65,67等节中我们曾经谈到过从静止图形上看见的运动,那是一些特殊的图形:有些能暗示运动前后的形状,人的意识把它们连在一起,就好像看见了运动;有些能显示出一种力量,使画面上的平衡不再保持,使人产生了运动感;还有些能使视知觉系统分离组合的活动反复不停地进行,画面也就不能再平静。在那些情况下,眼睛看见的形象其实并不在运动,而只是产生运动感,这同看见运动的形象是两回事。

可是,的确也有这样的情况:眼睛看见的形象真的在运动,运动的过程清清楚楚,绝不是主观幻觉,然而这运动实际上却是假的。

真有这样的事吗?当然有,你自己也一定看见过这种"假"的运动,而且还常常看见。

不过,事情还得从头说起。在19世纪中叶,英国有人发明了一种名叫"代达罗斯迷宫"的玩具。代达罗斯是希腊神话中的一个人物,手艺精巧,能制造各种新奇的器具,传说他还能制造一种可以安装在人背上使人能够飞行的翅膀。以代达罗斯迷宫命名的玩具中有一个可以做水平方向转动的圆筒,筒壁上面一半有许多缝隙,下面一半插着绘有图形的纸片。迅速转动圆筒时,可以通过缝隙看见纸片上的人物图形活动起来。这种玩具后来成了一种很普通的物理仪器,在一般中等学校的实验室里都可以找到,名叫"惊盘"。图89-1就是惊盘的形状。

惊盘里的人物形象本来不会动，但那些形象一幅紧接一幅，人物肢体的位置在每一幅图中的变化很小，需要好多张图形才能表现出一个完整的动作。就跟现在的动画一样。当圆筒急速转动时，连续图形从眼前掠过，动作前后衔接起来，眼睛看见的人物就好像真的运动了。

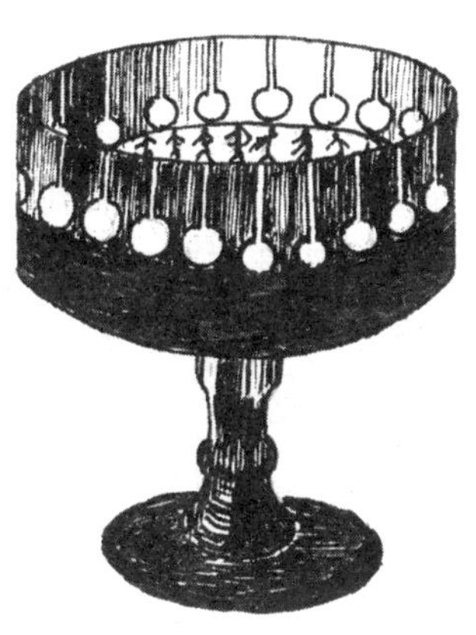

图 89－1

（据旧版《辞海》“惊盘”条插图作）

现在我们常常观看的电影，正是根据同样的原理发明出来的。每秒钟连续放映 24 张动作连贯的静止画面，眼睛看见的就是运动的形象。如果每秒钟放映的画面少于 16 张，眼睛看见的就是一张张不连贯和不能活动的图形。电视屏幕上的活动画面其实也不是形象在运动，而是一个光点在跳跃，它以每小时 1 万多公里的惊人速率在十分之一秒的时间内来回横越屏幕 405 次。于是眼睛便看见了活动的或静止的图像。（见图 89－2）

图 89－2

（“动画”连续数幅，显示一个动作）

电影银幕和电视屏幕上的光影的确在运动，但眼睛看见的并不是光影的运动，而是活生生的人物在运动。这些人物形象的运动实际上是假的。

为什么眼睛能把连续显示的静止图形和高速运动的光点看成运动的形象呢？这主要是跟视知觉系统内部的神经过程有关。一方面，从眼睛接受光刺激到头脑里形成知觉需要时间，尽管这段时间非常短暂，但比起图片变换和光点运动所需的时间长；另一方面，从眼前掠过的形象会在头脑中暂时保持住，当它们已不在眼前时，眼睛似乎仍然看见它们。因此，先后被知觉到的稍有差别的图形和位置不同的光点会相互衔接或同时展现，使人看见运动的形象或完整的画面。惊盘、电影、电视的发明，都是依靠了视知觉系统的这种特性。

除了上面说到的电影、电视之外，眼睛看见的运动形象是不是还有假的呢？下面的几节中将要回答这个问题。但在回答以前，还要插进一节，谈谈视觉形象在头脑中的暂时保持，我们不妨把它称之为眼睛的记忆力。

90. 眼睛的记忆力

谁都知道头脑有记忆力。有许多事情、许多知识、许多人名和数字记在我们的头脑里，我们能随时想起它们。眼睛看见的形象是不是也能记在头脑里呢？回答是肯定的。亲人和朋友的面容、一幅美丽的图画和电影中的精彩镜头等也会长久地留在我们的记忆中，我们想起它们，就像又看见了它们一样。

不过，头脑中的记忆都是以大脑皮质中的神经细胞、神经纤维的生物化学变化和临时联系的形式来实现的，因此，比起外部世界的形象不免要抽象一些。即使记住的是形象，也不可能跟直接看见的形象一样清晰。心理学上把记忆住的形象叫“意象”。意象，跟抽象的记忆和思想一样，都属于意识，是主观的东西。前面说的记忆中的亲人面容和图画画面等都是意象。那么，同知觉活动紧紧连接着的暂时保持在头脑中的视象是否也是意象呢？应该说它们也是意象，但同一般的记忆意象有明显的不同。它们同知觉的联系十分紧密，几乎同知觉一样清晰。它们只能保持很短的时间，只要能同随后而来的视象衔接融合就行，以后它们就被遗忘，就消失。正因为这样，我们才把这样的形象记忆能力称为眼睛的记忆力。

通常，人们都以为自己头脑中的意象十分清楚，但当他们打算用图画或语言把意象表达出来时，才发现头脑里的意象是相当模糊的，不少重要的形状特征和细节都弄不清楚。只有少数人的意象特别鲜明精确，就跟正在知觉到的形象一样。这种特别精确、鲜明的意象在心理学上叫“遗觉象”。

有位心理学家对遗觉象曾做了深入的研究。他把一些剪影图给受试的人看，然后让他们看一张灰色纸片，询问他们从纸片上能看出一些什么形象。在那张纸片上所看见的形象就是遗觉象。图 90 - 1 就是那位心理学家运用过的一张剪影图。有位妇女注视这张剪影图 30 秒钟以后,转而看一张灰色纸片,她告诉心理学家说,她现在还能看到一条卷尾的鳄鱼,一个看得出嘴和眼睛的小孩,右面有一棵大树,后面有一对小棕榈树,小孩和鳄鱼最清楚,鳄鱼下颌有 18 颗牙。她还说,鳄鱼的脚都没在水里,一点看不出,只能看见两条前腿和一条后腿。最后又补充一句,后面有两棵树但树干只有一根。她的回答同剪影画的内容几乎完全一样,这样的遗觉象精确得令人惊奇,但这样的能力不是每个人都能具有的。据调查,有遗觉象的儿童比成人多,但也只占被调查儿童中的 8%左右。你也试试吧,先注视这张图或别的图片 30 秒钟,随后再唤起记忆中的表象,看看能不能从另一张纸片上清晰地看见图上的形象。

图 90 - 1

(仿《心理学纲要》上册 P.202)

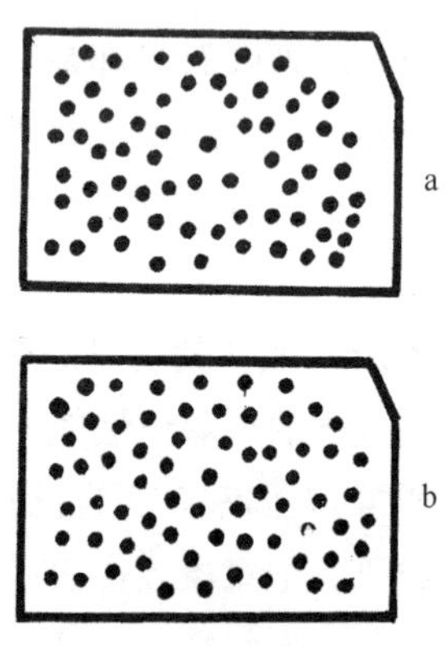

图 90 - 2

(采自《心理学纲要》上册 P.200 - 201)

另外,还可以用图 90 - 2 来检验一下你的遗觉象能力。先集中注意看 a 图,要仔细看那些黑点的位置,把它们看得非常熟悉,至少要看上三分钟。然后，移动目光去看 b 图。你从 b 图上看见了什么？如果你有较强的遗觉象能力，就能看出数字“63”。这时，你看见的不仅仅是 b 图，a 图的遗觉象也叠合在 b 图上，两张图中共同表示数字“63”的黑点排在一起，连接成形，就会从一群混乱的黑点中显现出来。

从这样的实验中可以看出，遗觉象和暂时保持的视象颇为相似，它们的主要区别只是保持时间的长短不同。一般人的视象只能保持二十四分之一秒左右，而遗觉象则可以保持相当长的时间，有人在三个月以后还能重新唤起清晰的遗觉象。

如果你不能看见遗觉象，那也不必认为是憾事，因为毕竟只有极少数人有这种能力。缺少这种能力，对生活和学习也没有任何妨碍。至于暂时保持视象的能力你肯定会有，如果没有的话，你就看不成电影也看不成电视了。

91. 月亮在白云中穿行

如果是晴朗的月夜，天空中飘浮着几朵白云，你有时能看见月亮在云中穿行的景象。那么你说，月亮的这种运动是真的吗？

在做出回答之前，你先得弄清楚，月亮和白云哪一个离我们近些。我们知道，远处物体的运动通常比近处物体的运动显得慢，因此，比较了运动的快慢，就大致能确定物体的远近。月亮绕着地球转，在一段较短的时间里我们简直觉察不出它在运动；而白云在空中飘行却容易看出，风大时，一会儿便飘到很远的地方。由此可知，白云肯定离我们近得多。既然这样，那么我们又为什么常常看见月亮在云中穿行，觉得它的运动比白云飘得更快呢？

现在，你就不免要对月亮穿云的运动发生怀疑了，眼睛看见的这种运动可能不是真的。

为什么眼睛却明明看见是月亮在走呢？

有一派心理学家发现了这样一种规律：当我们看见背景前面的一个形象时，常会把背景看成静止的，而把形象看成运动的。你看见月亮穿云时，就是把云看成了背景，把月亮看成了背景前的形象。云的飘行原来比月亮的运动明显，但当眼睛把月亮看成形象时，便会把云的飘行错看成月亮的位移。有时，天空没有月亮，我们只看见白云，你有时就会看见白云在飘行。这种运动有时是真的，云真的是在飘行，有时是假的，云并没有动，而眼睛却把它看成是在运动。为什么会把没有运动的白云看成运动的呢？由于那时你把天空看成了背景，而把云看成了背景前的形象。

由于视知觉的组合活动而造成的运动假象在心理学上叫作"诱导运动"。诱导运动不是真实的运动，它是视知觉系统在处理外来光信息时受到某些条件的影响而产生的假象。人的主观意识是引发这种运动假象的重要原因，所以称它为诱导运动。

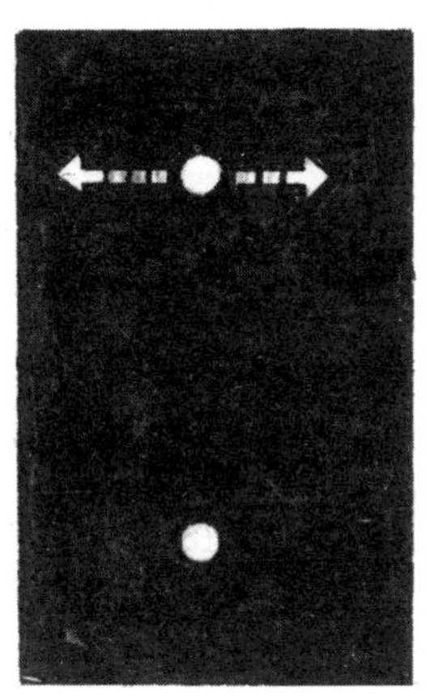
图 91－1
（《心理学纲要》下册 P. 93）

请看图 91－1，黑暗中有上下两个光点，其中有一个是在做左右来回的运动，那么眼睛看见的是哪一个光点在运动呢？遇见这种情况，眼睛就辨别不出了。因为人不知道应该把其中哪一个光点看作静止的，而运动必须同一个静止的参照物比较之后才能看得出。在这样的情况下，视知觉系统很容易接受外来的影响，在别人的暗示下来进行辨识。如果有人提示说，你看见的光点是钟摆，钟摆自然是上端固定，下端左右摆动的，于是你的眼睛就看见下面的光点在做左右方向的来回运动（如图 91－2）。如果那人提示说，你看见的光点是节拍器上的指示杆，由于你知道这种指示杆是下面固定、上端左右来回运动的，于是你就看见是上面的光点在左右运动（如图 91－3）。从这个实验中可以看出，视知觉是怎样受到主观意识活动的影响的。

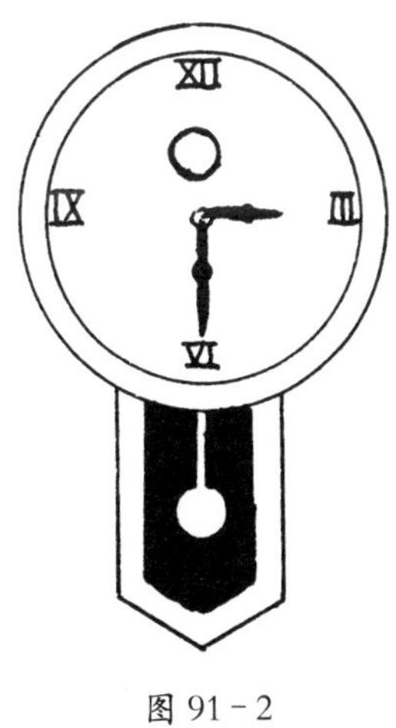

图 91－2

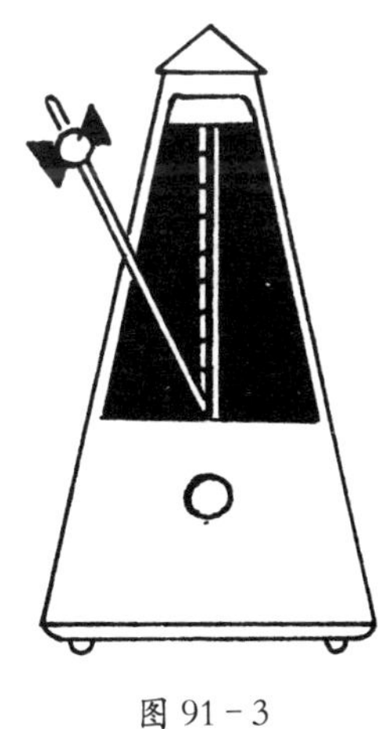
图 91－3

在现实生活中，我们还常常可以看见这样一种诱导运动：当眼睛看见两个物体时，如果眼睛盯着其中一个物体的形象看，那么，这个物体就很容易被看成是运动的。胆小的人从独木桥上走过时，心中十分害怕，眼睛总是向下盯着独木桥看，一边看一边小心翼翼地移动脚步，这时便会看见桥身晃动起来，于是就更加害怕了。为什么会这样呢？因为当眼睛盯着桥看时，眼睛同时也会看见桥下的流水，这时流水成了背景，桥成了形象，于是桥的形象就发生诱导运动。在另外一种情况下，激流中屹立着一块巨大的岩石，人们在观看这景物时，眼睛常常盯着激流和浪花看，便会觉得激流在奔腾澎湃，而岩石如中流砥柱，稳若泰山。这种稳定感也是受诱导运动影响而加强的。

92. 灯在哪里

有时，我们还能看见另外一种运动假象。你不妨做一次这样的实验：在晚上，把室内的灯都灭掉，片刻以后，打开一盏光线微弱的灯，眼睛注视着黑暗中这唯一的光点。这光点就好像在空中飘浮起来，有时往这边飘动，有时往那边飘动，运动的速度时快时慢。如果你盯着这个光点看上一段相当长的时间，就会看出它还能做较长距离的平滑运动，有时还会上下跳动。

这是怎么回事呢？这种运动的假象仅仅是我们头脑里的幻想，还是眼睛真的看见了它呢？

告诉你，的确是眼睛看见了运动，虽然实际上这运动并没有发生。有一种方法可以证明这种错觉。当你看见光点运动时，伸出食指指向它，同时立刻打开室内的全部照明灯。你会发现，那光点已不再运动，但你的手指并没有指着光点，而是指着另一个方向，有时误差可以达到30度之多(参看图92－1及图92－2。)

眼睛为什么会看见这种运动的假象呢？

在回答这个问题之前，不妨先想一想：打开室内的全部灯光以后，为什么这种运动的假象就不再出现？

在一个灯光明亮的室内，一切物体的形状都看得清清楚楚，那盏光线微弱的灯悬挂在什么地方也十分明确，因此光点和其他物体之间形成了一种固定的位置关系，它就不可能继续飘浮不定。当暗室中只有一盏孤灯时，光点的位置失去可供参照的框架，就容易受到人体活动的影响时时改变，不能固定下来。以前我们曾说过，眼球必须不停地运动(见第22节)，网膜映像当然也就跟着不停变化，这种变化也包括位置改变。何况，人的躯体、头和颈项也不可能长久不动，

图 92－1　　　　图 92－2

这些部位的肌肉运动也都会影响网膜映像，使它发生位移。心理学上把这种由于人体活动造成的运动假象称为“自主动力运动”或“自我发源的运动”。

据说，飞机驾驶员在夜间飞行时，常常会受到自主动力运动的干扰。他会觉得远方航标灯的位置不断在改变，以致感到难于确定航向。有经验的飞行员会设法找到一种参照框架，如让地面一些物体的剪影和座舱窗户位置保持一定的关系等，以便确定地面的航标灯的准确位置。

当眼睛看见自主动力运动时，视知觉就更容易受到主观因素的影响，自己的心理定势或别人的暗示都能增强或改变假象的内容。据说有人在别人的暗示下能把黑暗中的孤灯看成数字和其他图案。这样的自主动力运动已经同诱导运动结合起来，使人看到的假象更复杂，离开正常的知觉也就更远。

93. 跳跃的光点

在一块木板上安装两盏电灯，每盏灯各有一个灵活的开关。先开左面的灯，让它时亮时灭，间隔一两秒钟以后，再开右面的灯，也让它时亮时灭。这时，你看见的就是左右两盏灯不断地先后时亮时灭，两盏灯接连闪光，但有间隔。如果逐渐缩短两盏灯闪光的时间间隔，缩短到一定程度时，一个令你惊奇的现象就会出现：左面的灯光不断跳向右面，跳到右面那盏灯的位置上。这时你看见的就不再是两盏灯的闪光，而是一个光点不断地由左向右做跳跃运动。如果进一步缩短两盏灯闪光的时间间隔，到一定程度时你就又会觉得是两盏灯同时闪亮，而且各自固定在自己的位置上，不再表现出跳跃的运动。

为什么会造成以上三种不同的视觉印象呢？唯一的原因是两个光点闪亮的时间间隔发生了变化。时间间隔较长，两个光点分别被眼睛知觉到；时间间隔十分短，两个光点就会合成一个，被眼睛知觉为一个光点；时间间隔适度时，两个光点就表现为一个光点的运动。这样的运动是真的吗？当然不是。左面的灯光并没有向右面跳跃，而是左面的灯光熄灭后，右面的灯光紧接着出现。这种运动的假象跟前面说的诱导运动和自主动力运动都不同，只是看起来好像在运动，所以被称作“似动运动”。又因为这种运动假象是在频繁的闪现之中出现的，所以又称为“频闪运动”。

有人以为这种频闪运动是由于眼睛转动时的肌肉运动造成的。当眼睛接收到的光刺激从一个位置改变为另一个相近的位置时，眼球必须跟着它动，这种运动的感觉反馈到头脑中就被转移到刺激物上，成为刺激物的运动。这个道理说起来头头是道，可是，实验却证

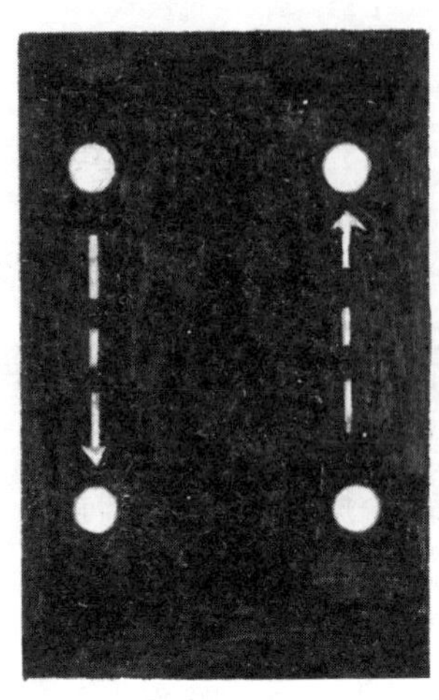

图 93－1

(《心理学纲要》下册 P.96)

明它是错的。如果有两组灯光,每组都有两盏灯,同时向相反的方向做频闪运动(见图 93－1),眼睛就会同时看见一组灯光自上向下运动,另一组灯光自下向上运动。眼睛同时看见方向相反的频闪运动时,显然不可能是眼球同时做向下和向上的运动,由此可见,肌肉运动并不是产生频闪运动的原因。

频闪运动同视觉组合活动有关,这一点跟诱导运动相同。把光刺激物的变化理解为光点的运动,正像把线条组合成形象、把个体组合成群体一样,有它自己的规则,这些规则在下面一节里将作具体的介绍。

在现实生活中,频闪运动是常常可以见到的。但你是否知道你看见过的哪些运动现象是频闪运动?

有一种闪闪发光的广告牌上,字母、箭头、花边等等都在跳闪不停,一会儿出现在这里,一会儿出现在那里。其实那些字母、箭头、花边并没有运动,只不过是许多盏电灯时明时灭。请看图 93－2,每一个小圆点代表一盏小电灯,黑点表示熄灭的灯,小圆圈表示正在亮着的灯。现在从广告牌上可以看见左面有一个箭头。当表示箭头的灯熄灭后,右面相应的一群电灯紧接着发光,你看见的就是这个箭头跳到右面去了。每一盏电灯的位置并没有动,动的只是广告牌上的形象。这正是频闪运动的一种利用。

又如图 93－2 边缘的一圈电灯,也可以利用频闪运动的原理使它转动起来。如果要显现顺时针方向的运动,就让上面横排的相邻两盏灯左面的先亮,右面的后亮,按照这样的次序频频闪动一圈灯光,眼睛就会看见灯光由左到右,按顺时针方向循环不止。如果要显现逆时针方向的运动,就按相反的次序闪亮和熄灭那一盏盏小灯。

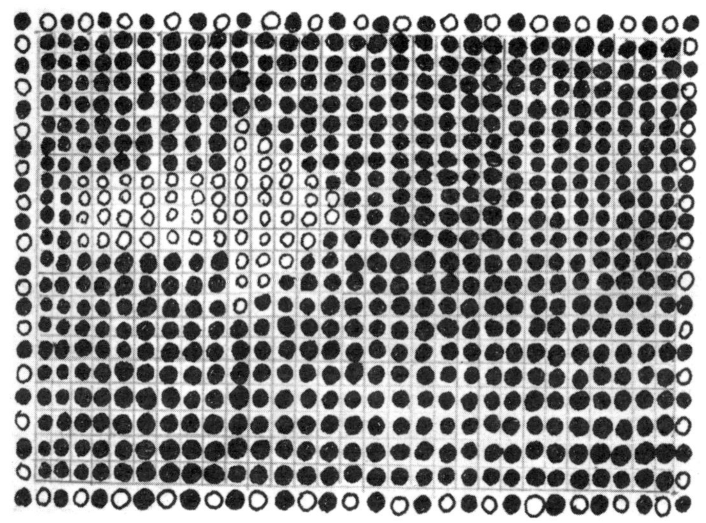

图 93－2

（据《艺术与视知觉》P. 537 改作）

这类现象你一定看过很多，大概你也知道这种运动是由于灯光频频闪动而产生的，可是，频频闪动的灯光为什么会使我们看见灯光运动的假象呢？这个道理你想过吗？我们必须知道，用物理的方法可以让几盏电灯先后发光，但灯光跳跃的假象却不能用物理学来解释。这种现象是一种心理现象，它比物理现象更神奇，它的奥秘比物理现象更难于探测。你是不是也有这种体会呢？

94. 频闪运动和形象组合

频闪运动是闪闪发亮的光点造成的运动假象。如果不只是两个光点先后闪亮，而是有许多光点先后闪亮，这样造成的就不仅是光点运动的假象，而且是形象运动的假象。前一节中说的灯光广告牌上的图案、字母等的运动就是这种假象。

尽管我们知道这种运动的形象是假的，但眼睛的确看见了形象，看见了运动，对于人类的视知觉来说，不能不承认这也是一种运动的形象。既然是形象，形象组合规则对于它也就应该是适用的。

请看图 94－1。有三个闪亮的光点，中间的光点先闪亮，而后两边的光点接着闪亮。眼睛看见中间的光点往哪边跳呢？由于左边的光点近一些，眼睛就看见光点向左跳，而不是向右跳。距离较远的右边的光点被排除在频闪运动之外。从这里可以看出是接近性规则在发生作用。

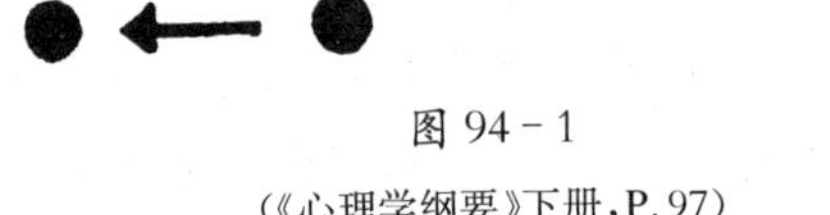

图 94－1

（《心理学纲要》下册，P. 97）

在图 94－2 中，中间的光点跟两边的光点距离相同，那么频闪运动将怎样进行呢？中间的光点将跳向左边还是跳向右边？由于右边的光点跟中间的光点形状相同，都是十字形，中间的光点就向右边跳，而不会向左边的圆形光点跳，这是相似性规则在起作用。

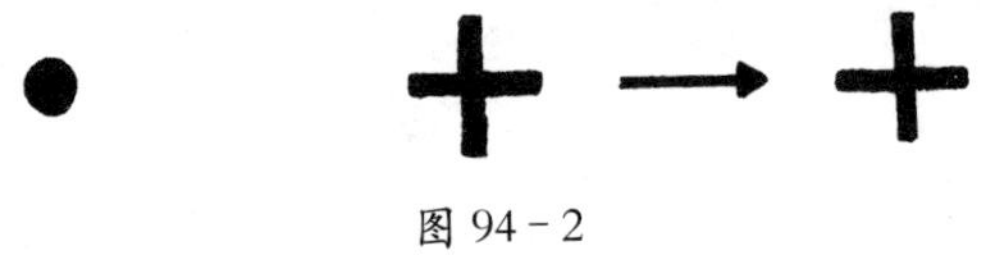

图 94－2

（《心理学纲要》下册，P. 97）

图 94－3a 是许多闪光点组成的不规则交叉曲线，频闪运动又将怎样进行呢？眼睛看见光点由上向下跳动，到交叉点之后，是折回向上跳，还是沿原来的方向继续向下跳？大多数人看见它是按原来的方向向下跳。这是符合连续性规则的。

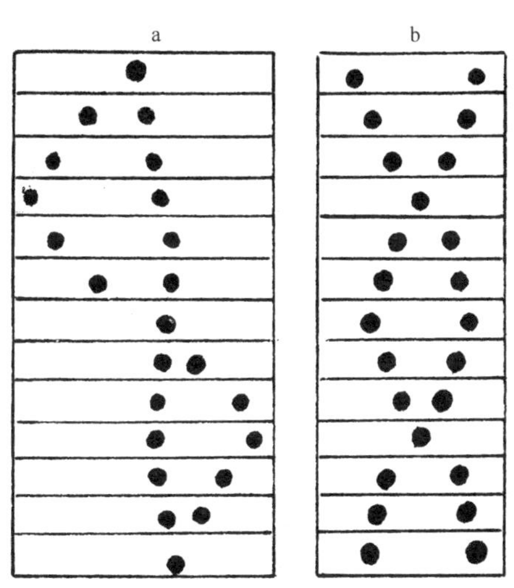

图 94－3

（《艺术与视知觉》P.541）

如果频闪运动的交叉曲线是左右对称的，像图 94－3b 那样，那么，大多数人看见光点跳到交叉点后就会折回向上，保持住一个对称图形的完整性。眼睛喜欢看见对称、完整的图形，这样的图形最简化，最适合视知觉的要求。频闪运动组合形象时自然也得遵守整体性规则，并尽量使图形简化。下面再多举一些这类例子：

在图 94－4a 中，三个闪光点似乎一齐向右面跳，实际上，只有最左边的一个光点向最右边那个光点的位置做频闪运动，其他两个光点并没有发生位移。

在图 94－4b 中，眼睛看见的是组成十字形的五个光点一起向右移动，实际上，其中有两个光点并没有发生位移。（你知道这是哪两个光点？）

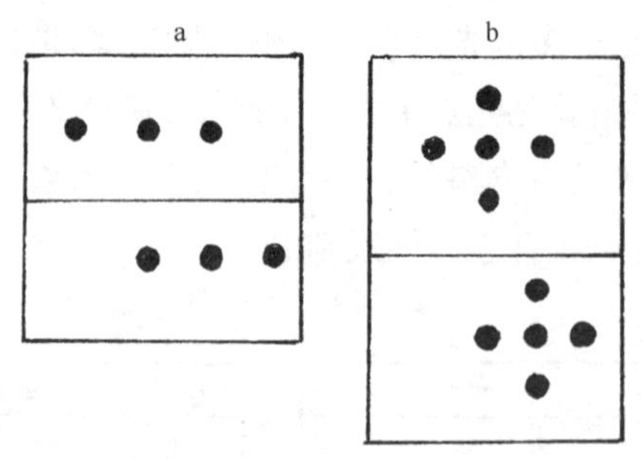

图 94 - 4

(《艺术与视知觉》P. 541,542)

又如图 94 - 5,在两个发光点的外面有两道发光的弧线,频闪运动发生时,眼睛看见光点沿着弧线做曲线运动,其实,运动是沿直线方向进行的。

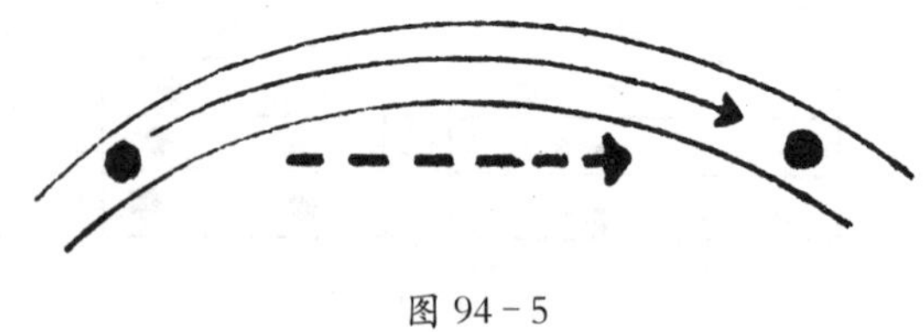

图 94 - 5

图 94 - 6a,长条形的灯光做频闪运动时并不是使人看见跳跃,而是看见它躺倒了下来。图 94 - 6b,A 字形灯光做频闪运动时在三度空间中翻转,成了一个倒 A 字。

图 94 - 6

(《心理学纲要》下册 P. 97)

95. 显示运动的框架

眼睛究竟是怎样看见运动的?

让我们先回顾一下频闪运动吧。频闪运动虽然不是真的运动,可是它让眼睛看出了运动。它是怎样让眼睛看出运动的呢?那是由于一个光点代替了另一个光点,两个光点的位置不同,发光的位置变了,光点就好像跳动了。由此可见,空间中一个相对固定的位置是看出运动的必要条件。根据这个位置,我们就能找到显示运动的参照物或框架。

请看图 95－1。小方框代表运动的物体,它从左边移到右边,原来的位置上空了,但那位置仍旧在那里,图中用虚线小方框来表示。眼睛虽看不见这位置,但在视知觉系统中记下了它。物体的运动正是靠它显示出来的。

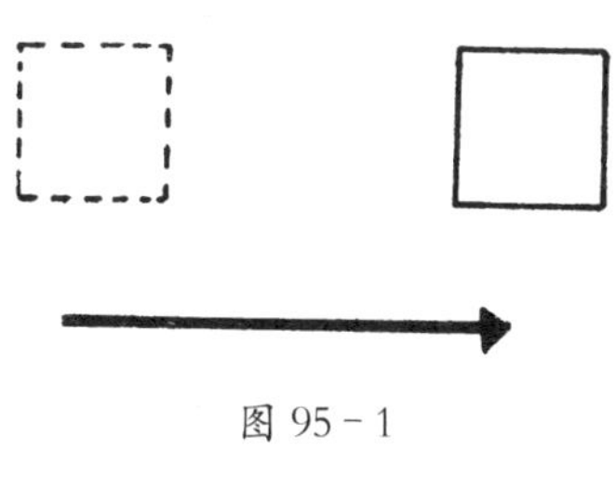

图 95－1

有时,眼前没有任何参照物,眼睛却也看见了运动。比如,一只飞虫从眼前掠过,眼睛只看见它在运动,并没有看见任何相对固定的位置。其实,在这种情况下,眼睛看见的有限空间——视域——就是一个框架。视域隐隐约约有一圈边界,物体闯进或越出这条边界线时,眼睛就看见了运动。图 95－2 就是视域的示意图。这样一个框架无时不在,不过,当运动的物体不经过它的边界线时,它就不起作用。如果运动是在视域内部发生的,那这运动又是靠什么显现出来的呢?

只要眼睛能看清楚视域中的一些物体,那么,视域中的世界就像

图 95－2

一幅图画那样，可以区分出背景和形象。背景总是相对固定的，因此能作为框架发生作用，如果形象运动，就会在背景前面显示出来。比如，眼睛看见的是街景，街道两旁的房屋、树木是背景，行人是形象，行人的运动是在静止不动的房屋、树木前面显示的。

通常，眼睛看见的运动都以某种背景或背景的一部分作为框架。不过，这个背景也还是眼睛看见的，是视域中的背景。因此，显示运动的框架归根到底还是从世界上分离出来的一片小小空间。人体在运动时，视域就会改变，显示运动的框架也就不断在改变，但人还是依靠这个框架来看运动。人在路上行走，路边的景物不断进入视域又退出视域，这样，不就看见那些景物在运动了吗？但实际上并不会发生这样的错觉。人知道运动的是自己而不是景物。当人坐在汽车里时，汽车运动的速度很快，眼睛看窗外，就会觉得景物在运动。但不管谁都能很快知道，真正运动的是汽车，是汽车上的人，景物实际上是静止的。这表明，眼睛看见的运动也得经过头脑中视知觉系统的换算才能成为知觉，在进行换算时必定也考虑到框架的状况，考虑到它是处于静止状态还是在运动，考虑到它运动得快还是慢。

人类用了几千年的时间才弄清楚天体运动的实际情况，现在人人知道地球绕着太阳转，同时还不断自转。可是，我们至今还是看见太阳从东方升起，向西方落下，眼睛里看见的还是太阳在运动。为什么会这样呢？因为我们生活在转动不停的地球上，眼睛无论怎样也不可能直接看出它在运动，不可能有那么一个巨大的框架能把地球的运动显示出来。因此，凭视知觉系统的机制无法把太阳的东升西落换算成地球的运动，这同在飞速前进的汽车上把静止物体看成运动的情况大不一样。人类是在有了望远镜，观察到许多天体运动的矛盾现象以后，依靠抽象思维和数学运算才最后认识到地球究竟是怎样绕日而行的。这样的认识是科学认识，同日常生活中的视知觉大不一样。

由此可见，说眼睛看见的运动靠框架来显示，也就是说眼睛看见的运动只限于较小的范围，限于人的感官和生活实践所能直接达到的那个范围。这个范围可大可小，因而显示运动的框架也可大可小，并可按照大小顺序，把框架分成若干层次。比如，人乘坐在飞机、轮船或火车等交通工具里，眼睛通过玻璃窗看到的外面世界就是交通工具运动的框架；人在交通工具内部可以行走，这样的人体运动又以交通工具的内部环境为框架；车厢、机舱或船舱里有茶几，一辆玩具汽车在茶几上滚动，它的运动又以茶几的面为框架；如果在交通工具里行走的人手上提着一个鸟笼，鸟笼里小鸟的跳跃运动又以人手提着的鸟笼为框架……。运动的状况不论怎样复杂，眼睛看见的运动总是从一个框架里显示出来的，如果离开这个框架，眼睛就没法确定物体是不是在运动。

从电影银幕和电视屏幕上，我们能够明显地看出框架和运动的关系。可以说，银幕和屏幕就代表了眼睛看出运动的那个框架，它代表了摄像者、导演和剧作者的眼睛，代表了创作者的视知觉。银幕和屏幕上不仅表现出静止背景前面物体的运动，还表现出本来不能动的物体在运动，整座大楼、街道、山冈都能发生位移，它们进入视域，又退出视域，这简直是奇迹，我们在现实生活中哪里会看见这样的运动呢？可是，视知觉系统对这样的运动也能理解，因为它知道，那是表明观看这个世界的人正处于运动的状态中。现代摄像技术使人类获得了自我观察的便利条件，现在我们不仅看见身外世界，而且看见了我们自己观看世界的框架，框架一发生运动，于是整个世界就运动起来。当然，它也能让我们看见日常看惯了的那个世界，让我们看见在静止的背景和背景前面运动的形象。

96. 运动方向的迷失

眼睛看出运动时，同时也就能看出运动的方向。不管是什么物体在运动，只要运动，就一定会表现出方向性。不论自己运动或看见别的人和物体在运动，都得知道运动朝着哪个方向，否则对生活实践会带来不便甚至会造成损害。

眼睛是怎样辨别运动方向的呢？这也得依靠一个框架。这个框架是一条相对固定的指向线，把这条直线当作一根轴，同它垂直的直线就是另外一根轴，这样就构成一个坐标系，有了它，不论怎样的方向就都能确定。学过初等数学的人，都知道有这样一个坐标系。但在日常生活中，人们确定方向的坐标系却是相对固定的，那就是根据地球和太阳的位置关系以及地球的磁场来确定的东、南、西、北。当人面向太阳时，总是面南、背北、左东、右西。可以说，这就是视知觉确定运动方向的一个最重要的坐标系，也就是地球上显示运动方向的主要框架。

如果是阴天，或是在夜雾笼罩的茫茫大海上，看不见太阳，那就得靠指南针来确定方向。指南针一端朝南，一端朝北，同南北方向垂直的直线就指示出东西方向，这不正构成了一个坐标系或显示运动方向的框架了吗？除此而外，眼睛辨别方向还可以有其他的方法。在人们熟悉的城市里，可以根据主要街道的走向和著名建筑物的朝向来确定东南西北，而在森林和野外可以根据天空中星辰的位置和树木生长的情况等来确定方向。凡是人们用来帮助确定运动方向的东西，都一定能构成一个坐标系，作为显示运动方向的框架。

当眼睛找不到框架，或遇见一个从未见过的特殊框架时，就会感到迷惑，看不出运动的方向。

从下面介绍的几种实验中，可以看出这一点。

在一个暗室里，向白布幕上投射一横一竖两道发光条纹（见图96-1a），让横条向上运动，竖条向右运动，而后停止在图96-1b的位置上。你虽然知道这些，但眼睛看见的条纹运动方向却并不是这样，而是横条向左移动，竖条向下移动，它们好像相互吸引似的移到了一起。这显然是一种错觉。为什么会产生这种错觉呢？因为室内一片黑暗，除了布幕上出现的发光条纹外，什么也看不见，失去了其他可以显示运动方向的框架，两道条纹又同时运动，不能相互作为框架。因此无法辨别出真实的运动方向。再说，通常的直线运动大都是以延长或缩短的方式来表示的，运动方向和直线的指向一致，因此，垂直于地面的直线经常做上下方向的运动，水平方向的直线经常做左右方向的运动。这种经验也影响了人们对运动方向的知觉，于是产生了上面所说的那种错觉。

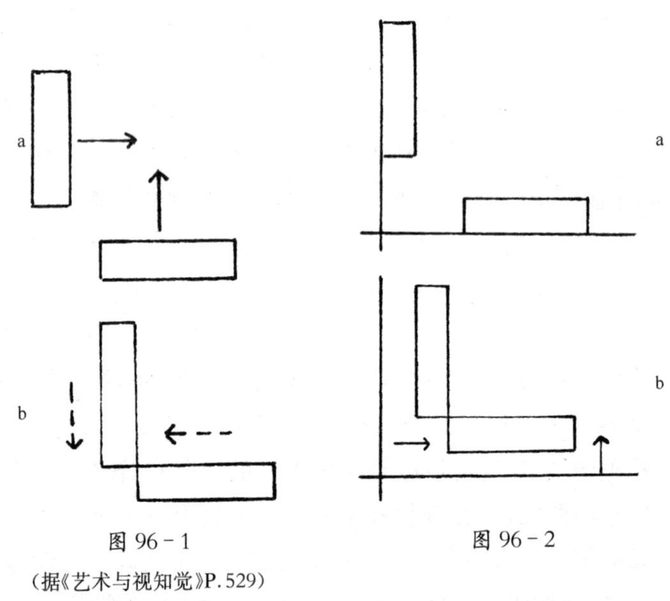

图96-1

（据《艺术与视知觉》P.529）

图96-2

只要向布幕上先投射一个坐标系或一条位置固定的直线，再按照前面说的方式投射和改变发光条纹的位置，眼睛就不会被迷惑，能看出真实的运动方向。（见图96-2a，b）

我们从一个较小的孔隙中看线条运动时，也常常会造成运动方向的错觉。这种小孔也是一个框架，但由于太小，形状又不适宜显示方向，因此也会产生运动方向的假象，使眼睛受骗。请看图 96－3，a 图中有一条 45°的斜线，朝箭头所指的方向运动。在这个图中，斜线出现在一个方框中，运动的框架很明显，眼睛自然能正确看出斜线朝哪个方向运动。如果从 b 图那个横向长方形孔隙中看，斜线就好像做水平方向的运动；而从 c 图那个垂直方向的长方形孔隙中看时，就会看见斜线向下做垂直运动。如果小孔呈圆形，可以大体看出斜线的真实运动方向，但如果三个或更多圆孔排列成水平方向或垂直方向，斜线运动的方向似乎就同圆孔排列的方向一致，使眼睛产生错觉。从图 96－4a，b，c 中可以看出这种运动方向知觉的变化。

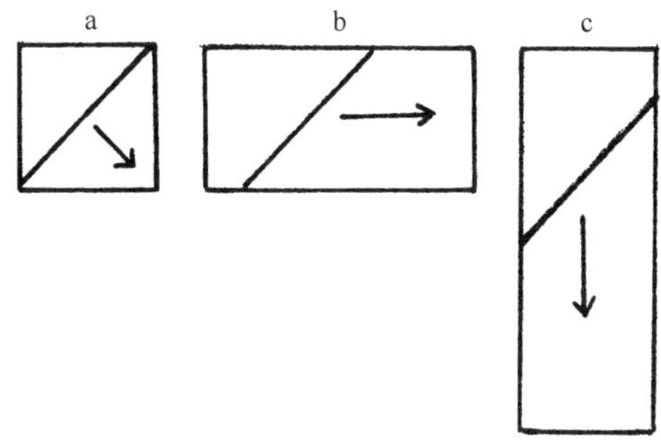

图 96－3

（参考《心理学纲要》下册 P.98 作图）

为什么同一方向的运动在不同形状的孔隙中会显示出不同的方向性呢？除了由于显示运动的框架模糊而外，还由于形式组合规则在这里发生了作用。从小孔中显露出的一小段斜线与孔隙的轮廓组成一个整体，斜线就失去了独立性，成了孔隙形状的附属物，斜线运动的方向就得同孔隙形状所显示的方向性统一起来。因此，在图 96－3b，c 中，斜线运动分别呈现出水平方向和垂直方向。在图 96－4b，c 中，也显示了同样的情况，三个圆孔垂直排列或水平排列，正像垂直方向的长方形或水平方向的长方形一样，产生的视觉效果也相同。可是，为什么在一个圆孔中能看出斜线运动的真实方向呢？这是由于一个圆形孔隙跟任何一种方向的运动都能统一，它本身呈现不出方向性，因此斜线在运动时就能把自己的真实方向性表现出来。

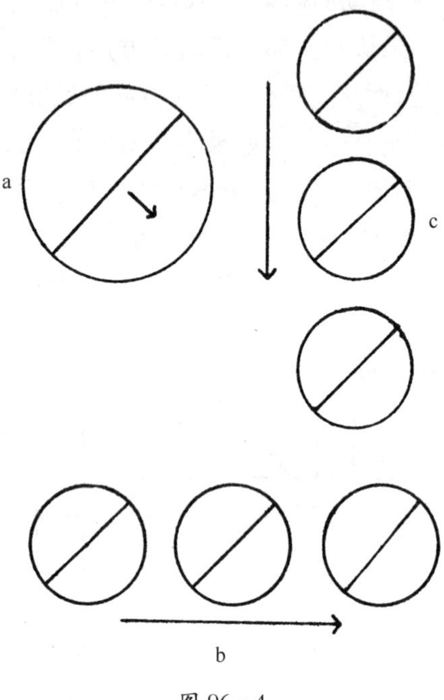

图 96 - 4

（参考《心理学纲要》下册 P.98 作图）

97. 车轮怎样滚动

有些物体运动的方向不是单一的，眼睛要看清这种运动方向当然就更困难些。比如飞轮的不停转动，它是向着哪个方向？在我们眼中，它是绕着圆心不停转动，并没有发生位移，在坐标系中也不能显示出运动的方向。然而实际上，飞轮的转动是不断改变方向的。如要看清楚这种圆周运动的方向性，必须在圆周上画出一个标记点，这样就可以看出标志点的位移和运动方向。从图 97－1 上可以看出，在圆周运动的每一个瞬间，运动的方向都在改变，这同直线运动是完全不同的。但是它每一瞬间的运动方向是渐渐改变的，表现出一种连续性和总体倾向，习惯上根据这种总体倾向可以把圆周运动的方向分成两种：一种由左向右，再转而由右向左，最后再回到由左向右，这就是通常所说的顺时针方向；另外一种恰恰相反，就是通常所说的，逆时针方向。

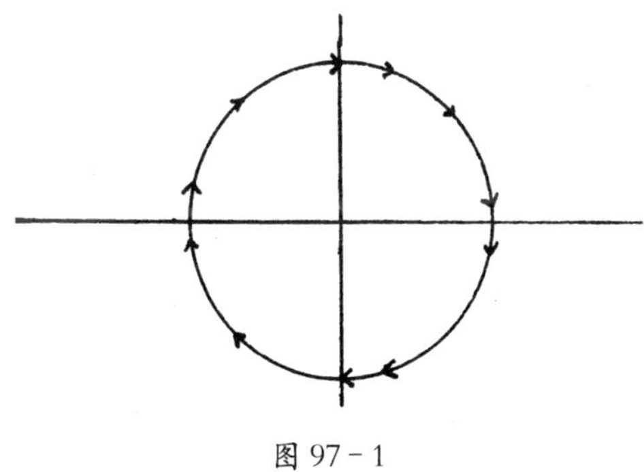

图 97－1

车轮和飞轮的形状完全一样，也是绕着中心旋转，但它不是停留在一个位置上，而是在同地面的摩擦中向前滚动。车轮运动的方向当然比圆周运动更复杂，该怎样看这种运动的方向呢？

如果说的是靠车轮滚动而向前行驶的车辆，它的运动方向就简单了，那是很普通的直线运动。可是，我们要看的是车轮运动的方向。为了看清楚真相，可以在暗室里做一个实验。在车轮上适当的地方设置一个发光点，从这个光点的位移中就可以看出运动的方向。首先，我们在车轮的中心——轮轴——设置发光点。车轮向前滚动时，那光点就按水平方向移动，同通常看见的车辆运动方向一样（见图 97－2b）。然后，把车轴上的发光点取掉，在车轮圈上设置一个发光点，这时，发光点显示的运动是一条摆线（见图 97－2a）。很明显，摆线的方向不是周而复始的，而是按一定规律做弧线运动，总倾向仍是向前方移动。这样一个方向是很难看出来的，因为变化太多，又受到多种不同方向的力的作用。最后，在轮轴和轮圈上各设置一个发光点，让眼睛同时看见两个光点的运动。按理说，眼睛应该同时看见两条光点移动的路线：一条是 2b 那样的水平方向直线，另外一条是 2a 那样的摆线。两条路线同时显现时，就会像图 97－2c 所示的那样。但实际上却不是那样的，眼睛看见的光点运动一般像图 97－2d 中所显示的，轮圈上的光点显示出顺时针方向的圆周运动，轮轴上的光点显示出向右的水平方向运动。

为什么眼睛看见的车轮滚动方向跟实际情况不符呢？心理学认为，这是由前面介绍过的那种知觉简化规律决定的。当摆线运动同水平方向直线运动同时进入眼帘时，要把它们统一起来组合成一种知觉就太复杂，而把它们分离开来，看成两个知觉形式时，反而简单、清楚。而且，在摆线运动中已经包含着水平方向的运动，如果把水平方向的运动再另外标示出来，就会破坏了摆线运动形式的统一。眼睛直接看见的车轮滚动的形象也是经过视知觉系统处理加工过的知觉，或者说，头脑里知觉到什么，眼睛也就会看见什么。我们平时在观察车轮滚动时，从来也不会知觉到摆线运动，而总认为它是一边转动（圆周运动），一边向前进，因此眼睛看见的也总是这样两种同时进行的比较简单的运动。

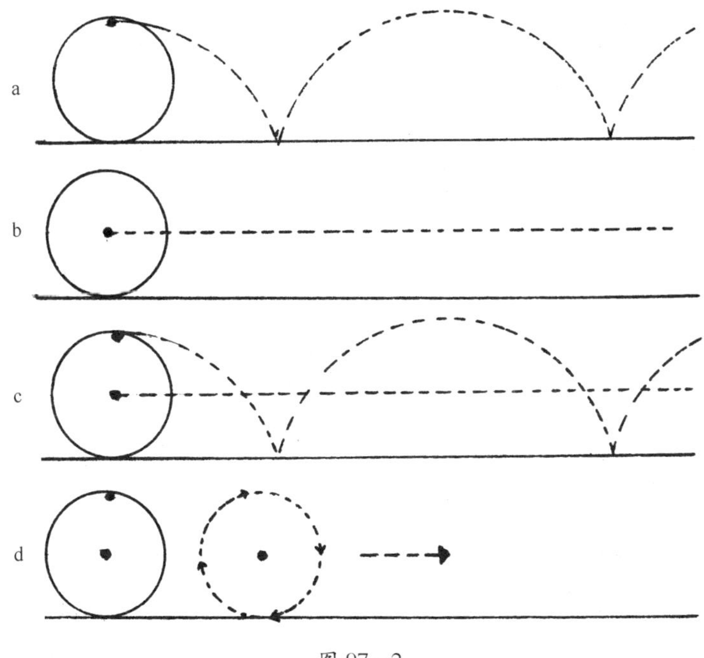

图 97－2

（采自《心理学纲要》下册 P.99）

98. 斜行条纹和理发厅门口的彩条灯

在纸上连续画一道道 45°斜行条纹，只要一直这样画下去，斜行条纹就不断向一个方向延伸，好像在运动一般。请按照图 98－1 中的形式试着画画看，你是否觉得斜行条纹在运动呢？不过，必须提醒你，做延伸运动的并不是每一根斜线，而是由许多斜线构成的群体。

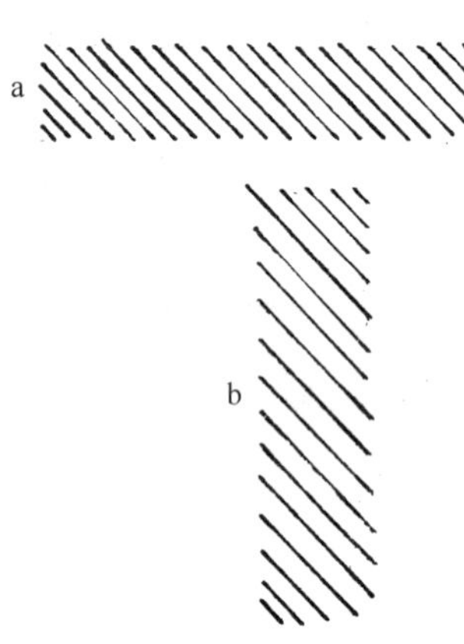

图 98－1

斜行条纹指的就是这种群体的形状。这种群体按照延伸的方向来分有两种，一种是横条形（如图 98－1a），一种是竖条形（如图 98－1b），斜行横条通常做向右的水平方向运动，竖条则常做向下的垂直方向运动。

只要看出斜行条纹的群体是哪一种形状（横条或竖条），就能知道它延伸时的运动方向是怎样的。因此可以说，这种群体形状也就是显示斜条运动方向的框架。

如果把斜行条纹群体的形状遮掩起来，只让它从一个正方形窗口显露出一部分，当它运动时，眼睛看见它是朝着哪一个方向运动呢？

靠猜测是很难知道实际情况的，最好进行一次实验。在一块厚纸板上切开一个正方形的洞，每边有 3～5 厘长，把它当作窗口。按照图 98－1b 的形状，在长纸条上绘出斜条纹，条纹群体的宽度大于正方形窗口的边长，长度约 30 厘米。再设计一个简单装置，让长纸条能在窗口内徐徐自上而下移动，如图 98－2a 所示。从这窗口中看见的斜条往哪一个方向运动呢？开始时，你会看见向下的垂直运动，但多看一会儿以后，又会看见自左向右的水平方向运动。然后，你看见的这两种方向的运动就交替出现。

为什么眼睛从同一种实际的运动中能看出两种不同的运动方向呢？原因就在于那个正方形窗口，现在它成了显示条纹运动方向的框架，代替了条纹群体形状那个原有的框架。正方形的四个边一样长，因此眼睛看见的斜条群体形状既不是垂直方向的竖条，也不是水平方向的横条，这样，斜条的运动方向就无从确定，视知觉就变得模棱两可，有时看见向下方的运动，有时看见向右方的运动。

从这个实验中可以进一步看出，框架对运动方向的显示是多么重要。不过，除此而外，还应该注意到视知觉系统所进行的形象组合对运动的方向性也有重要影响。如果从正方形窗口只能看见一种垂直竖条向下运动（如图 98 - 2b），看这样的运动约六十秒钟以后再看图 98 - 2a 那种正方形窗口中的斜条运动，那么就只会看见斜条从左向右的水平方向运动，而不会再像以前那样，看见自上而下的垂直方向运动。这又是为什么呢？还记得在第 45 节中提到的视知觉饱和吗？眼睛看一种形状时间较长久，视知觉系统如果感到疲劳，就会自动抑制这样一种知觉组合，而用另一种可能的知觉组合形式来代替它。对运动方向的知觉也是这样的，也有知觉饱和所引起的改变。从这样的事实中，我们又一次证实：人的视知觉系统决不只是消极地接受外界的信息刺激，而是积极主动地从事探索，尝试用各种不同的组合形式来认识客观世界，力求知觉到世界的真实情况。不过，由于知觉系统受到自身生理机制和外部世界的种种限制，只有经过无数次的实践和验证，才能不断纠正错误，最终得到正确的认识。

斜行条纹的运动方向问题，在实际生活中也常常能遇到。最常见的例子是螺丝钉的转动方向。螺丝钉在生活实践中用得很广泛，到处都可以看见。你注意过螺丝纹的形状吗？那也是一种斜行条

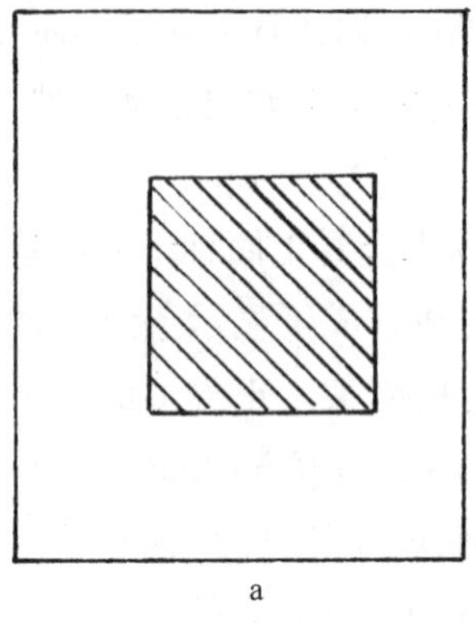
a

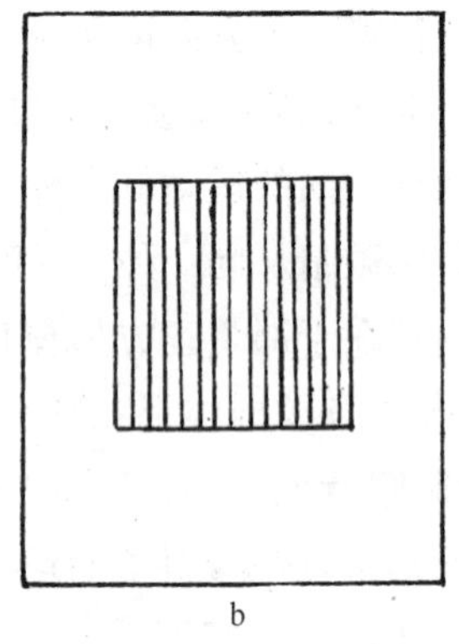
b

图 98－2

（据《心理学纲要》下册 P.76 改作）

图 98－3

纹，但不是画在平面上的，而是绕着一个圆锥或圆柱体旋转的。从侧面看，它很像图 98－1b 的条纹群体。图 98－3 就是从侧面看的螺丝钉条纹。用捻凿旋转螺丝时，如做顺时针方向旋转，螺丝钉就向下旋入螺母或木板内，这就表明斜行条纹向下做垂直运动；如做逆时针方向旋转，螺丝就向上运动，从螺母或木板中渐渐退出，这就表明斜行条纹向上做垂直运动。这不正和斜行条纹有两种运动方向相似吗？从图形上看见的斜行条纹运动是人类的知觉，有时会同实际情况不符合，形成一种错觉；而螺丝钉旋转时表现出的两种运动方向则永远是真实的。人类不但能从螺丝纹的形状中看出它的两种运动方向，而且在制造出螺丝钉以前就已经从斜条图形中预见到这两种运动方向，正是根据这样的知觉，人类才发明创造了螺丝钉。视知觉尽管有时产生错觉，但它毕竟能看见真实的情况，而且能预见真实的情况，这一点谁也不会怀疑。

再举一个日常生活中运用斜行条纹的例子。城市里有些理发厅的门口装置着一种会旋转的彩条灯柱，把它作为理发行业的标志。

这样的彩条灯柱你注意过没有？图 98－4 就是这样一种灯柱，斜行条纹是彩色的，一般是红、蓝、白三种颜色相间组成。灯柱做顺时针水平方向运动，眼睛可以看出这种运动，同时，也能看见一种向上方的垂直运动，那些彩条好像源源不断地旋转着向上升去。水平方向的运动是灯柱的运动，向上的垂直运动是彩条形群体的运动。如果你耐心地站在理发厅门口注视着那彩条灯柱旋转，看上五分钟或更长久些，就又能发现另一种新的运动形式：水平方向的旋转突然消失，灯柱的彩条径直向上升去，过了片刻，又恢复常态。如果多观察一段时间，会发现以上两种运动形式交替出现。这自然也是由于前面说过的知觉饱和状况造成的。

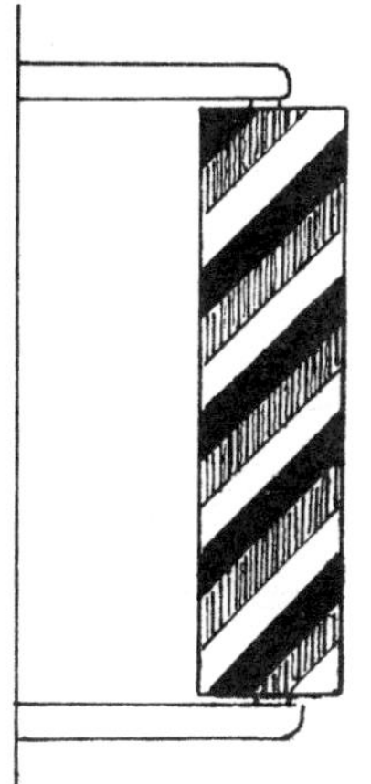

图 98－4

99. 眼睛看见的快和慢

站在火车站的站台边看列车通过，会觉得列车经过身旁时特别迅速，真如风驰电掣一般。其实，这时列车已经减速行驶，但在眼睛看来，却是列车愈靠近速度愈快。如果在郊外看远处的列车行驶，感觉就大不一样。尽管那时列车的速度比进站时要快许多，但看起来却显得比较慢，走过一段距离要花不少时间。

眼睛看见的运动速度往往和物体的实际运动速度相差很远。实际运动速度是以时间来衡量的，从每小时或每分钟走过的多少路程就能计算出运动的实际的速度。但眼睛对速度的知觉却只凭直觉，凭感受，因此只能大致的看出快和慢，充其量也只能再加上一个“很”字或“极”字来形容。

前面我们已经说过，列车离人的眼睛近显得快，离人的眼睛远显得慢。为什么人们会有这样的感觉呢？

第 95 节中曾指出，眼睛看物体运动常常不知不觉地把视域当作框架，知觉到的快慢同这个框架的大小有密切关系。当眼睛向前方观看时，目标愈近，视域愈小，目标愈远，视域愈大。离眼睛近的列车，只需一节车厢就把视域塞满，瞬息之间，它就从视域中通过，自然会使人感到非常迅速；在离眼睛 20 多米远的地方，大约要 20 节车厢才能把视域占满，通过视域所需的时间当然大大增加，自然使人感到缓慢。图 99 - 1 就是眼睛观看近处一节车厢和远处一列车厢的示意图。

眼睛对于速度快慢的知觉常常是从比较中获得的。比如，百米赛跑世界冠军比其他竞赛对手跑得快，比一般人就更快了，但如果他跟一辆汽车竞赛，就会显得太慢。然而飞速行驶的汽车比起喷气式飞机的速度又不免相形见绌。有时，人们眼前虽然只有一个运动的

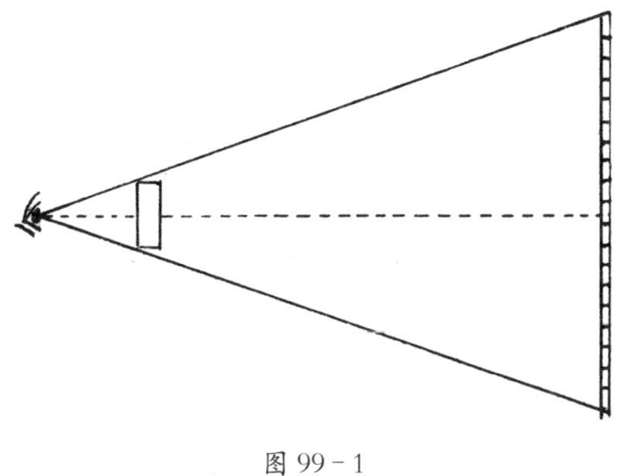

图 99－1

物体，但人们还是会用心目中某一物体的速度来和它相比，或者就以自己的运动速度来和它相比，因而也能对它的速度做出快或慢的评价。

眼睛还能从形象的清晰或模糊上看出物体运动的快慢。自行车慢慢行驶时，车轮上的钢丝辐条能看得清楚，速度加快时就渐渐模糊了，在高速行驶的车轮上根本看不出辐条，只看见一片闪光。荷兰画家菲力普·安吉尔在1642年写的一本书中批评当时的画家不会画转动的马车轮和纺车中的纺轮，把一根根辐条都清楚地画了出来，就像它们没有转动一样。直到18年以后，委拉斯克斯在著名的油画《纺纱女》中才画出纺车转动时纺轮辐条隐约闪现的真实形象。不过，在我国，早在一千五百多年以前的汉代画像砖上，就已经画出了看不出辐条的马车车轮，使看画的人感受到了马车飞速奔驰的真实情景(见图 99－2)。

物体的大小也会影响眼睛看出的快慢。在眼睛看来，巨大物体的运动速度比小的物体要慢些。大象狂奔时，速度不低于鹿类，但人们总觉得象跑得比鹿慢。一群人通过广场，会显得比几个人通过广场慢得多，正是因为一群人被看成一个整体，比几个人的集体要大得多。曾有一位德国心理学家做了这样的实验：让一排人穿过一个长

图 99－2　马车

四川成都汉画像砖

（据《论艺术的技巧》插图复印）

方形的门框，而后让门框的尺寸和人数同时增加一倍，再让一排人从门框中走过，受试者觉得人的运动速度比原来慢了一半，其实，人的运动速度和先前完全一样，只不过是运动的群体增大了罢了。这实验表明，眼睛知觉到的快慢的确同运动物体的大小有关。

以上所说影响快慢知觉的因素主要由视知觉系统的生理机制造成的，但也有一些纯粹属于心理方面的原因，它们也对速度知觉产生很大影响。当你站在马路边，等候你的朋友从三十米之外赶上来时，不论他怎样跑快，你还是觉得他跑得太慢；反过来，如果你在后面追赶前面的行人，你就会觉得他们的速度太快，让你跑得气喘吁吁还不能赶上他们。预期也会影响速度知觉：你把一个人运动的速度估计得过高时，就会觉得他太慢；你把他的速度估计得过低时，就会觉得他跑得太快，快得出乎你的意外。此外，情绪、健康状况、年龄大小等等也都能对速度知觉产生这样或那样的影响。

100. 如果运动的速度太快或太慢……

眼睛的本领是令人惊奇的，但也有一定的限度：太大和太小的物体没法看见，太快和太慢的运动也很难看清楚。请你看看自己的手表吧，你能看得清秒针的运动，但时针、分针由于动得太慢，就很难看出它在运动了。眼睛看得见的运动速度大概是在分针和秒针运动速度之间。眼睛是为人类的生命活动服务的，看不出太快或太慢的运动对日常生活并没有什么妨碍。可是，当人类社会发展到较高的文明阶段时，科学研究和艺术创作便向视觉系统提出了更高的要求；同时，扩大视觉活动领域的工具不断被发明和运用，眼睛的知觉能力也就随之不断提高，在人们眼前展开了无限广阔的视觉新天地。在这里，我们只谈眼睛对太快或太慢的运动的观察。

大约在一百二十多年前，人们还不知道奔马的腿究竟怎样运动。许多画家在画赛马时，总是把马的两条前腿画成并排的形状，两条后腿也是画成一排，好像马在奔跑时就是这样向前蹦跳的。图 100－1 是 19 世纪一位法国画家画的奔马，请注意它们的前后腿和蹄的位置。如果你有机会看迅速奔跑的马(看电影或电视上马跑的镜头也行)，你能看清马腿迅速运动的形象吗？或者，当你现在看见图 100－1 中的奔马时，你能肯定它画得对或不对吗？如果你回答这些问题感到困难，就表明像马跑这样的快速运动眼睛是没法看清楚的。美国有位名叫迈布里奇的摄影师为了弄清楚奔马的腿怎样运动，在 1877 年进行了一次非常认真的研究。他在加利福尼亚州的赛马场跑道旁排列了十二架照相机，当马跑过时就自动启动快门，终于获得了奔马腿部运动位置的照片(见图 100－2)。第二年，当这批照片公布时，引起了艺术界和科学界的震惊，原来过去绘画中画的那种奔马形象是错误的，马在奔跑时从来不会有双腿并举的跳跃动作。

图 100－1

热里科：埃普索姆的赛马(1820 年)巴黎，卢浮宫
(《艺术发展史》P.10)

图 100－2

用现代照相机所拍摄的赛马的终点决胜场面
(《艺术发展史》P.11)

20世纪的照相术有了更大的进步。美国的电子工程师艾格登创造了频闪观测器，解决了照相机快门速度超过二千分之一秒时的有效开闭问题，创造了一系列令人耳目一新的快速摄影作品。在他摄取的照片中（见图100－3a、b、c），我们看见了一滴牛奶坠下时溅起的皇冠状的奶滴、子弹穿过苹果时的形状等。这些快速照片使我们大开眼界，同时也证明了眼睛所看见的运动实在太有限，许多快速运动的情景我们都没有看清楚或根本没有看见。

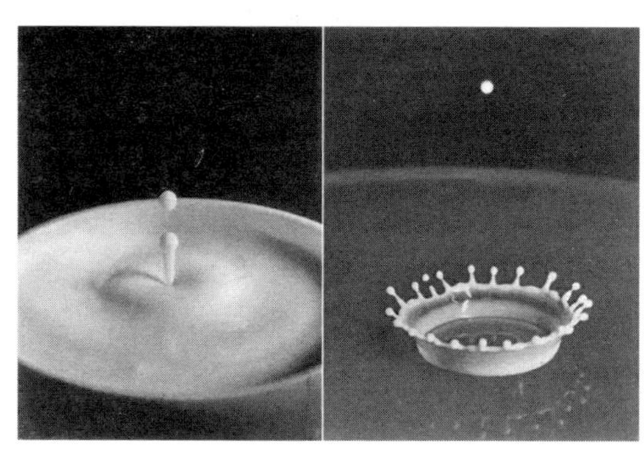

（图100－3a）

哈罗德·艾格登的快速摄影照片

（图100－3b）

哈洛德·艾格登的快速摄影照片

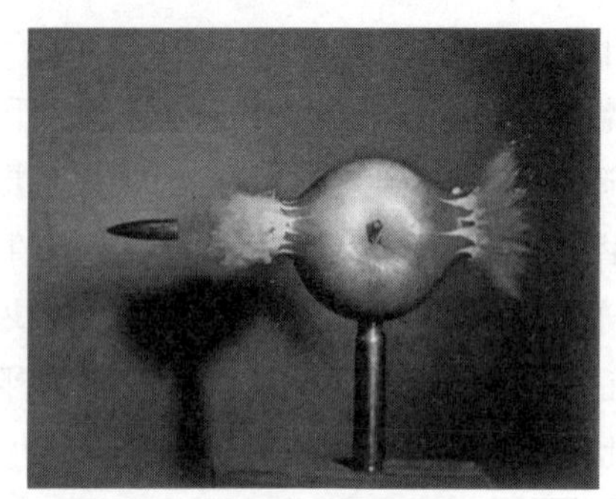

（图 100－3c）

哈罗德·艾格登的快速摄影照片

眼睛对太慢的运动也无计可施。当我们遇见一个好长时间没有见过的少年，会发现他长高了，可是，不论眼睛盯着他看多久，也看不出他的身材渐渐长高的运动。于是有些父母想出了一个办法：每隔半年比照孩子的身高在墙壁上画出一道痕迹，几年以后，墙上的痕迹一道挨着一道，但渐渐升高了（见图 100－4）。从这样的一系列痕迹

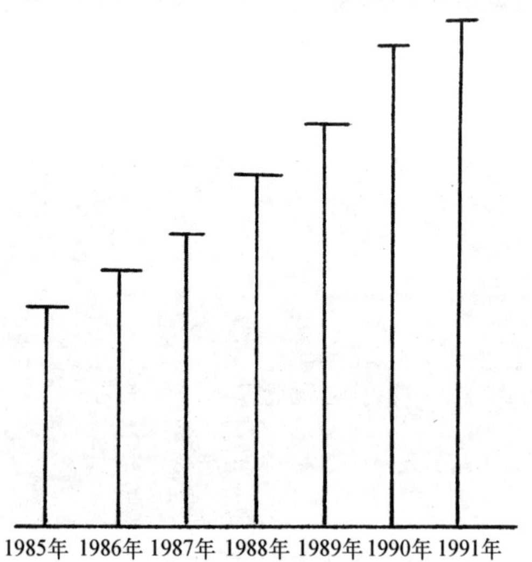

图 100－4

中，身体长高的慢速运动便能展现在我们眼前。运用摄影机或电视摄像机每隔一段时间摄下植物生长运动的一个瞬间，把这些瞬间的镜头连接起来，再用适当的速度放映在视屏上，就可以看出植物生长的运动情状。现在，我们看见屏幕上花朵慢慢开放的画面一点也不觉得惊奇，可是，如果不是依靠摄像和放像的现代科学技术，单凭肉眼能够从自然界中看见这种极其缓慢的运动吗？

不过，眼睛在这样的观察中永远也少不了的。再高超的摄像、放像技术如果不是靠眼睛观看，也还是不可能转变成我们头脑里的知觉。任何科学技术都只能把自然界的一种光信息转换成另外一种光信息，改变它们的强弱、大小和运动速度，等等，但如果不经过人的感官进入人的头脑，就不可能转变为人的意识形式。因此，眼睛作为人类的一种知觉和认识工具永远是不可能被替代的。

八

101. 是兔还是鸭

图 101－1

(《艺术与错觉》P.4)

请看图 101－1。你说这画的是什么?

你也许立刻就回答说:“这不是兔吗?”

是的,它是兔,但也可能是别的东西。你再瞧瞧,它像鸭吗?

这下你可能就懵了。这画上画的到底是什么? 是鸭还是兔,这不真的成了问题?

如果把它看作鸭,那左面长长的两条就是嘴,鸭正朝着左面看呢;如果把它看作兔,那长长的两条就是一对耳朵,兔子的嘴也能隐隐约约看出,它的脸朝着右面。

同一张图画,完全一样的形象,却可以看成不同的东西,由此可见,眼睛在观看时,不仅仅接受光刺激,不仅仅把所看见的线条加以分离组合,使它成为一种确定的形象,还要把它和实际生活中的某种物体联系起来,确定它是什么事物,它有着怎样的性质等。对形象的这些理解在心理学上称为“读解”。视知觉也包括读解过程。读解过程同看出形象的过程是分不开的。当你把图 101－1 当成兔时,就会按照兔的形状特征来组合形象;你把它当成鸭时,就会按照鸭的形状特征来组合形象。要不然,你怎么会先把左面两个长条形的东西看作耳朵,后来又把它们看作嘴呢?

这张图原是一份幽默周刊上的特技画,故意画得模棱两可,来捉弄眼睛,引人发噱的,但后来受到心理学家的注意,成为实验心理学中常常引用的一种多义图形。多义，也就是有多种读解。这种多义图可以证明视知觉心理学发现的许多事实，前面说的观看形象和读解过程的合一就是其中之一。除此而外，还可以证明人的生活经验和主观能动性在知觉过程中所发挥的作用。从图 101 - 1 上，一个经常和兔打交道的人总是先看见兔，一个经常和鸭打交道的人总是先看见鸭。只有受到别人的提示以后，他努力去发现另外一种读解，才能从图上看出另一种动物。

图 101 - 2 也是一张多义图。不过，不论你怎么看，总是一只拿笔的手正在描绘另外一只拿笔绘画的手。究竟哪一只手是绘画者的手，哪一只手是被画出的手呢？你可以随意解释。这多义图显然是画家精心构思而成的，目的只是为了获得谐趣的效果。

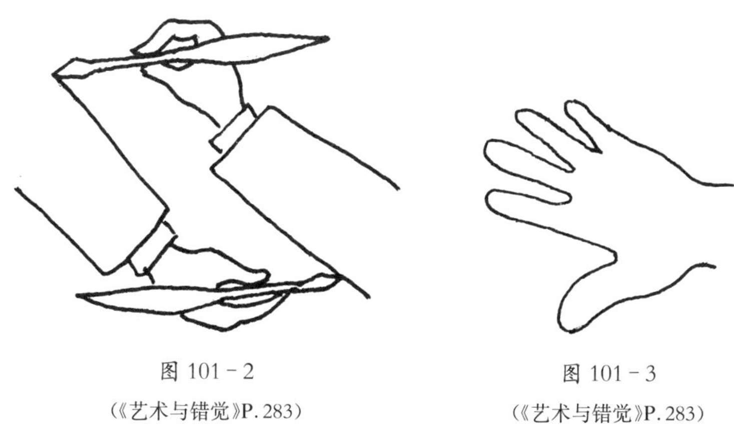

图 101 - 2
(《艺术与错觉》P. 283)

图 101 - 3
(《艺术与错觉》P. 283)

不过，有些多义图却不是故意画的，而是由于绘画的人没能把物体的形状特征充分表达出来才产生了歧义。不妨再看图 101 - 3，请问这是什么？

谁都能马上回答："这是一只手。"

可是，如果进一步问道：这手是左手还是右手？这手是手背对着我们还是手掌心对着我们？

这时你就得再仔细看看这张图，而且很快就会看出问题来了。图的确画得不明不白，使眼睛没法看准。

而且，这图上画的是不是手也还是一个疑问，也许是一只手套吧？

当然，平常我们看见的图画很少有多义的，在实际生活中看见的事物形象就更加不大可能是多义的，但眼睛对它们能不能做出正确的读解却不一定。看见一种形象之后就对它有正确理解，这需要一定条件。最根本的条件就是实践经验。这经验不是作为思想意识储藏在头脑里，而是在大脑皮质和视知觉系统的神经机制中形成某些痕迹和联系，经过这种视知觉系统机制的处理，形象就和经验造成的某种信息痕迹或意识形式联系起来。眼睛能够正确读解形象，全靠这种机制。

102. 形象的特征和图式

如果碰上一种从来也没有见过的形象，眼睛能不能看出它是什么，对它做出恰当的读解呢？

比如，只有澳大利亚才有的珍奇动物考拉，或者一种罕见的热带野果，你从来没见过也没听说过，第一次看见它们时是否能对它们产生某种程度的认识？

可以断言，你一看见考拉，就会看出它是一种可爱的动物；一看见野果就知道它是一种果实。至于那动物属于什么门类、习性怎样，那野果是否有毒、滋味怎样，等等，你虽然毫无所知，但并不妨碍眼睛对它们的形象做出初步读解。

为什么眼睛能对从未见过的形象做出读解呢？

这是因为大脑皮质中已形成了这样一种神经联系：一定的形象特征意味着事物的某种特性，意味着它对人的某种利害关系。眼睛一看见这种形象特征，就立刻能判断它大概是什么，对人有害或有利。

著名的心理学家柯勒曾用黑色的纽扣做眼睛、用粗糙的纺织品做外套，制作了一个玩偶，把它放在类人猿面前，就引起了类人猿的恐怖感。农家在菜园里用稻草人来驱赶鸟类，靠的是一顶破草帽、一把干稻草扎成的身体和一柄随风摆动的旧葵扇。有一种好斗的雄知更鸟见了别的雄知更鸟就拼死决斗，但它并不一定要看见真正的敌手，只要放一小撮雄知更鸟胸前的黄褐色羽毛在它眼前，它立刻就摆出一副决斗的架势。据一位研究动物本能的科学家的报告，养在鱼缸里的雄鱼最怕一种刺背鱼的攻击，见到它就立即做出防御反应，用刺背鱼的模拟物来代替刺背鱼也能引起同样的反应，模拟物的形状是不是很像关系并不大，重要的是身体的下部必须是红色的。他制作了几种形象相差很远的模拟物，在下部涂上大量红色颜料，都会引起雄鱼的强烈反应。在图 102－1 中，最上面的图形是真刺背鱼的形象，另外几个是刺背鱼的模拟物。从这个实验中可以看出，吸引动物视知觉的注意和引起反应的不一定是刺激物的形状特征，颜色特征往往也能起很大作用。

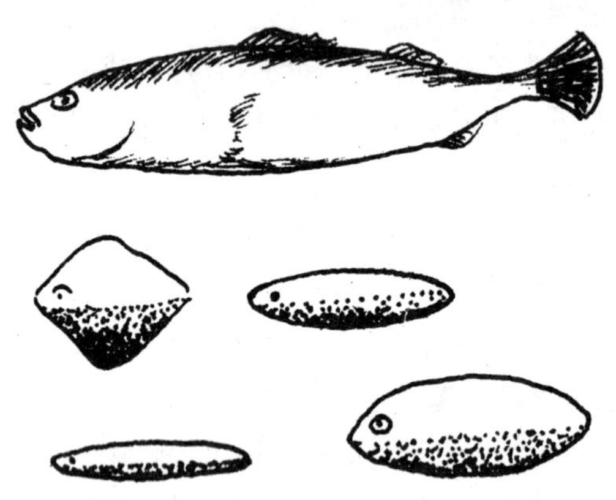

图 102－1

（采自《艺术与错觉》P. 119）

人类的视知觉是否也是这样的呢？

我们都知道，在沙漠中旅行的人看见远远一片绿色就会非常兴奋，因为那绿色意味着植物和水源。在大海上航行久了的人看见天边有一条黑色的影子就高兴万分，因为那黑色的影子可能是陆地。

事物的形象是很复杂的，仔细加以分析可以列举出无数的特征，如要用语言来表达，那十分不易，但眼睛却能一下子抓住其中最主要、最突出的特质，立刻知道那事物是什么以及它有哪些特点。梨和苹果的形状有什么相同之处，又有什么相异之处，你能说得清楚吗？但你能在不到一秒钟的时间内看出哪一个是苹果，哪一个是梨。图 102－2 中的苹果和梨的形象画得都很简单，但你一看就能知道它们是什么。又如

图 102 – 3 中的动物，是从儿童画里挑选来的，画得并不好，但你一看就知道是长颈鹿。儿童们还常常这样画简笔画：先画一个竖立的蛋形，加上短而圆的耳朵和细长尾，就是老鼠，加上长耳朵和短尾就是兔子。为什么这样一些图形能使眼睛理解呢？因为它们表现了事物形象的某些特征，这些特征跟视知觉系统里已形成的一些神经结构形式正相符合。

图 102 – 2

图 102 – 3
（采自《艺术与视知觉》P. 252）

这种神经结构形式也就是在第 47 节里说过的图式。图式既是一种简单的能表现某些特征的形象组合，同时又跟事物的意义、性质，事物的种类和名称等相联结，因此，当眼前的形象同图式对上号时，就能对形象作出恰当的读解。

这样的读解直接以视知觉的形式实现，这是人类认识世界的较低级的形式。但是，所有的较高认识形式和最高级的科学认识也都是从这种低级的认识形式发展起来的，因此对它的作用决不能低估。

103. 人脸怎样识别

眼睛看见苹果和梨，看见兔和老鼠，就能一下子抓住它们的形象特征，知道它们是什么，这比起计算机识别图形的功能要高明得多。至于识别人脸，那就更不容易了。每个人的脸上都有眼睛、鼻子、嘴，差别并不很大，但我们的眼睛蓦地看见一个人的脸就能看得出他是不是熟人，如果是熟人，就立刻看得出他是谁，名字叫什么，等等。视知觉的本领实在令人惊叹。不用说成人，连出生才几个月的婴儿也能认得出母亲和其他亲人的面容，一看见她或他就露出微笑，要求得到爱抚，而看见陌生人就害怕甚至啼哭。眼睛是怎样识别人脸的，这问题很值得研究。可是人们平常却不注意这个问题，把它看得十分平常，以为是理所当然的事。

有人以为，熟悉的面容会在头脑里留下非常清晰的映像，就像照片一样。既然这样，人脸的识别就只是比对照片而已，那有什么难呢。那么，就让我们试一下，看看亲人和熟人的面容是不是真的像留在照片上那样清晰地留在我们头脑里。请你闭上眼睛，尽可能地努力回忆和想象，你能让亲人和熟人的面容在头脑中浮现出来，清晰得像在眼前一样吗？你越是想非常具体地看见他们的面容，他们的面容反而越是模糊。其实，在人的头脑里只能留下一些表示面容特征的信息痕迹，它们作为大脑皮质神经细胞和神经纤维中某些化学成分的变化，以及神经元之间建立起的某种联结方式，已不再是视觉形象。要从这样的生理机制上来理解视知觉，理解眼睛识别人脸的方法，绝不是靠人类现有的科学技术所能办得到的。因此，视知觉心理学只能根据人类视知觉活动的实际状况来研究、实验和推理，只能从眼睛能够解决的种种难题来推测视知觉的活动方式和规则。

让我们继续谈面容识别吧。眼睛不仅要看出面容特征，把这个人的面容和别人的面容区别开来，而且还要在人的成长过程中，把他的面容发生的变化和不变的特征结合起来加以识别，还要在一个人的种种情感、情绪变化中看出面容的变化和不变之处。这样的任务多么困难是不难想象的，但视知觉系统却能易如反掌地完成。

我们曾说过，眼睛能看出事物的形象是由于在头脑中形成了事物形象的图式。这种图式是一种简化了的但包括了事物主要特征的形式结构，同时也必须是一种可以随着环境和条件变化而不断改变的形式结构，它既是稳定的，又是可变的；既十分准确，又十分灵活。这种图式既不能直接用语言来表达，也不能动手用笔描画出来。图式只能在人的头脑内部以生理机制的形式存在和发生作用，指导和制约眼睛识别事情形象，识别人的面容。每个人头脑里都形成了这样的图式，因此，每个人都能毫不费事地认识人的面容，不需要特意去学习和接受专门训练。

肖像画家不但能准确地画出人们的脸形，而且能画出人的神情、性格和内心活动。画里的人像无疑要比头脑中的人面图式复杂得多。不过，画中的面容也显然比真实的面容缺少一些东西，画中的人脸只能突出某些方面，同时也不免要略去另一些性质和内涵，而且，它出现在画面上以后就凝固不变，不能随时随地发生变化。头脑中的人面图式虽然是简化的，但有着很灵活的适应性，这是它的最大特色，一切绘画都比不上它。尽管如此，画家绘制的肖像画对我们认识头脑中的图式还是很有启发的。

图 103－1 和图 103－2 是两张漫画家的自画像。只用了不多的几笔便显示出了两位画家的面容特征，而且还表现出内心世界的某些东西。制作这样的人像，当然需要熟练的技巧，不是一般人所能胜任的。但这样的人像必定同一般人头脑中的人面图式有共同之处，不然，人们怎么能够看出画像画的是谁呢？又怎么能看出画中人物的内心世界呢？

图 103－1　丁聪自画像

(《讽刺与幽默》《新华文摘》1982 年 12 期)

图 103－2　韦启美自画像

(《讽刺与幽默》《新华文摘》1984 年 11 期)

画家不但能按照亲眼所见的人物形象绘制人像，而且还可以根据别人的口头表述来绘制人像。警探为了逮捕刑事犯罪分子，常常请曾在犯罪现场的目击者口述罪犯的面容特征，由专职画家根据这种口述来绘制罪犯模拟像。起初只是画出面庞的方圆和眉眼的大概形状，让目击者来鉴别、评定，而后，根据他们的意见进行修改。这样反复多次，最后终于画出令目击者认可的罪犯面容。这也就是说，画家画出的模拟像跟目击者头脑中的罪犯的面容图式已比较接近，否则，目击者就不会点头说像那罪犯。当罪犯被逮捕归案后，那模拟画像跟罪犯面貌果然在一定程度上相似，这样就进一步证明了目击者头脑中储存的罪犯面容图式是符合实际的。如果不存在这样的图式，他就没法口述罪犯的面容特征，也没法对画家绘制的图形提出修改意见。从罪犯面容在目击者头脑中留下的印象到目击者的语言表述，再从这种语言表述到画家制作的图形，从初步制作的图形经过目击者的鉴别评定，直到最后再转化为定稿的模拟像……这一系列的传达、转换都是为了把目击者头脑中的罪犯面容图式召唤出来，而且表现在画面上。图 103－3 是我国上海市公安局刑侦人员所绘制的一幅罪犯模拟像，虽然同罪犯照片上的面容特征有几点明显差别(如戴眼镜和蓄长发等),那是由于罪犯有意改变外貌,但从面部轮廓和眼鼻形状上看,相似之处还是很明显的。

图 103-3

(采自《民主与法制》1990 年第 8 期)

104. 面容和内心活动

有些难得照一次相的人在照相机镜头前面往往显得很不自在，面部肌肉紧张。请他笑一笑，他笑得也很勉强，嘴角用力向上翘，露出牙齿，往往引起旁观者哄堂大笑。

平时，人们脸上的表情都很自然，内心在沉思冥想，在回忆往事，以及喜怒哀乐等，都能从面容上流露出来；就是想掩饰，也很不容易。面容和内心活动有着这样紧密的联系，因此眼睛能直接从一个人的面容上读解出他的内心状态。

眼睛为什么能从面容上读解出人的内心状态呢?

当然也是由于头脑中已经形成种种面部表情的图式，这些图式反映了人们所理解的情感、情绪以及其他种种复杂的内心世界。有些肖像画家除了经常从事人像速写而外，还努力探寻一些面部表情的标准样式，以便创作人物画时参考。图 104 - 1 中的几幅面部画像就是从西方绘画技法书籍中选来的，一看就知道是惊愕、怒视和悲愤的表情形象。这样的面部画像跟人们头脑里相应的表情图式应该是很相近的。

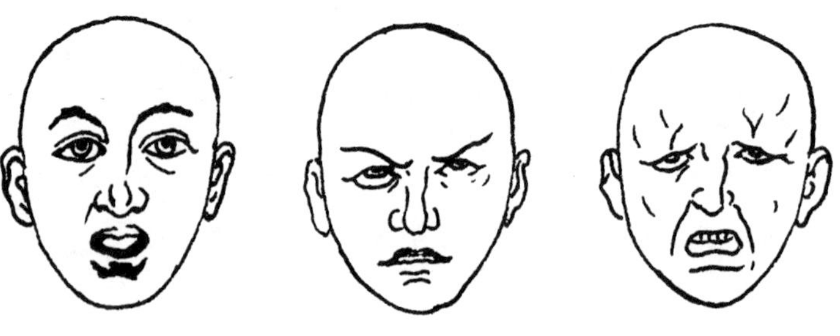

图 104 - 1

(采自《图像与眼睛》P.128,《艺术与错觉》P.420)

人的内心活动是多种多样的，面部表情当然也是多种多样的。同样是微笑，也各有不同；同样是痛苦，也有种种区别。老是用一种或几种样式来表示微笑或痛苦不是太公式化了吗？有经验的画家都懂得，只要把表现面容的线条稍稍改变一下，就会产生明显不同的视觉效果。头脑中反映面部表情的图式也可以这样随机变化，它既十分丰富，又极其灵活。19世纪中叶，瑞典画家特普费尔写了一部《相貌论》，书中有这样的话："任何一幅人物面部素描，无论画得多么拙劣，多么幼稚，只要它被画出来，就具有一种性格和一种表情。"请看图104－2，这就是特普费尔随手画的一些人脸，故意画得那么拙劣，但不能不承认，每张人脸上都有一种表情，眼睛可以这样或那样来读解它们。这种表情的微妙之处，只能意会而不能言传，心理学上把这样的微妙之处称为表情的"最小线索"。这种"最小线索"也正是依靠对照头脑中的面容图式看出的。

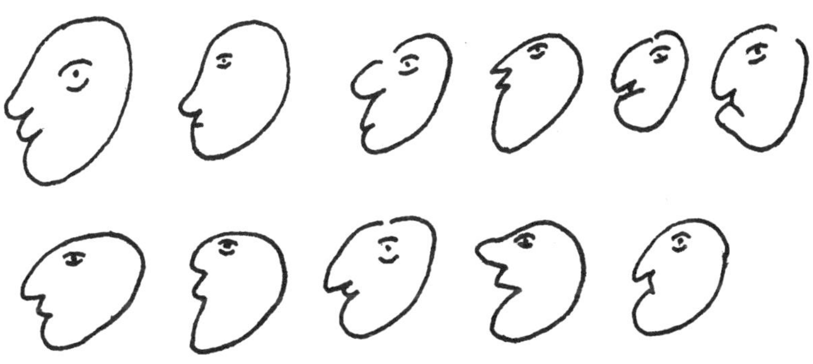

图104－2

（采自《艺术与错觉》P.411）

伟大艺术家创作的人像包含着深刻的内涵，从面容上流露出的内心状态可能不被人一下子理解，但越看越有味，使人能不断发现其中的意趣。达·芬奇的著名肖像画《蒙娜丽莎》几乎是家喻户晓的了，人人都能看出画中那位妇女的脸上正露出一丝笑意，可那是怎样的一种笑意呢？这实在难说清楚，而且不同的人对它会有不同的理解。这样的面容，大概就不能根据头脑里的简单图式来读解了，然而它会激起人们的回忆、思索和寻求。跟这面容相近的某种图式肯定存在着，只是不知深藏在哪里。而且，也许它是从无数图式中提炼出来的，在那些图式里都或多或少地暗示出某种情感，某种动荡而又被抑制住的心态，在这幅画里，被集中并鲜明地表达了出来。因此，即使是这样著名的艺术形象，同图式也不是丝毫没有联系。

一般艺术形象同图式的关系则较为直接、明显。既然艺术形象必须使欣赏者理解，就不能不依靠一种可以沟通思想情感的手段，有人称这种手段为艺术语言。图式，正是头脑里以神经结构形式体现的最基本的艺术语言，在外部世界中，它就是以线条、色彩、光影等构成的一些基本样式。也可以这样说，这些基本样式就是图式的外化或外部表现形式。请看图 104－3a，b。a 图只是面容的一部分，它表达了怎样的情感？不用说你也能看得出来。b 图是著名漫画家张乐平所画的滑稽演员杨华生像，表情幽默、亲切，你当然也能够感觉得到。为什么能从画中的面容上看出人的内心活动呢？当然也是由于它跟你头脑中的某种面容图式对上了号。

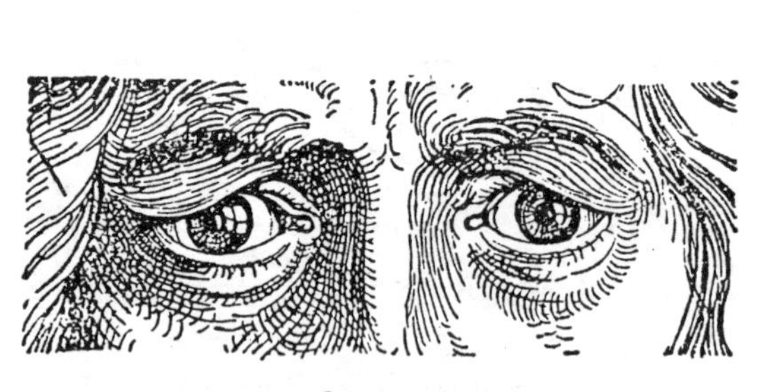

图 104－3a

（《艺术与视知觉》P. 213）

图 104－3b

张乐平绘　滑稽演员杨华生像（《上海戏剧》《新华文摘》1982 年第 12 期）

105. 带色的图式

有位研究视知觉的心理学家曾在他的著作中引用了一篇文章，文章中说了这样一个故事：有一次作者在等候有轨电车，透过栅栏旁的灌木丛，看见了他所熟悉的卡车上鲜红色的板条。看着看着，忽然想到看见的实际上可能并不是卡车，而是树上的枯叶，眼前的鲜红色果然就变成了较暗的赭褐色。于是他对自己视觉感受的变化产生了兴趣，试图再回到开头的那种感受中去，想象自己是看见了红色的卡车，眼前的颜色果然就变得稍红一些；然后又想象自己看见的是枯叶，那颜色果然又渐渐向赭褐色转变。但是他再也不能看见最初感受到的那种鲜红色和赭褐色了。他走近灌木丛，想看看它后面的树叶究竟是什么颜色，发现分明是红褐色，同他先前的几种知觉都不完全符合。

心理学家用这个事例向我们证明：读解可能改变对形象的知觉。为什么那位作者会把红褐色错看成鲜红色呢？因为他以为自己看见的是熟悉的红色卡车。红色的卡车是他头脑中的一种图式，当他想到红色卡车时，鲜红的颜色就紧跟着出现。当他确信看见的是枯叶时，同枯叶的形状联结在一起的赭褐色就立刻被看见，因为他头脑中的枯叶的图式是跟赭褐色分不开的。这个事实表明，图式不仅仅是头脑中铭记着的物体形状，而且，它也同色彩联结着。有些图式偏重于形状，比如人的面貌、房屋和其他建筑物等；有些图式则偏重于色彩，如花卉、树林、草原等。更多的图式是形状和色彩并重。完全没有形状或完全没有色彩的图式是没有的。因此，当我们设想头脑中的图式时，不能不同时考虑到形状和色彩这两种因素。

从上面所说的故事中还可以看出：在实际生活中，眼睛看见的形象并不总是十分清晰、明确的，往往是在读解的过程中才把那形象逐渐看清楚。人们在看图画时，读解过程更起着补充形象、完成形象的作用，对自己头脑中图式的依赖也很明显。在黑白画上根本没有颜色，即使在彩色图画上，那色彩同现实生活中物体的恒常色彩也有很大差别，人们在读解这样的图画时，都得根据头脑中图式的色彩因素来补充或调整，才能把图画的形象同实际生活中的形象联系起来，才能全面理解图画的内容。

许多事实表明，当人们看出一个形状是什么物体时，同时也就知道了它的颜色。这颜色正是那熟悉的形状诱导出来的，或者说，当视知觉系统检索到一种图式，并把它和眼前的形状对照时，图式中的颜色因素也就同眼前的形状结合在一起。不妨再做一个简便的实验：在一张白纸上剪出两个显示形状的洞，让它们的轮廓像树叶和驴子的形状（见图 105 - 1）。再准备好各种色彩的纸，色彩要尽量多一些。让儿童根据白纸上空洞的形状，寻找适合的彩色纸衬在白纸后面。不用你多说什么，儿童自会按照他们的看法来选择彩色纸。实验的

a

b

图 105 - 1

结果几乎都是相同的——儿童们会选择绿色或蓝色的纸来配树叶的形状，选择灰色或赭褐色的纸来配驴子的形状。为什么会这样选择呢？正是由于头脑中物体的图式不仅表示形状，而且也含有色彩的因素。

106. 看见的是老奶奶还是阿姨

有人认为，形象的读解和形象的组合是视知觉过程的两个阶段：先看出了形象是怎样的，而后再认识这形象的意义。

这样说究竟对不对呢？

有时，的确是这样的，但有时形象读解和形象组合的过程纠缠在一起，而且，读解还常常反过来影响形象组合。

图 106－1

（采自《心理学纲要》下册 P.79）

请看图 106－1。这是一张人像。可是，这是怎样的一张人像呢？是一位老奶奶，还是一位较年轻的阿姨？你先看见了谁？是不是还能看出另外一副面孔？

这是一张特技多义图，它可以组合成两种形象，可以有两种读解的方法。

如果你偶然注意到了老奶奶的下巴和嘴，看出了图上的老奶奶形象，就会根据这样的读解来组合图上的所有线条，把它们看成老奶奶形象的组成部分。如果你先看出了图上少妇的面颊、颈项，视知觉就会沿着这个指向来组合整个形象，眼睛看见的就是年轻的阿姨。

于是你发现，先前被你看成老奶奶眼睛的那些线条，后来却被看成了阿姨的鼻尖和耳朵；老奶奶的上唇原来是阿姨的脖子，老奶奶的下颌在阿姨身上却成了无关紧要的线条，消失在表示厚厚外衣的许多线条之间。

从这张图上先看出哪一个人的脸，多少有着偶然性因素。不过，所谓偶然性因素，只是由于我们对头脑里储存的图式、心理活动的倾向性等完全无知而已。人们原有的知觉经验以及已经在头脑里形成的知觉定势会支配着视知觉系统的形象组合和读解过程。

心理学家艾泼斯坦和罗克等人曾用图 106－1 做过多次实验。除了图 106－1 外，他们同时还制作了另外两张图，就是图 106－2a 和图 106－2b。这两张图不是多义图，2a 只能看成阿姨，2b 只能看成老奶奶。凡是先看过 2a 的人，看见图 106－1 时，大多数人先看出阿姨；凡是先看过 2b 的人，看见图 106－1 时，大多数人先看见老奶奶。现在，先看见哪一个形象的偶然性因素消失了。为什么会消失呢？因为先看过一种确定的形象以后，头脑里形成了一种知觉定势，它就指引和支配着随后而来的形象组合和形象读解，对人的视知觉起了决定作用。

a

b

图 106－2

（采自《心理学纲要》下册 P.79）

107. 一个符号，两种读解

知觉定势是影响形象读解的重要因素，它是在人的生活实践经验中形成的。由于生活环境不同、职业和工作岗位不同以及其他种种原因，各人的头脑中形成的处理外部信息的知觉系统就有各种差异。这种差异无疑会影响知觉定势，但这并不就是知觉定势。知觉定势是不断改变的，它只能在一定的场合和一定的时间内发生引导知觉的作用。特别是当被知觉的形象比较模糊和带有较大的不确定性，需要猜测或选择时，知觉定势才能对形象读解发生决定性的影响。有些知觉定势比较稳定、持久，它的形成也比较缓慢，跟人的性格、思想、习惯有关，生根在生活实践中，随时随地支配着知觉系统的活动。但也有些知觉定势只是暂时发生作用，在近期的生活实践和近期的知觉活动中形成，持续较短的时间以后就渐渐消失。前一节介绍的支配多义图形读解的定势就属于这一类。

现在再举一个短暂知觉定势的例子。

图 107 - 1 中有五个符号，中间的一个符号表示什么？如果把上、下、左、右的符号遮掩起来，你就很难确定它的意义。如果从上向下看，你看见的就是三个拉丁字母 ABC，中间的那个符号肯定是 B，虽然它的形状同平常看见的 B 有点不同，左边的竖画和右面的 3 距离太远了些。如果从左向右横着看，那就是数字系列 12，13，14，中间的那个符号当然是 13，虽然 1 和 3 靠得太近，

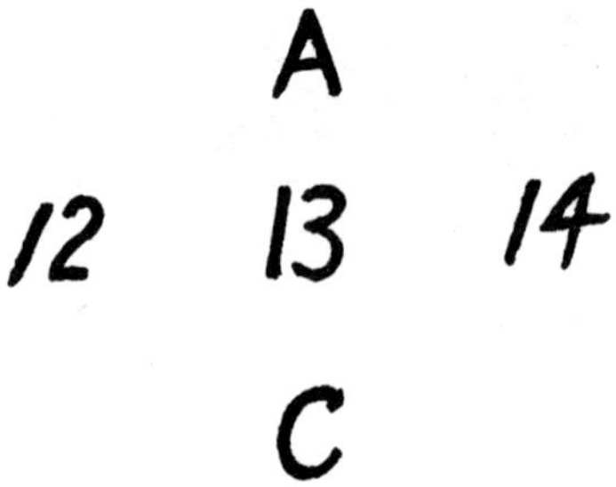

图 107 - 1

（采自《心理学纲要》下册 P. 128）

跟一般的写法不同。

为什么中间的那个符号可以有两种读解呢？因为它不是孤立的，它处在两种形象系列中：从上而下是字母系列，从左而右是数字系列。要能读解出中间那符号的两种意义，必须熟悉这两种系列的符号。一个对英语或拼音字母毫无所知的人，看不出字母系列，就只能把它看成数字 13。对这两种系列都理解的人，先看出中间的符号是字母还是数字，则由他的眼睛怎样看来决定的：先横着看，还是先竖着看。这里似乎有点偶然性。怎样看是眼睛的一种习惯，也可以说这是一种知觉顺序的定势。顺序决定以后，先看见上面或左面的一个符号，对它们的读解只可能有一种，当这种读解形成后，就决定了中间那个符号的读解，于是，这也成了一种知觉定势。这样的知觉定势是由先行的知觉活动造成的，因而是很短暂的。

108. 投枪指向哪里

图 108－1 上有两个动物：一个是象，一个是羚羊。象的身体画得很小，站在一个山冈上。左侧是一个猎人，高高地举着投枪。

图 108－1

（采自《心理学纲要》下册 P. 147）

看出了这些，也就是对图形做出了读解。可是，仅仅看出这些还不够，还有一个问题应该回答：猎人手里的投枪是对着哪个动物的？这也是图画的内容，而且是重要的内容。

该怎么回答这个问题呢？

你一定能正确回答：投枪是对着羚羊的。因为你能从画上看出，人和羚羊站在同一块土地上，羚羊画得那么大，离人一定比较近，所以投枪是对着它的。象站在远方的山冈上，画得那么小，离人一定远得很，投枪不可能投掷得那么远，因此，投枪不是对着象的。

有一位心理学家曾经用这幅画做实验，让一些没有受过教育的非洲人看这画，问他们上面提到的那个问题。大多数人的回答和我们的回答不同，他们说，投枪是对着象的。为什么认为投枪是对着象的呢？原因很简单，就是因为他们不理解画上表现的三度空间，看见画面上投枪和象的距离比较近，就以为投枪是向着象投掷的。

由此可见，文化背景和所受教育的情况对读解形象有着重要的关系。不同民族的人和生活在不同环境里的人在观看同一图形时会产生不同的读解，这也正是由于他们在一定文化环境和生活实践中形成的视知觉系统和图式有差异的缘故。

19 世纪中叶，有位叫乔治·卡特林的画家给一位美国印第安人的首领小贝尔画了一幅肖像画。没想到那幅画引起印第安人的不满，发生了一场争吵。那幅画是怎样画的呢？当时的艺术理论家拉斯金说，大概是由于在脸的一边画了较深的阴影，印第安人便以为只画了“半个脸”，认为这是对他们的侮辱。这幅画现在保存在华盛顿的斯密森学院里，图 108－2 就是模仿原画的轮廓制作的。这肖像画

图 108－2

（据《艺术与错觉》P.324 改作）

的脸上并没有画较深的阴影，画的是一个半侧面像，右半边脸全画出来了，左半边脸只露出眼睛和一小部分面颊。现在谁也不会认为这画有什么不对，但当时的印第安人却认为只画出“半个脸”，完全不能接受。

这一类事例在我国也曾经有过。当西方的油画和透视技法初次被介绍到我国时，许多人都看不惯，认为画中的那些房屋、桌子等都是歪歪斜斜的，人的脸上都涂抹得青一块、黄一块，不堪入目。至今还有些老人不能接受西方的油画。这不也是文化环境影响形象读解的证据吗?

109. 扇子、菜刀和《一团和气》

时代隔绝也是使读解形象发生困难的一个重要原因。视知觉系统是在生活实践中形成和发展的，因此，当代人的生活情景在当代人的眼睛看来很容易理解，而在另一个时代的人看来就可能会莫名其妙，不知道发生了什么事。为了能看懂古代留传下来的文物、图画，就必须具备古代文化史的知识，否则，就无法读解，或许还要闹出笑话。

请看图 109 - 1，你说这是什么？

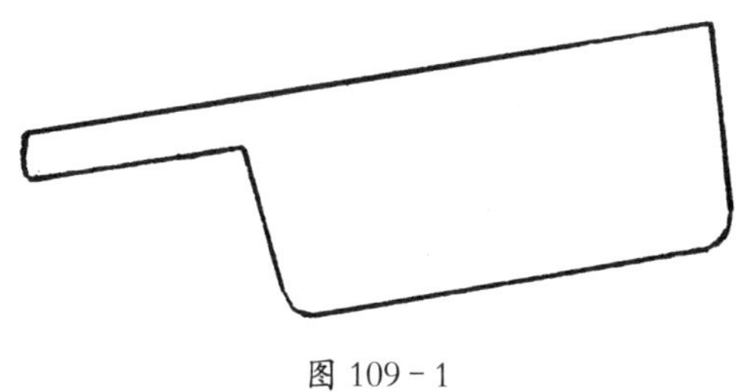

图 109 - 1

根据我们的生活经验看，这大概是一把菜刀。除了菜刀，它还能是什么呢？

先别说得这么肯定，请你再看看另外一张图（图 109 - 2）。图中最左面一个人的手中不也拿着这么一件东西吗？这张图是根据四川宜宾东汉崖墓画像石摹绘的，画里的人们手里拿的都是扇子。扇子怎么会是这样的形状呢？不信，就请你再看看图 109 - 3。这是湖北江陵拍马山砖厂一号战国墓出土的短柄竹扇，编织得相当精致，扇柄偏在一边，不正和图 109 - 2 中人手里拿的东西一模一样吗？

图 109-2

（采自《文史知识》1986 年第 7 期 P.71）

图 109-3

（采自《文史知识》1986 年第 7 期 P.71）

原来 109-1 也是一张多义图，它可以被看成菜刀，也可以被看成古代的短柄竹扇。这样的图形该怎样读解呢？那就得看具体环境，需要根据画中表现的生活情景来确定它是什么。如果对古代文化生活毫无了解，当然也就看不出这是一张多义图，就只能把它看成是一把菜刀。

又如图 109-4，这张图又该怎样读解呢？

这是明朝皇帝朱见深（宪宗）画的一张寓意图，标题是《一团和气》。

当然先得把形象看明白。这张图的构图有些像现代某些超现实主义流派的绘画，整个图形是一个面带笑容的人，但仔细看时，又能发现左右两边各有一人，他们面对着面，是侧面像，也都面带笑容。这两个人穿着宽袍大袖的衣装，各有一只手臂伸到头颈的后面，另一只手臂放在身旁，正好又成了正面人像的一双手臂。

如果对朱见深做皇帝时的历史情况毫不了解，对这幅画的读解大概就只能是这样。但如果认真查考和研究一下明代历史，就会发现深藏在其中的含意。原来朱见深的父亲朱祁镇(英宗)在1449年(明正统十四年)与瓦剌族入侵军战斗时被俘虏，明朝政权由朱祁镇的弟弟朱祁钰监国，不久后，他正式称帝。瓦剌侵略军被明朝军民打退以后，跟明朝政府议和，送回了朱祁镇。1457年(景泰八年)，朱祁镇乘弟弟祁钰病危，靠武力夺回了统治权，又重新登上帝位。他复辟后就杀害拥立朱祁钰的大臣，造成皇族内部的矛盾和官员之间的猜忌倾轧。朱见深继承皇位后，希望能改变这样的不安定局面，使明王朝的统治长治久安，便大力宣扬和解的精神。这幅《一团和气》图表达的就是这样的用意。

图 109 - 4

(《瞭望》1990年第22期)

也许有人要提出疑问：这样来读解一幅图画已经不是单纯依靠视知觉了，凭眼睛哪里能看出这样一些内容呢？这个问题提得很好，眼睛看画跟研究、分析一张画当然不是一回事。可是，朱见深当年画这张画并不是画给五百多年以后我们这些人看的，而是画给当时他的臣民看的。他的臣民在当时的内乱外患中受尽了苦，看了这幅画当然不难明白画中的用意。也就是说，由于他们生活实践于那个时代，他们的视知觉系统跟那个历史现实有着密切的关系，眼睛看了这幅画自然能获得足够明确的读解。

110. 难于读解的古代图形

眼睛在读解形象时，要受到文化背景和时代的限制，图形离我们愈遥远，就愈是难于理解。

让我们来看几种外国的古代图形，试试我们的读解能力吧。

图 110－1

（据《图象与眼睛》P. 171 仿作）

在意大利那不勒斯博物馆里，收藏着一张从庞贝古城废墟发现的镶嵌画。那座古城是在公元 79 年被维苏威火山喷出的熔岩吞没的。那张镶嵌画原挂在一所房屋门口，画上画的是一只狗，有根铁链锁着它。画制作得相当精致，尾巴上的毛、闪亮的眼睛和牙齿都很清楚。图 110－1 就是那张画的仿制品。

1 900 多年前罗马人制作的图形距离我们够遥远了，尽管我们一眼就看出画面上是一只狗，但还是有许多令人费解的地方。狗的鼻端和嘴巴上面的白色是表示反光，这不难理解，但后腿右上方靠近背部的地方以及前腿和后腿之间有两块面积较大的白色，却不像反光，不知是表现什么，也许是当时特有的一种表现手法，也许是遭到灾难时造成的疤痕，实在难以断定。还有，那两条后腿的位置也很怪，不知为什么要那样画。

再说，当初画这一个狗的图形，并把它挂在门口，又是什么用意？是主人想出售这样一条狗，还是表示主人是兽医，能给狗治病？也许，这是一家叫“黑狗”的酒店的招牌？……不用猜了，再瞧画下面有一排拉丁文“CAVE CANEM”，意思是“小心狗”。原来挂这张画的目的是警告行人别走近这门口。可是这又是为什么呢？房屋的主人究竟是怎样一个人呢？我们没法猜测，眼睛更不能直接看出个所以然来。

1830年，西方的考察家在澳大利亚洲北部的上格楞内尔格地方的岩洞里发现了许多岩画，其中有些是人像。为什么要那样画，用意是什么，都很难找到答案。请看图110－2，这半身人像画在岩洞口倾斜的盖顶石上，背景是黑色的，人像白色，头颅周围环绕着一圈鲜红色的放射线，也许是一种特别的头饰，或者有什么象征意义吧。眼珠黑色，镶着红色和黄色的边。两臂下垂，用简单的几笔画出手指。胸脯以下画着许多零乱的线条，有横有竖，有斜线，有折线，不知是衣裳还是文身图案。另外一个洞里有一个三米多高的人像，头颅围绕着红、黄、白三色的圈，下颌以下都蒙在红色的长袍里，只露出手和脚(见图110－3)。

图110－2

(采自《艺术的起源》P.125)

图110－3

(采自《艺术的起源》P.126)

这两个人像有一个共同点，就是都没有嘴。有人说，这是为了防止图画里的人说话，更多的人反对这样来解释。这种人像究竟是什么人画的，是什么时代画的，都还是个谜。除了看出它们是人像外，我们的眼睛就再也看不出什么别的内涵。遇到这样的图形，视知觉也就无能为力了。

111. 图形传达的信息

如果从古代传到今天的图形能够被我们看懂，那么，我们就能从那图形中接收到古代的信息，图形就成了传递信息的工具。不过，图形的读解是需要条件的，制作图形的人和观看图形的人之间必须有某种联系或共同性，在物质生活和精神生活方面多少有一些相同的地方，否则，图形就不能传达信息，或者只能传达极少的一部分信息。比如前一节所介绍的那些古代图画，我们就只能从中看懂部分内容，有许多疑问得不到解答。

在一个有限的时间和空间范围里，在经济、文化有联系的人群之间，用图形来传达信息是很方便的。人类平常用得最广泛的信息交流工具是语言，但语言的使用也有限制，对于不懂某种语言的人或不识字的人来说，图画却能更有效地传达信息。而且，用语言表达一个意思往往要用较多的词，听完一句或几句话之后才能理解，而图画却能一目了然，一看就能明白。因此，在日常生活中到处都可以发现传达信息的图形。这些图形简单明了，形状和颜色已经定型化，成了一种公认的符号。比如，在公路边的交通信号牌、公共厕所门口表示性别的标志、剧毒药物瓶签上的骷髅图形，等等(图 111 - 1)都是大家十分熟悉的。

有些书籍为了让读者对书中内容了解得更具体些，常常附有插图，以图形来补充语言表达的不足。我国古代还有一些以图形为主的书籍，如《天工开物》《便民图纂》和《三才图会》等，都是用图形来介绍生产过程和生活器具的，这些内容靠语言文字来表达很难说明白，而绘成图画就能让广大群众懂得。我们今天能了解古代的生产情况，上述书籍中的图画起了很大作用。图 111 - 2 是《三才图会・器用》

图 111-1

图 111-2

(采自《汉语大词典》第五卷 P.887)

中的水磨图，看了它不就对古代水磨的构造和运行状况有所了解了吗？

1972 年，美国国家宇航局在先驱者 F 号宇宙飞船上画上了一些图形（见图 111－3），这是防备万一被外星人截获时，能向他们传达地球上的信息。外星人肯定不懂地球上所用的语言，而图画的内容也许能使他们懂得。不过，这也只是一种设想。那些不知生活在怎样一个星球上的外星人，是否具有我们这样的视知觉系统，是否具备必要的科学知识，都是无法知道的，又怎么能指望他们能看懂这张图，对地球和地球人有所了解呢？且不说外星人，就连我们这些普通的地球人也未必都能看懂图中包含的全部信息。大概我们只能看出图中的两个人像：一个男人，一个女人。那男人向前举起右手，显然是表示打招呼，向谁打招呼呢？当然是向外星人，似乎代表全体地球人

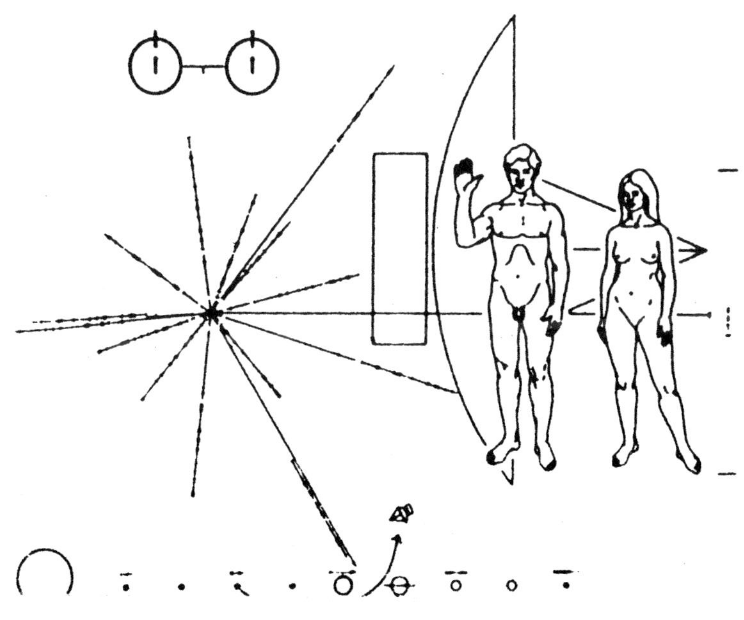

图 111－3

（采自《图像与眼睛》P. 185）

向外星人问好。在人像后边,那个由矩形、弓形和等腰三角形组成的形象是什么呢?原来那就是先锋号宇宙飞船。对宇宙飞船的外形毫无所知的人当然看不出。不过,看见了先锋号飞船的外星人可能看懂它,因为他们同时看见了实物。人像左边的放射线又是什么呢?原来是代表银河系里的14颗脉冲星。还有,在图形的下面有一排大小不等的圆圈和圆点,以及一个小飞船和一根带箭头的曲线,这又是什么呢?原来左面的那个最大的圆圈是太阳,依次向右是水星、金星、地球、火星、木星、土星、天王星、海王星和冥王星,这是整个太阳系。那根曲线和箭头表示飞船是从地球上发射的。即使你知道太阳系有九大行星,恐怕也不一定能看出这图上的一排圆圈是怎么回事。可是,如果外星人真有截获飞船的本领,他们看见了飞船上的图画,也许能理解图画的意义。这无论如何比地球上的任何一种文字都好懂。

九

112. 形象引起的反应

当眼睛看见一个形象或图形时，不仅形成视知觉，而且会发生生理反应，使人做出某种行为或产生某种情感。有些研究动物行为的学者认为：动物（包括人类）体内有一种“程序”，能使动物对眼睛看见的形象发生反应，促使动物趋向它或避开它。这种反应和视知觉紧紧相连，但不能把它看成是视知觉的内容。这种反应有时可以表现为外部的肢体运动，就是通常所说的行为；有时只表现为内部的神经冲动、脏器运动节律和腺体分泌数量的变化等，这些内部生理状况被人们体验到了就形成主观的情绪和情感。

有一位行为学家曾用一系列图形进行实验，发现只要图形的轮廓显示出某些微小差异，就会诱发观看者的不同情感反应。请看图112－1。左面的一组图形能诱发儿童喜爱的情感，而右面的一组图形就得不到这种效果。你是不是也觉得左面的图形比右面的图形可爱呢？为什么你对这两组图形有不同的情感，也许你自己也不明白吧。

有些研究者认为，左面一组图形跟儿童玩具的造型相似，能使人产生对玩具和童年时代的联想，因此容易诱发喜爱的情感。也有些研究者认为，逗人喜爱的原因完全是由于图形轮廓形式上的特点，动物形象的面部轮廓近于直角，就显得天真、驯良和友好，面部轮廓呈锐角形，角度愈小，愈显得冷淡和不友好，显示出保持警惕甚至有攻击意图。且不管这两种意见究竟谁是谁非，我们所注意的却是这样的事实：由形象诱发的情感反应往往又会被投射到形象上去，使人们觉得它是形象的一种属性。前面所说的喜爱，本是形象诱发的人体内部反应，但却好像成了那些动物形象的属性，那些动物形象成了

图 112－1

（据《图像与眼睛》P. 171）

可爱的形象。这样，形象可爱或不可爱也就被当成是眼睛看出来的，被包含在视知觉的内容中了。

有一派美学家把形象的美也看成是来源于人体内部的反应。眼睛看见美的形象，体内自然而然地产生了运动的冲动，头脑中也就随之而形成一种被称为美感的情感体验，这种体验被投射到形象上，就成了形象的一种属性——美。比如，我们看见了一个巨大的石柱，它是无生命的，承受着上面来的压力，向地心垂直而立。我们观看它时，必须收缩颈部肌肉，仰起头，让目光顺着石柱的线条由下而上，体内的呼吸和循环等器官的运动也适应这样的仰视同时发生变化。这

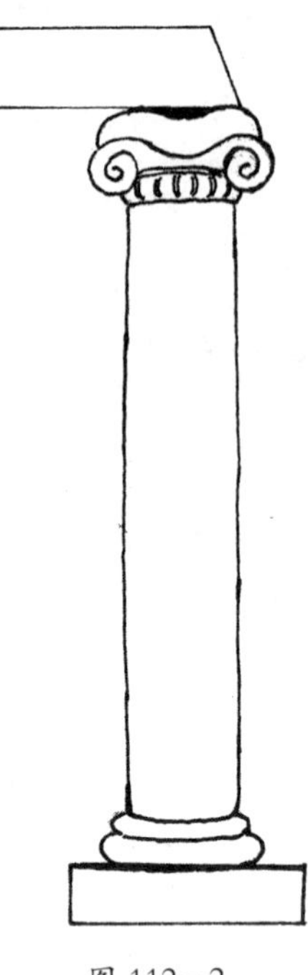
图 112-2

样引起的体验投射到石柱上，石柱就充满了生气，昂然耸立，向上升腾，显露出一种奋力抵抗、不屈不挠的神情和刚健有力的美。图 112-2 是古希腊一座神殿的石柱，你看得出这形象中包含的美吗？如果你难于产生上面说的那种体验，最好去看看真实的高大建筑物如北京人民大会堂的石柱或古代佛塔等，就会觉察到体内的反应活动，体验到一种雄伟、庄严的情感。

不但形象能引起人体的内部反应，构成形象的色彩因素也能引起这种反应。在 20 世纪初，有位生理学家做的实验表明：在彩色灯光的照射下，肌肉的收缩力增大，血液循环也会加快。在蓝色灯光下，这种体内反应的增加量最小，依绿、黄、橘黄、红的顺序渐次增大。这种生理变化显然会引发情绪、情感的变化。有位神经科医生在医疗实践中发现：一个因大脑疾病而丧失平衡感的女病人在穿上红色衣服时就感到头晕目眩甚至要跌倒，而当她换上绿色衣服时症状就消失。由此可见，色彩对体内反应和神经系统也有着明显的影响。色彩诱发的内部体验也能投射到形象上去，使形象产生出某些特殊的性质。歌德说："纯粹的红色能够表现出某种崇高性、尊严和尊严性"；康定斯基也有类似的说法："任何色彩中也找不到在红色中所见到的那种强烈的热力。"在谈到混合色时，歌德认为，当红色受到蓝色影响时就显示出一种"令人难以忍受的模样"，而红和黄色混合时就给眼睛带来"温暖和欢乐的感觉"；康定斯基也认为红黄色"能唤起富有力量、精神饱满、奋发图强、决心、欢乐、胜利等情绪"。眼睛从色彩上获得的这些知觉内容，归根到底当然还是来自人体内部的反应。

113. 墨迹画

你听说过墨迹画吗？这是一种有趣的，很容易制作的图形。只要有纸和墨水，不论谁都能制作出形形色色的墨迹画。现在让我们一起动手试着来制作吧。

先把纸对折一下，让纸的中间留下一个折痕，而后用一滴或几滴墨水（黑色、蓝色、红色，不管哪种颜色都行）滴在折痕附近，再把纸对折起来，用手指在纸的背面轻轻按压，让墨水向四面浸润开来。打开对折的纸，一张墨迹画就制作成了。

请看图 113－1，就是几张形状不同的墨迹画。

你能看出这些墨迹画上的形象是什么吗？或者说，你能对这些墨迹画做出读解吗？先看 a 图，它像什么？像一只蝴蝶是不是？

图 113－1a

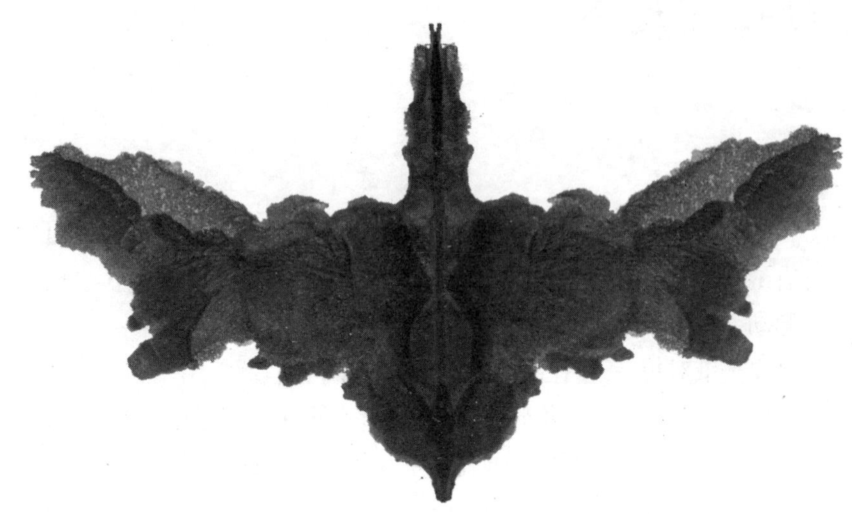

图 113－1b

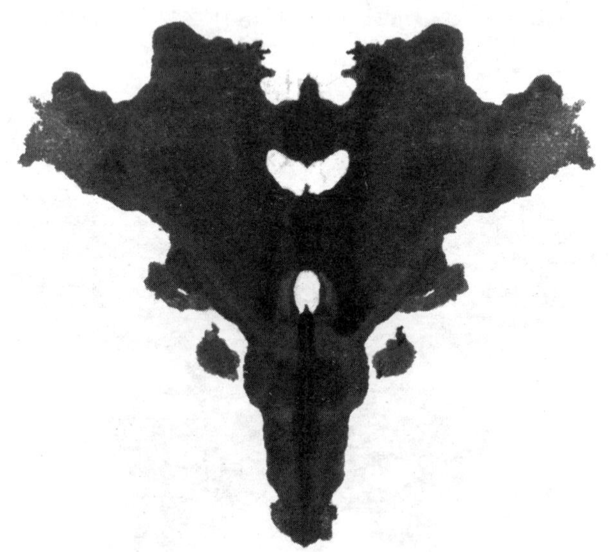

图 113－1c

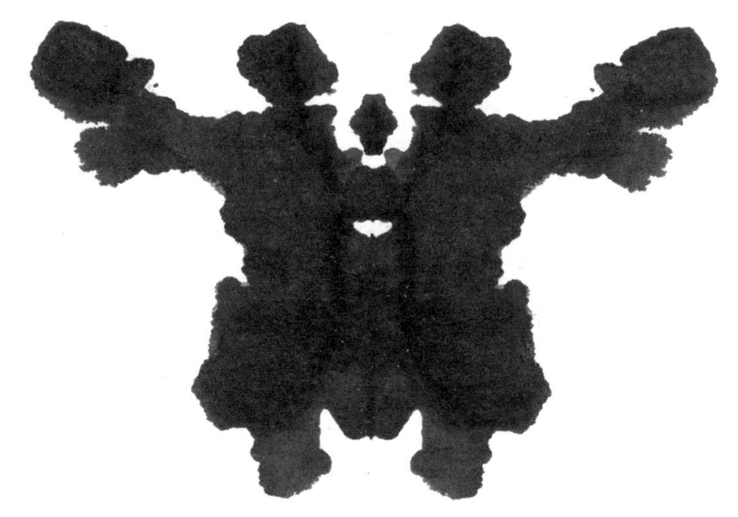

图 113－1d

b图像一只鸟，正展翅飞翔。c图就不那么容易读解了，也许是两个小动物正相互对看着，相互拉扯着；也许是一个动物的头，上面有耳朵和角，下面是长长的嘴，左右两边还有一对圆睁着的眼睛。d图又是什么呢？有人看出那是两个跳舞的人，头戴呢帽，脚穿毡靴，有两只手臂挽在一起，手上托着一个瓶或别的什么东西，另外两手臂高高扬起，手腕上挂的手袋也一起高扬了起来，正背对着我们边舞边向前走呢。你是否也看出了这些，或看出了别的什么形象呢？也许，你觉得它们什么也不像，只不过是一种对称的图案而已。

是的，这种墨迹画并不是模仿任何物体形象画的，而只是一种对称的墨迹斑块。制作前先在纸上折出的一道折痕就是对称轴；纸对折起来以后，墨水在两重纸片中间浸润、扩散，对称轴两边的墨迹就完全一样，自然会形成对称的图形。这样的图形当然不可能是物体的形象。但是，由于自然界的生物体大都是对称的，眼睛看见对称的墨迹就会引起对一些生物体的联想和想象，于是，人们就常常把墨迹画看成是某些物体的形象，对它们做出种种读解。

对墨迹画的读解，主要是靠人的主观想象。但这种想象也必须依附于客观条件，靠墨迹造成的形状和人的生活经验等。如果墨迹形状狭长，就不可能被看成蝴蝶；如果墨迹没有通过对称轴连成一片，就不可能被看成一个形状对称的物体。

有些心理学家认为，眼睛从墨迹画上看见了某种物体形象，也是由于主观的“投射”。这种“投射”和平常的视知觉之间只有很小的差异。平常的视知觉是把知觉到的形象和头脑中储存的物体图式进行对照，如果形象和哪种物体图式相近，就把该形象解读为哪一种物体。这种“投射”也是对于形象的读解，也是把所看见的形象和头脑中的图式相对照，只不过这种形象既不是物体自身发出的光信息，也不是人们模仿实物绘制的图形，而是墨水在纸上偶然造成的形状。仅仅靠形状的对称性，人们才把它同头脑中的某种图式联系起来。在这样的读解中，主观的作用特别重要，把这样的读解称为主观“投射”的原因就在这里。

并非任何墨迹都能引起主观“投射”。比如图 113－2，你就很

图 113－2

难说它们像什么了。为什么不能做出令人信服的读解呢？就是由于形状过于单调，缺少引起想象或联想的客观条件。由此可见，主观“投射”也并不是可以随心所欲地进行的，它须遵循人类心理活动的某些规律性。

114. 墨迹画的应用

18 世纪末，英国画家科曾斯通过运用一种新方法来启发学生创作风景画，他的方法是这样的：先在纸上随意涂一大块墨迹，墨迹的形状完全是偶然造成的，然后根据这偶然的形状来想象它是天空中的云朵和大地上的山川草木，再把墨迹的形状加以修改、补充，最后完成一幅绘画。这种方法是不是很有用处，当然很难说，但可以相信，运用墨迹的形状来激励人们的想象力应该是很有效的，因为墨迹的形状能引起主观“投射”，为了“投射”，头脑就会积极活动，这当然有益于艺术形象的构思。科曾斯所利用的墨迹和前一节介绍的墨迹画并不完全一样，他并没有把纸对折起来，因而他制作的墨迹画并不是形状对称的。为什么他不利用对称的墨迹画呢？因为他的目的不是制作人或物体的形象，而是创作风景画，风景当然不会是左右对称的。

图 114 - 1

（《艺术与错觉》P. 221）

大约在科曾斯发明墨迹风景画九十年以后，德国的一位浪漫主义诗人克纳对形状对称的墨迹画发生了兴趣。他精心制作了许多墨迹画，用这些画来激发他的好友们创作诗歌的灵感。克纳是个唯灵论者，他相信世界上到处都有鬼怪和幽灵，因此他从墨迹画上看出的也都是些鬼怪幽灵的形象。请看图 114 - 1，就是从他创作的墨迹画里选来的一幅。当然，这张墨迹画并不完全是自然形成的，已经过克纳的加工。他从许多偶然形成的墨迹画中选择最合意的，再把它加工成自己想象的那种形状。你瞧，这张画上的怪物不是有眼睛，有鼻子吗？虽然它什么也不像，却也显示出一股生命力，一股精神，这正是克纳所要召唤出的那种鬼怪的形象。

从科曾斯和克纳对墨迹的不同加工创作和应用中可以看出，对墨迹画的读解不仅仅是主观“投射”，而且受到心理定势的制约。一个风景画家从墨迹中看出的是山川草木，一个唯灵论者从墨迹中看见的是幽灵鬼怪。可以说，你从墨迹画中看见的物体形象正是你所希望看见的，你想看见什么就能从墨迹画上看见什么。不过，你的这种想望藏在你自己的心灵深处，你自己也许并不知道，而当你读解墨迹画时，心灵深处的隐秘就会不知不觉地流露出来。

于是有些变态心理学家和精神病医生便想到利用墨迹画来测定人的精神状况。最先把墨迹画用于精神病测定的是罗沙赫。他在20世纪30年代设计了一套被称为“罗沙赫测验”的标准墨迹画，把它们给被测人观看，根据他们的读解来研究他们的精神健康状况和深层心理活动。图114－2就是他制作的许多墨迹画中的一幅。罗沙赫的测验方法至今还在西方世界运用。前几年上海电视台曾播放过一部题为《代罪羔羊》的美国故事片，剧中有一对面貌一模一样的孪生姊妹，其中有一个是精神病患者，是杀人狂，曾经多次作案凶杀，但人们没法确定那一对孪生姊妹中的哪一个是凶犯。警方对此无能为

图114－2

（《艺术与错觉》P.123）

力，就求助于一位精神科医生，在那位医生的观察、测验下，终于认定了谁是杀人凶手。那位医生正是运用墨迹画的读解来确定谁是精神病患者的。

墨迹画对探测人们的深层心理状况究竟有多大的效果也很难说，不能过于夸大它的作用。不过，从墨迹画的读解中能进一步使我们相信，视知觉系统决不只是消极地接受外界刺激和被动地反映外界情况，而是主动积极地对进入眼睛的各种光信息、各种形象进行读解活动，并随时准备唤起肢体反应和实践行为。许多人都对墨迹画感兴趣，力图看出它是什么物体，这事实就已经证明了视知觉是主动的。如果不是这样的话，眼睛看见墨迹画时就该无动于衷，不会去力求读解了。

115. 指纹人像和数字人像

请看图 115－1。这是一幅什么图形?

图 115－1

(《艺术与错觉》P.286)

也许你一眼就看出是一个人的半身像:穿着一身西服,系着领带。不过,我要提醒你,这图上分明是一些指纹印,有的完整,有的只是局部,有的相互重叠,不易看清楚,哪里是什么人的形象呢? 你把这些乱糟糟的指纹印看成人形,只是由于这些指纹印恰好组成了一个近似半身人像的轮廓:上面那单独一个完整的指纹印是在头的部位;下面那些相互重叠的指纹印分成左右两组,中间空缺的地方正像西服敞开的前胸,而中间一条狭长的指纹痕迹正像垂下的领带。把这样的图形看成人像自然是有道理的。不过，图中的指纹印毕竟是指纹印，你总不至于看不出来吧？

如果考虑周到些，应该说这幅图形是由指纹印构成的半身人像。指纹印和人像本来并没有什么必然的关系，看见指纹印时通常不会引起人像的联想，但这幅图形却把它们联结在一起了，因此使人感到有些出乎意料，觉得这图形颇为有趣，也许还有些幽默感。

不过，如果你是一位从事侦破工作的刑警，或者是一个沉迷于侦探推理小说的人，看见这幅图时也许就不去注意人形，而只是看见指纹印。你可能热衷于对指纹特征的观察，研究图中的指纹印有几种，是不是属于同一个人的等。在你的眼中，指纹印就是指纹印，而不会注意到它们组成的人形，即使发现了那人形也不屑一顾。前面曾多次说过，视知觉具有主动性，同样一个形象，在不同人的眼里会看成不同的东西，至少注意的焦点会落在不同的地方。这幅图形不是又提供了一个证据吗？

那么，为什么大多数人容易被这图形中的人形吸引，一眼就看出那是半身人像呢？因为在现实生活中，人经常同周围的人打交道，人同一般自然物或人工产品的关系往往要通过人和人的关系才能实现，所以眼睛总是优先注意人的形象，每当发现人的形象，视知觉系统就会立刻强烈地兴奋起来。据一些心理学家的研究，只要一种跟人脸稍微有点相似的形象进入人的视域，人就会警觉起来，注视着那个近似人脸的形象。请看图 115－2，这几个图形都不是人的脸，或不是完整的人脸，但我们会把它们都看成人脸。a 图只是大略画出眼和鼻，没有脸庞的轮廓线，b 图是一位美国幽默画家画的椅背图案，c 图是新几内亚塞皮克河地区一处男性部落住房的山墙装饰画，你看见它们会看出人脸的形象吗？为什么又会把它们看成人脸呢？除了上述的原因外，在长期的生活实践中形成的心理定势和主观投射自然起了重要的作用。

还记得我们在幼年时期玩的那种用数字构成人头形象的游戏

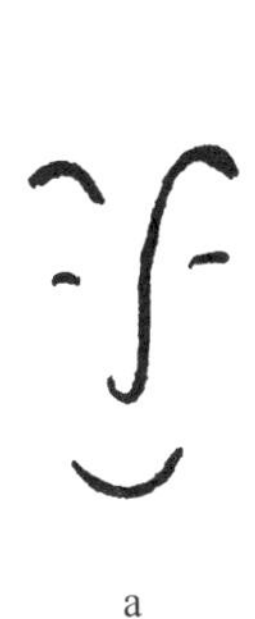
a

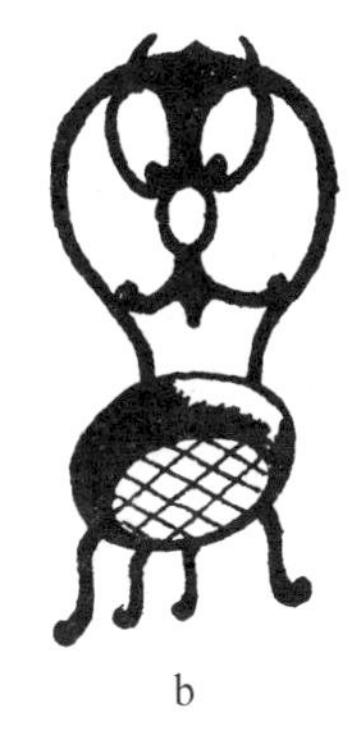
b

c

图 115－2

（a.《艺术与视知觉》P.123　b.《艺术与错觉》P.122　c.《图象与眼睛》P.22）

吗？那分明是一个个阿拉伯数字，但构成的形象却像一个人头。我国漫画家徐铉德曾经为著名数学家陈景润画了一幅漫画肖像，也是用数字来造型的。请看图 115－3，就是那幅漫画的复制品。瞧那神气不是很像那位孜孜不倦、心不二用的勤奋数学家吗？可是再仔细看，就看出他的眼耳口鼻和衣领等原来都是数字。这帧用数字符号构成的数学家形象使观看的人感到很有趣，很幽默。这幅漫画像能获得这样的艺术效果，也是同一定的心理定势分不开的。如果看画的人对陈景润这个人一无所知，甚至也不认识阿拉伯数字，那么他从这幅漫画上就只能看出是一张奇形怪状的人脸，而感受不到其他的意蕴和趣味。

图 115－3

（《文汇月刊》《新华文摘》1982 年 12 期 P.160）

116. 看见的和没看见的

请你抬起头来看看前面，你看见了什么？

是不是眼前的一切你都看见了呢？

有些人以为，只要眼前有什么，就能看见什么，这种看法实际上是很片面的。物体的形象并不是消极地反映到眼睛和头脑里的，你必须主动地看，注意观察，眼前的物体才能被你看见，否则就会视而不见。如果你的眼睛盯在书上，思想却开了小差，书上的字就一个也看不见。有时，眼睛只顾看自己要看的东西，却把别的东西忽略了。

我国古代流传着这样一个故事：著名的相马专家伯乐年老体衰之后，就向秦穆公推荐了一个善于相马的年轻人，他的名字叫九方皋。秦穆公就派九方皋到各地去寻找良马。过了三个月，他回来报告穆公说："在沙丘那地方找到了一匹千里马。"穆公问他那马的毛是什么颜色，他回答说"是黄色的"。又问他那匹马的性别，他回答说："是匹母马。"但哪里知道，后来从沙丘牵回来的那匹马却是匹黑色的公马。穆公一看，非常不满意，心里想：这个人连马的颜色和雌雄都看不清，怎么能识别千里马呢？于是就叫人把伯乐找来，责备他荐错了人。伯乐辩解说："九方皋的确善于相马，只是因为他注意看马的骨骼、肌肉是不是符合千里马的标准，就忽略了其他方面，看错毛色和雌雄是不足为怪的。"秦穆公息了怒，就开始试骑那匹马，结果那匹马果然是一匹能够日行千里的良马。

这个故事是个很好的例子，能证明当眼睛集中注意看某一些事物或事物的某些方面时，眼前同时出现的其他事物或事物的其他方面就会视而不见。在心理学上称这样的现象叫"掩蔽效应"。

在现实生活中，视知觉的掩蔽效应是随处可见的。俗话说："情人眼里出西施"，其实，世上像西施那样美的人是不多的，但情人眼里只看见对象的美，而看不见对象的丑，甚至还会把丑也错看成美。为什么只看见美而看不见丑呢？这是由于眼睛看见的美把丑掩蔽住了。"一美遮百丑"，说的就是这种掩蔽效应。

另外，还可以通过一些简单实验来证明掩蔽效应的确实存在。请看图 116－1，仔细看一看图中的酒瓶之后回答我：几只酒瓶中有酒？几只酒瓶是空的？你看了之后自然能正确地回答出来。如果我马上掩上书，又提出一个新的问题："你刚才看的酒瓶有几种式样？"你很可能就回答不出了。为什么回答不出呢？因为你在提问的影响之下，只注意观察多少瓶里有酒和多少瓶里没有酒，而没有注意看酒瓶的形状，于是酒瓶的形状就被遮蔽住，没有被你知觉到。

图 116－1

图 116－2 是一张儿童智力测验用的图，要求看出其中哪一个形象最美。对于大多数儿童来说，这个问题是很容易得到正确答案的。如果你让学生们看这张图，提出上面的问题，他们一定觉得这个问题太幼稚了，大家会哄笑起来。这时，你马上把这张图掩盖住，向他们提出另外一个问题："刚才你看到的图上有几个是妇女？"能正确回答

的人就会少得多。为什么会这样？这自然也是由于掩蔽效应影响了视知觉。

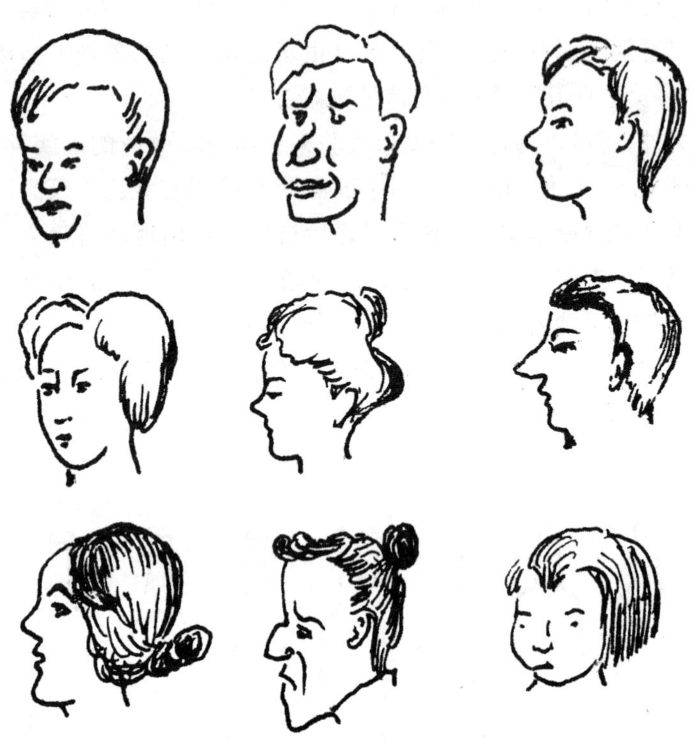

图 116－2

（据《心理学纲要》上册 P.276 改作）

117. 可笑的动物画

掩蔽效应还可以从古代传下来的一些动物画中得到证明。古代人在初次看见一种新奇的动物时，对那动物的身体构造并不了解，常常会看错动物的形象，或者把动物身上的某种器官错看成别的东西。为什么会发生这种错误呢？就是由于人在观看时总是从自己原有的经验和知识出发，总是用自己知道的某种事物来解释当前看见的事物，把眼前的形象和头脑中储存的某种图式拉扯在一起。这也就是说，头脑中储存的知识和图式有时也会对视知觉产生掩蔽效应，妨碍眼睛看清事物的真相。

13 世纪的欧洲哥特式建筑家维拉尔·德·昂内库尔遗留下一本绘画图册，里面有一张狮子速写画，旁边写着一行说明："要明白，这是根据实物画的。"图 117－1 就是那张图画。你看像不像狮子？如果不说那是狮子图，也许你还看不出它是什么呢。眼睛看着真实的狮子却把狮子画成这样一种形状，不能不说是眼睛看得不准确。大概绘画者看见狮子时，注意力全被狮子头颈上的长毛和凶猛的神气所吸引，并没有认真观看狮子的眼睛、鼻子和耳朵的形状，就多多少少参照头脑里人的眼睛、鼻子和耳朵的图式来画，于是画出了这么个怪物。这张画表明，绘画者的眼睛被他自己的主观意识遮掩住了，发生了掩蔽效应。

图 117－1

（《艺术与错觉》P.93）

这张狮子图也许会使你联想起我国的古代庙宇、宫殿门前的石狮子造型。那种石狮子和真实的狮子相比也有很明显的差异，由于我们看得多了，就不觉得奇怪。我国古代的石狮子为什么雕刻成那种古怪模样呢？有人认为是由于运用了夸张和写意的手法，那自然也有道理，不过，最初根据真实狮子制作出狮子石像的那位艺术家大概也免不了受掩蔽效应的支配，这一点也不应该被忽视。

从欧洲古代的版画集中可以看到两张奇怪的鲸鱼图，一张是荷兰人制作的，一张是意大利人制作的，内容基本相同，都是描绘16、17世纪之交，人们好奇地围观被冲上海岸的鲸鱼的情景。版画的风格是写实的，人的形象画得相当真实、生动，但鲸鱼的形状却画得很古怪，在离眼睛不远的地方生出一只巨大的耳朵。我们都知道，鲸鱼身上并没有那样的耳朵，作者很可能是把鲸鱼的一只鳍状肢误看成耳朵了。由于当时的版画家以往从未见过鲸鱼，对鲸鱼的形状缺少认识，因此受到原有经验和知识的遮掩，产生了错误的视知觉。这种错误不是偶然的，两张画上表现出同样的错误，证明人们的视知觉受到同样的客观规律制约，受到掩蔽效应的制约。

情绪也会使视知觉发生掩蔽效应。请看图117－2，图上那些可怕的动物是什么，你看得出吗？原来画的是蝗虫，你大概怎么也想不到吧。这张蝗虫图是根据一张16世纪德国木刻印刷品仿作的。那时，欧洲发生了蝗灾，成群结队的蝗虫侵入德国的田野，那张木刻印刷品就是向群众发出虫害警报的传单。原图的旁边注明，这是根据蝗虫的形象精确绘制的。为什么蝗虫被画成这么一种怪物？正是由于当时恐怖的情绪掩蔽了绘图者的眼睛。除此而外，还有这样一个原因：在德语里，蝗虫叫Heupferd，按照德语构词法直译就是“干草马”，这个名字也给了人一种暗示，以为它的形状一定像马，而且是像马那样跳跃的。这种认识自然也会影响眼睛对于蝗虫形状的观察。

图 117－2

(《艺术与错觉》P.94)

118. 星空下的遐想

现代化的大城市里高楼林立,一幢挨着一幢,人们仰望天空时,视野不太广阔,灿烂星空已经不再对眼睛具有很强的吸引力。加上科学发达,人类已经能乘飞船登上月球、遨游太空,满天星斗已失去神秘,不再常常引起人们的幻想。可是在古代,特别是在人类的童年时期,从事渔猎、游牧和种植谷类的人们,却经常在夜晚的原野上注视着星空,把星空当作驰骋幻想的场所,于是星空成了许多古代神话的源泉。

现代人都知道,星星是一个个大小不等的天体,其中除了少数行星之外,绝大多数是恒星,距离地球十分遥远,而且远近相差很大。可是从地球上看起来,它们都在天穹上,分布有疏有密,光度有强有弱。那些看起来相互靠得比较近的星星就被视知觉组合成一个群体,它们显示出这样或那样的形状,于是人们就把它们当成某些物体,甚至当成了有生命、有思想情感的神灵。这些物体和神灵构成了一个超越人世的神秘的星辰世界。

古代那些关于星空的神话绝不是凭空设想出来的,它们来源于星星组合成的形象,来源于人们对这种形象的读解。可以说,所有这些神话都是经过视知觉的活动而产生的,人类用自己的视知觉把星空变成了神话世界,把自己头脑里的主观想象投射到星星组成的形象上,于是那些形象才有了特殊的意义,才变成人所理解的物体和神灵。

有些主观投射比较简单,仅仅由于星星组合成的形状同现实生活中某种物体的形状相似,就把那些星星的组合当成了某种物体。比如,商代的甲骨文中有一个代表星宿“毕”的文字,它虽然有几种不同写法,但形状大体相同,都是我国古代星象学家说的二十八宿中“毕宿”的写照。请看图 118－1,a 图的几个符号都是甲骨文的“毕”

字，b 图是毕宿的形状。为什么称这几颗星为“毕”呢？因为它们组成的形状像古代人使用的长柄网，长柄网在古代就叫作“毕”。请看看毕宿的形状吧，上面七颗星联结成网体，网的下端和稍远的一颗星连接起来就是网柄，不是很像一个长柄网吗？

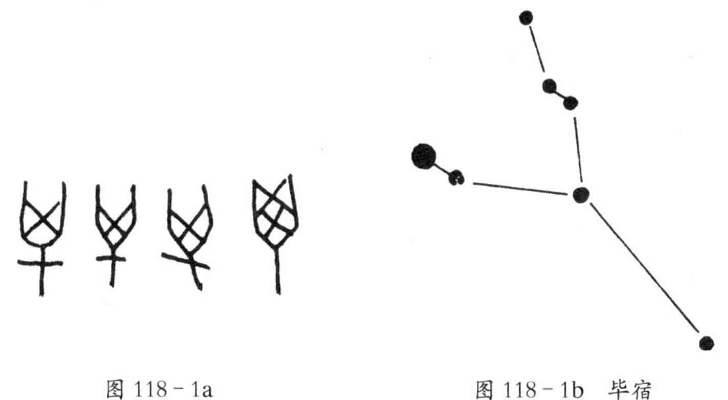

图 118－1a　　图 118－1b　毕宿

（据《文史知识》1991 年第 6 期 P.102）

也许你并不觉得它像网，而是觉得它像一把叉，这当然也有道理。不过，在远古时代那些经常使用长柄网捕捉野兔和鸟类的人们看来，没有比长柄网更像这星宿的了。

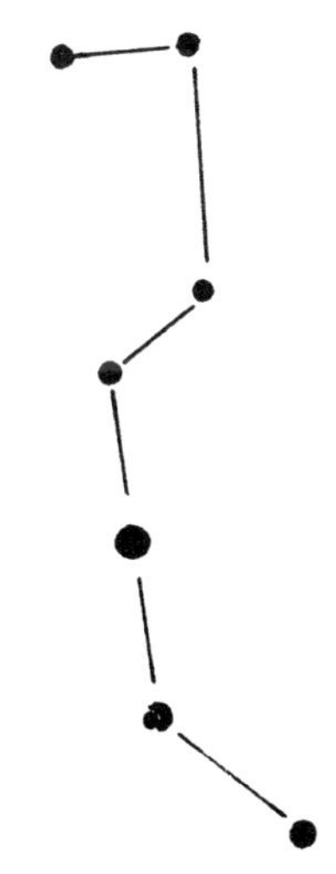

图 118－2　北斗

北斗七星被称作“斗”，也是由于那七颗星组合成的形状像酌酒用的容器。前面四颗星联结成“斗”，后面三颗星联结成“杓”（就是斗柄）。图 118－2 就是北斗七星。另外还有一个叫“斗”的星宿，经常出现在南方的天空，所以又叫“南斗”它由六颗星组成，形状和“北斗”相似。如果人间没有“斗”这种容器，当然也就不可能有“南斗”“北斗”这样的星名，眼睛也就不会把它们组合成“斗”的形状。

你一定听说过牛郎织女的故事吧，这个在我国长期流传、家喻户晓的神话也是从星辰的位置和组合形状上来的。被称作织女的星位于天河右岸，被称作牵牛（牛郎）的星位于天河左岸。两颗星都十分明亮，在数不清的群星中显得非常突出。为什么神话中说牛郎、织女被王母娘娘拆散不能团聚呢？就因为人们看见在它们之间隔着一道天河，两颗星隔河遥遥相望。那又为什么说牛郎担着儿女追赶织女呢？因为人们看见牵牛星两旁各有一颗小星，而且牵牛的位置已不在天河岸上，而是在河边的水里。织女星的右侧也有两颗小星，好像是她伸出的双手，正忙碌着织彩锦呢。一架织机也恰好在她身边，那是名叫“渐台”的四颗小星，围成梯形的形状。请看图 118－3，这就是牛郎织女的星图。

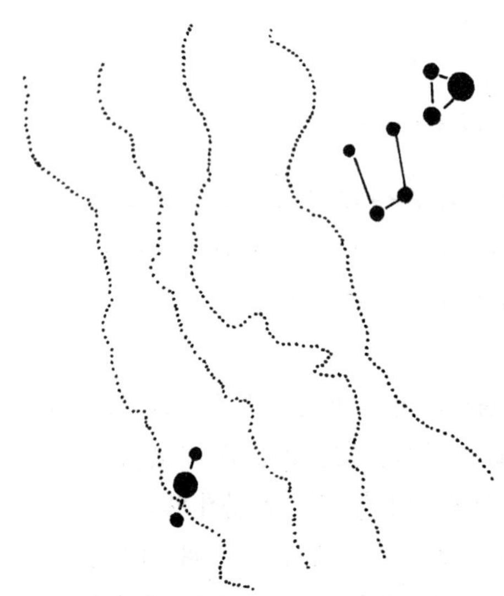

图 118－3　牛郎织女

凭这样几颗星就能构成一个充满深情的神话故事，实在难以置信。难道眼睛能直接从这星图上看见牛郎、织女的形象吗？事情当然没有这么简单。然而这神话毕竟是同星星组合成的形象有关联。

在我国古代的社会生活中一定常有类似牛郎织女的悲剧发生，在人们的头脑里打下深深的烙印，因此才有可能形成一种主观投射，从星星上看见了人间的生活景象。这样的主观投射当然是经过十分复杂的过程才形成的。

119. 一样的星辰，不同的神话

地球周围的宇宙空间虽然只是一个，但从地球上各个地区看见的星辰分布状况并不完全一样。即使相距不算很远或在同一纬度的地方，看见的星辰基本相同，星辰的组合和引起的幻想往往也有很大差异。不同民族由于生活状况和历史发展的不同，形成了各具特色的文化传统，在仰望星空时，主观投射的内容自然也各种各样，表现出民族文化的特色。这同 108 节中说的文化环境对视知觉的影响是同一个道理。

希腊神话中有这样的说法：天上的猎户星座是猎人奥赖翁变的，还有一个天蝎星座，是女神朱诺放出的一只大蝎子。由于奥赖翁触犯了朱诺，朱诺生了气，就放出那只大蝎子来蜇奥赖翁，使他中毒而死。后来他们都上了天，成了星座。猎户座对天蝎座怀的深仇大恨始终不能消除，他不愿看见天蝎座，因此这两颗星总是此起彼落，从来也不会同时出现在天空。

同样的星空现象在我国却产生了完全不同的传说。据《左传》中的记载，中国古代有个叫高辛氏的部族首领，他的两个儿子一个叫阏伯，一个叫实沈，兄弟俩互不相容，不断相互寻衅厮杀。高辛氏被他们闹得不得安宁，就把兄弟两人派到相距很远的地方去管理地方事务，阏伯被派到商丘，实沈被派到大夏，他们不能再见面后，也就不能再争斗不休了。他们死了以后都上了天，一个变成商星（“心宿”中最亮的一颗星），一个变成参星（参宿中的几颗亮星），也还是永远不能相见。其实，商星和参星也就是天蝎座和猎户座中两颗最明亮的星。中国和西方的不同神话传说是由相同的星象引发出来的。

从这两种截然不同的神话中可以看出，古代中国人和古代希腊人不仅在观看星空时有着不同的主观投射，而且也有着不同的形象组合。请看图 119－1，这就是希腊人眼中的天蝎座。右上角的几颗星是蝎子的头，中间三颗星是蝎子的身体，左下角约十颗星是蝎子弯曲的尾部。只要把这些星联结起来，再添上身体两边的几对脚，不是活脱脱像一只可怕的毒蝎吗？我们也完全能接受把这个星座看成蝎子的读解。不过，古代中国人不像我们这些受到西方文化影响的人，他们没有接受过这些星星组合成的形状像蝎子的暗示，因此在他们眼里，这些星星有了不一样的组合和读解。他们把组成天蝎星座的十几颗星看成是黄道二十八宿中的三个星宿，从右下向左上依次是"尾宿""心宿"和"房宿"。既然把天蝎座分解成各自独立的三个星宿，因而就再也不可能看见蝎子的形象。

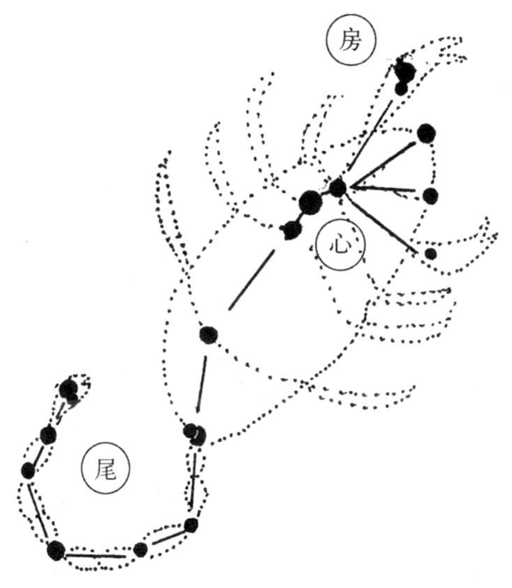

图 119－1　天蝎座

再举一个例子，被古希腊人看成狮子星座的那些星辰，在古代中国人的眼里却是太微垣星的一部分和轩辕星，是古代中国帝王的化身和天帝的宫垣。请看图 119－2，左面的几颗星就是轩辕星，在狮子座中是狮子的头；右面的星群是五帝座和太微右垣，构成狮子的后肢和尾巴。如把轩辕星和太微右垣等星连在一起，就成了狮子的身体。其实，图上并没有把轩辕星全部画出来，在右上角还有几颗暗淡的小星，如果把它们也连在一起，轩辕星群就不可能被看成狮子的头了。

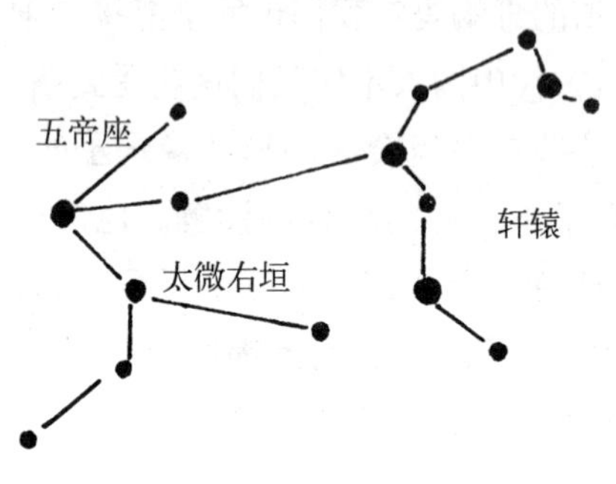

图 119－2　狮子座

（据《艺术与错觉》P. 125）

据一位德国人类文化学家的调查，在南美印第安人的眼中，狮子座也被分成了两截，后肢和尾被排除在外，狮子的头和身体被看成了一只大龙虾。而且，在南美印第安人的不同部族中，对这大龙虾的看法也并不完全一样。图 119－3a 是米里蒂-塔普亚人眼中的龙虾星，图 119－3b

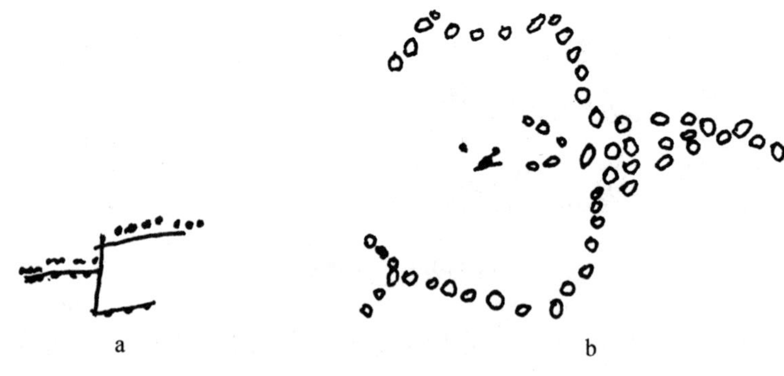

图 119－3

（《艺术与错觉》P. 125）

是科贝瓦人眼中的龙虾星。

诸如此类的例子是说不完的。每一个民族都有自己的星辰神话,这些神话都是在民族的早期历史阶段形成的,它们持续地影响着一个民族的成员对于星辰形象的组合和读解。

120. 树干上的观音像和峨眉宝光

我们有时可能从报纸上读到这样的社会新闻：某处的一棵树干上显现出了一尊观音菩萨像，消息传得很快，一传十，十传百，涌来一批又一批的佛教信徒，围聚在树前烧香磕头。看了这样的新闻，你也许会认为这些群众迷信思想严重，也许并不注意。可是，你想过没有？这样的事也同视知觉心理有关呢。

其实，说树上显现出观音像，这是不科学的，应该说是这些人从树干的皮上看出了观音像，才比较合乎实际。树皮上有些褶皱和瘢痕，这本来十分平常，这些褶皱和瘢痕组合成的形象同某些物体或人形有些相似完全是可能的。不能否认有些虔诚的佛教信徒的确把树干上的褶皱和瘢痕看成了观音像，这是他们的视知觉系统进行形象组合和读解活动的结果。

只要对园林里的古树或路边生长多年的老树仔细观察一番，就不难发现树皮上有许多纹路、线条、瘢痕，它们可以组合成这样或那样的形状，引起种种有趣的读解。比如在白桦树树干上常可以看见一些横向的平行条纹，其中有些形成相向弯曲的弧线，两端连在一起，中间有一个近似圆形的瘢痕，像图 120－1 中所绘的那样。这种形状不是很像眼睛吗？当然，树干上不会长出眼睛来，但我们却习惯地把这种形象读解为眼睛。对于大多数人来说，看见了树干上的眼睛形象，决不会真的把它当作眼睛，而是清醒地知道，这只是树皮上的瘢痕有些像眼睛罢了。我们看出树皮上的瘢痕像眼睛，同时又知道这眼睛形象不是真的，而只是瘢痕，这也是视知觉系统做出的一种读解。

这样的事例又一次告诉我们，视知觉固然是对客观世界的反映，但同时也得由主体的知觉活动参与决定。怎样组合形象，怎样对形象读解，要看主体的状况怎样。文化传统、宗教信仰、世界观、性格、气质和生活经历等都能对人的视知觉发生重要影响。那些从树干上看见了观音像而且相信那是观音菩萨显灵的人决不是有科学世界观的人，他们只可能是宗教信徒或迷信者。

图 120－1

自然界有许多现象都不容易理解，如果缺少科学的求知精神，不去努力探索自然的奥秘，便可能接受宗教迷信的读解，把它们归之于神灵的力量。在古代，由于生产水平十分低下，科学极不发达，产生出神话和宗教迷信一点也不奇怪。甚至在科学发达的今天，古代遗留下的含有不少宗教迷信成分的文化，仍继续对人们的风俗习惯和精神生活发生影响，其中也包括对视知觉的影响。前面说的从树干上看见观音像就是一个例证。

我国古代长期流传东海上有三座仙山的传说，这很可能是对海市蜃楼的错误读解引起的幻想。在一定的气象条件下，空气中的密度发生了较大差异，远处射来的光线通过密度不同的空气层发生了特殊的折射和反射，能把远处城市、村庄和各种物体的形象投射到海面上。站在某处海滨的人看见这种投影就可能把它们误当成真实的景物，甚至当成神秘的仙境。这样的视知觉也是对海市蜃楼现象的一种读解。

四川峨眉山是我国著名的佛教四大名山之一，登山游览的人背对太阳站在峰顶上时，有时会看见前面的云雾中出现一圈圈彩色光环，还有一个人影正处在光环的中心。这景象很像佛教寺院中头上围绕着一圈光环的佛像，因此被人们称为“佛光”或“峨眉宝光”。图120－2就是根据“佛光”的照片制作的图形。“佛光”产生的原理同海市蜃楼相似，光环中的人影并不是“佛”，而是游人自己身体形象的折射。不过，即使你懂得这些，看见了那情景也不会不惊叹。对于那些宗教信徒和迷信者来说，自然会把它看作佛的显形和圣迹。人的社会性和文化传统就是这样随时随地支配着人对视觉形象的读解。

图 120－2

（参考《汉语大词典》第三卷 P.820 作图）

121．“接客僧”和天然卧佛

我国有许多著名的风景区，不但岩壑壮观、山川秀丽，富于自然美，而且还保存着许多古代建筑物和文化古迹，对海内外游人有着很大的吸引力。除此而外，许多地方还有些形貌酷似人类和其他物体的奇峰异石，也很受青睐，许多游人往往更喜爱这种景点，对它们抱有浓厚的兴趣。

你听说过狮子山、鸡公山、龟山这样一些山名吗？取这些名字的山不止一处，大凡山的形状有些近似这些动物，那些山往往就用它们来命名。还有什么神女峰、望夫石等，也都是由同样的原因而得名的。在一些旅游书刊上可以看到许多这类山石的照片和介绍，这里举一个例子，请看图 121－1，这是雁荡山的“接客僧”，图左的那个小山头不是很像一位老僧，正伛偻着身体在迎接来游览的贵客吗？

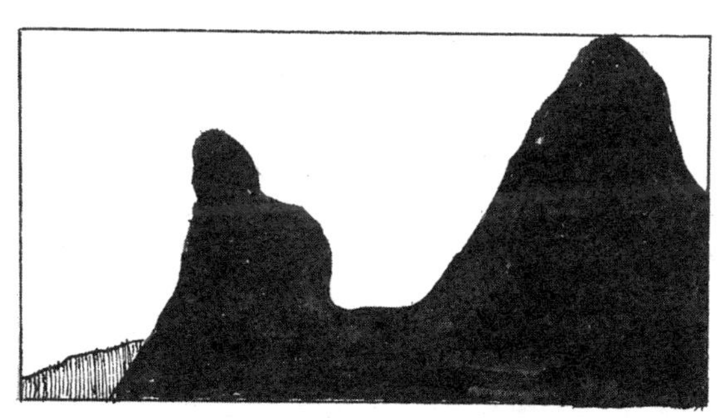

图 121－1

（据《文化生活》1979 年第 2 期《雁荡纪游》插图改作）

这样的奇峰异石是不是很像人形和其他动物的形象呢？应该承认，它们之间的确有些相似之处，可是你得从某个方向、某个角度来看，而且多少得发挥一些想象力，否则你便不会觉得它们相似。即使你按照导游的指示，从一个最适宜的观赏点来观看，也仍然可以找到它们不相像的地方，找到否定它们相像的理由。不过，通常人们不会这样做。为什么呢？因为从自然山石上看出人物形象似乎是自己的一种创造，可以证实自己同别人有着同样的创造力和鉴赏力，从而得到一种特殊的乐趣。谁也不愿破坏这样的乐趣，当然会尽量使自己同别人一样，努力从山石上看出人物的形象，而不愿打破那种幻想。有人认为，在这里，是一种从众心理在起作用，但归根到底，还是依靠视知觉系统的形象组合和读解活动，靠主体的能动性。

人们都知道四川乐山有座高达七十余米的巨型佛像，那是唐代工匠在凌云山面江的崖壁上雕凿成的。近年又在乐山发现了一座比唐代石佛大得多的天然卧佛，从乐山城向东看去，就能看见他仰面而卧的躯体，十分宏伟，原来那就是连成一片的乌尤山、凌云山和龟城山的剪影。这巨型天然卧佛是由一个远方来的游客偶然发现的，他觉得这连绵不绝的山岭很像仰卧着的人像，话一传开，许多人都向那方向看，都认为他说得很对，从此乐山天然卧佛的名声就传开了。其实，类似的天然卧佛在别处早就被人们发现过，图 121－2 就是另外

图 121－2

(据《中国旅游报》1991 年《宜昌也有大卧佛》图改作)

一座天然卧佛的轮廓。这卧佛位于湖北省宜昌地区兴山县东面的高岚风景区，远远看去，卧佛的头、额、鼻、嘴、颌、颈、胸、腹、腿、足一应俱全，历历可辨。当地群众早就发现了这一奇景，把这座山称为“睡佛山”。你觉得它像一座卧佛吗？也许你只觉得它像一个仰卧着的平常的人，也许你认为它的腹部和下肢的长度比例不正确，但把它看成一座卧佛你也不会反对，是不是这样的呢？

从以上的例子可以看出，把自然山石看成人物形象是一个复杂的视知觉过程，其中不仅包括形象的分解、组合，需要主观的想象和投射，而且还受知觉定势、从众心理和掩蔽效应的影响。这样的过程当然不是简单的形象反映，而是一个能动的读解过程。

122. 给几何图形注入生命

眼睛真是够神奇的，不但能把空中的星星看成神话中的主人公，能把大地上的山峰岩石看成人和各种动物，而且还能把抽象的几何图形看成有意义、有生命的东西。当眼睛观看这种图形时，好像把意义和生命灌注到图形里面。你相信有这样的事吗？请看下面的事实。

图 122－1 中共有四个图形。请先看最右面的图形，那是一条竖立的直线和一个紧挨着它的小三角形。这图形是什么，或者说它表现什么意义，大概谁也看不出来。现在，再从最左面看起，依次往右看。你先看见一个斜立着的正方形和离它不远的一条竖线；而后你看见一个稍向右移的正方形，它的一个角看不见了，在竖线右面失去了踪影；接着那正方形继续向右移，有一半在竖线旁边消失了；最后正方形只剩下一小块，就是最先看的那个图形。依次看完四个图形，你会得到这样一个总的印象：那条竖线好像表示墙壁的一个边，那斜立着的正方形是一个能够运动的有生命的物体，它好像怕被人看

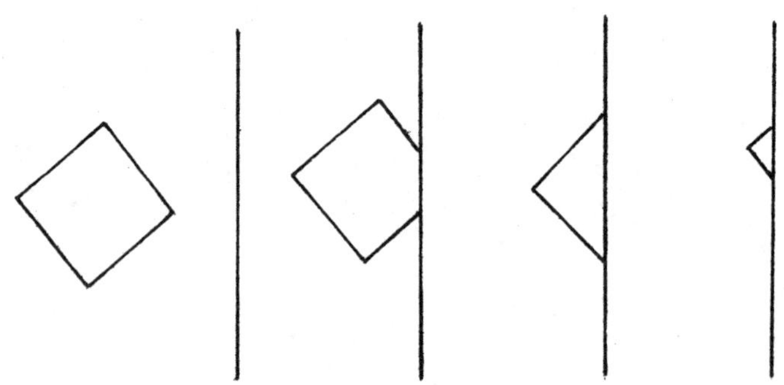

图 122－1

（据《艺术与视知觉》P.58 改作）

见似的，悄悄躲藏到墙壁后面去了。现在，你再从左向右把四个图形看一遍，你看出正方形的这种神态了吗？如果你看出了，就表明你的眼睛在观看时给那正方形注入了生命，不然它怎么会从一个抽象几何图形变成活物呢？

当然，所谓给图形注入生命只是一种比喻的说法，实际上是当我们对图形进行读解时，把自己的理解投射到图形上，使原来没有意义的图形表现出意义，使原来没有生命的图形获得了生命。主观投射常常是在人们自己不知不觉时实现的，因此我们对它毫无所知，还以为图形本来就具有意义和生命，眼睛只是看出了它们罢了。

西方很早以前曾流行过一种画谜游戏，随手乱画几笔，构成一个意义不明的图形，让别人猜测它是什么。图 122－2 就是这种画谜的两个例子。你能看出它们是什么吗？也许你能对它们做出适当的读解，但原作者的用意大概是很难猜得到的。据画谜的作者解说，右图三条直线组成的物体是教堂里的布道坛，上面那个钝角三角形是斜靠在布道坛上打瞌睡的修道士。左图又是怎么解说的呢？原来那条横线是一堵正在砌的墙头，半圆形是从墙后露出的砌墙工人的头顶，三角形是他手里拿的泥刀的前端。如果你按照作者的解说来看这两个图形，也许就能看出这一切。

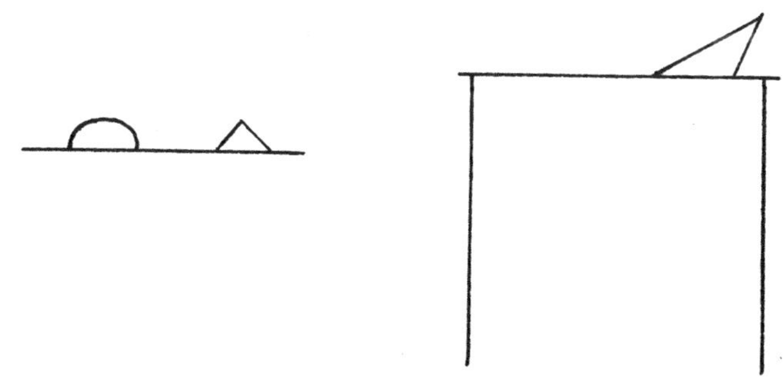

图 122－2

（《艺术与错觉》P. 251）

这种画谜游戏，现代在西方又流行起来。有人认为随手涂抹的色彩和线条往往使人得到启发，产生艺术创作的灵感。至少，努力从没有意义的图形中看出意义，可以发展人的想象力，有利于培养创造性思维。

我国有人设计了一些比赛想象力的游戏，其中有一种是这样做的：给参加游戏的每一个人发一根木棒、一块长方形木板，有时还加上一个圆柱体，让他们把这些形状的物体想象成实际生活中常见的器具，并且利用它们来做各种事情。你不妨也同伙伴们一起来做做这个游戏，看看你们能把这些抽象的形体看成怎样一些东西。这个游戏能产生意想不到的效果，使参加比赛的人和在旁边观看的人对此产生很大的兴趣。

把抽象几何形状看成器具，是一种积极的主观活动。从大脑神经系统的兴奋和活动状态来说，是想象，是形象思维；但从外部感觉器官（眼球）和内部神经机制的统一来说，那是视知觉系统的读解。想象和视知觉系统的活动就是这样不能相互分离的。

123. 七巧板和《撕碎的纸》

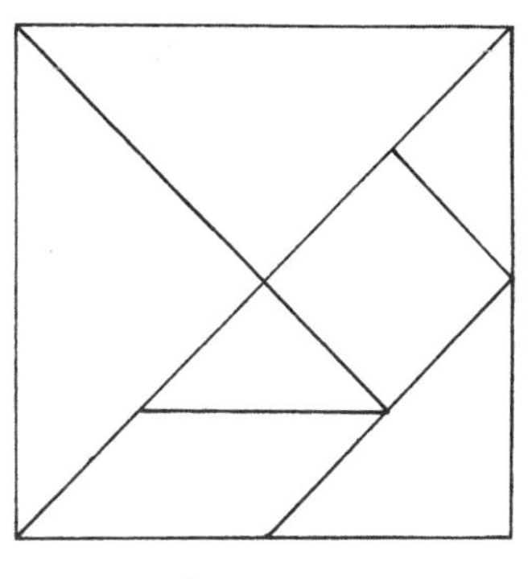

图 123－1

我国有一种从古流传至今的益智玩具，叫“七巧板”。这是用一块正方形的薄板分割成的七块小板，有等腰直角三角形、正方形、平行四边形等几种形状，用它们能拼合成种种像器具和人物的图形。这种玩具通常附有拼图样本，只画出一些图形的总体轮廓，不画出七块小板拼合的痕迹。要拼出这样的图形就得动脑筋，就得反复试拼，这对发展儿童的智力有好处，所以称它为益智玩具。图 123－1 就是七巧板拼合成正方形的样式。

七巧板的每一块小板是几何图形，用它们拼成的图形仍然是几何图形，同真实的人物形象相差很远，但眼睛却能从这种图形上看出栩栩如生的人物形象来。这和前一节所说的情况相同，也是把意义和生命注入图形中，向图形做了主观投射。七巧板游戏的长期而又广泛流传，证明了视知觉系统这样读解几何图形的能力是有普遍性的，几乎人人都有这种能力。

请看图 123－2 的几个图形。从这些图形上能看出什么呢？你大概一定能看出这是几个跳舞的人吧。它们挥手顿足、俯仰回旋，表现出优美的舞姿。几何图形自身怎么可能有这样的内涵呢？无疑，这是靠主观投射把生命灌注给了它们。如果你动动脑筋动动手，稍稍改变一下七巧板拼合的方式，就会产生不同的视觉效果，给人以不同的印象。

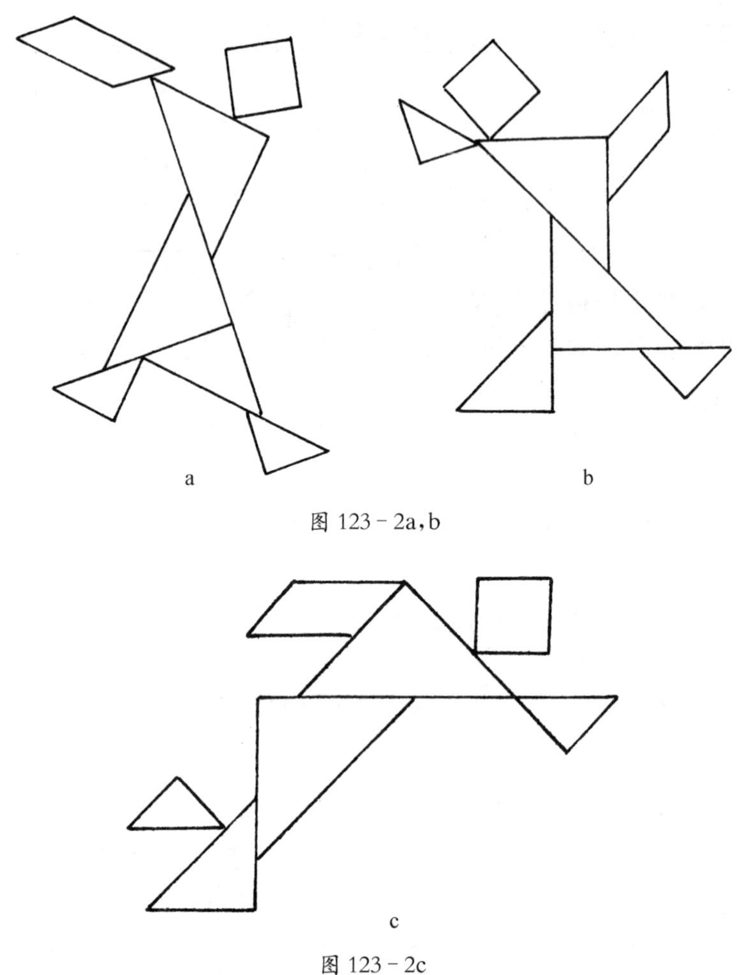

图 123－2a，b

图 123－2c

从七巧板拼图游戏可以看出，眼睛不但能读解跟真实事物十分近似的形象，而且能读解跟真实事物有较大差距的形象，读解比较抽象的形象。有些现代画家从自己的创作经验中也得到类似的认识，尝试创作用抽象形式来表达的绘画，把一些线条、色彩组合起来，尽管没有明确的意义，外形不像现实中的任何事物，也能使观赏者得到某种感受，承认它美，承认它是艺术形象。

19世纪瑞士幽默画和素描画家特普费尔曾经向人们提出这样的建议:“胡抹乱画,看看会有什么效果。”有些现代画家正是这样做的,他们在创作时不用写生的方法,而是先尝试制作各种形象,而后再考虑那些形象能产生怎样的读解。著名的立体派画家毕加索在晚年特别热衷于这样的制作,他曾经随意把纸撕成碎片,久久注视那些碎纸片的形状,往往会看出它们是一些离奇古怪的生物,发现它们能显示某种意义,显示出生命力。图123-3是毕加索制作的《撕碎的纸》,你相信这是艺术品吗?粗粗一看,你会觉得它毫无意义,可是,如果你长久、仔细地观看,就会渐渐看出一些什么。也许它像一个骷髅,白色的头骨上三个黑洞,是眼窝和鼻穴;也许它是一个伛偻的人,腰弯得很低,双臂下垂,手接近地面,也许它只是几株粗干古树,相互偎依在一起;……你可能还会找到其他更好的读解,从这张撕成的碎纸片上看到更有意义的内容。

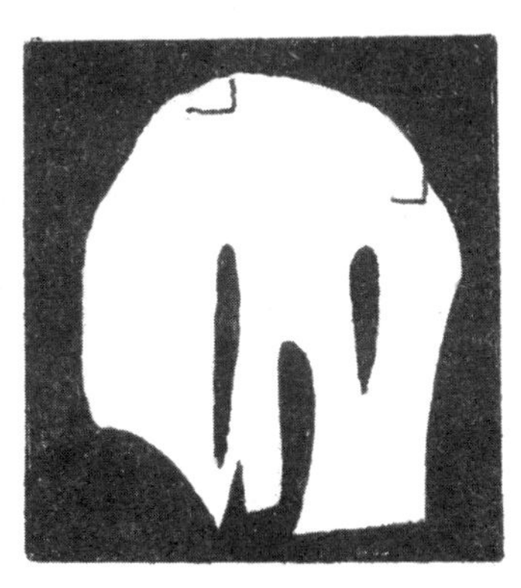

图123-3

(《艺术与错觉》P.431)

现代抽象艺术的价值究竟怎样,这是一个牵涉很广的问题,在这里不展开进一步的讨论。但是,它要求欣赏者积极参与创造活动,期待在欣赏者心目中形成一定的视象和读解,这同我们所介绍的视知觉规律是一致的。

124. 艺术创造的开端

有许多人像画、人体画、风景画和静物画都是画家面对着真实的人和物体画的，这些都是写生画。视知觉在这类绘画中所起的作用很明显，要不是用眼睛观看，画家就无法模仿对象的形象来进行创作。

另外还有许多种绘画（如以神话、历史为题材的油画和我国传统的山水、花鸟画，等等）不用写生，作画时不依赖眼睛直接看见的形象，但也并不是跟视知觉无关。为什么这样说呢？因为画家笔下表现出的形象虽然出于他们头脑的构思和想象，但这种想象和构思离不开以往的视知觉活动和当时在头脑中留下的形象记忆痕迹；而且，在作画时，画家还得注视着自己画出的形象，随时加以审视和修改。如果没有视知觉的活动，绘画艺术是断然不能产生的。

有时，眼睛直接看见的形象是模糊的，没有任何意义，但它却能刺激人的艺术创造活动，成为艺术创造的开端。记得在 114 节里，介绍过英国画家科曾斯曾提倡根据偶然造成的墨迹来创作风景画的方法，那正是从模糊而没有意义的形象开始的创造活动。那种方法并不是科曾斯的独创，15 世纪的伟大画家达・芬奇曾说过这样的话："你应该看看某些潮湿污染的墙壁，或者看看色彩斑驳的石块。如果你一定要发明一些背景，就能从这些东西中看到神奇的风景形象，饰有形形色色的群山、废墟、岩石、树丛、平原、丘陵和山谷；你也能从中看到战斗场面和正在施行暴力的奇怪人物，有种种面部表情，各种各样的衣服，还有无数离奇的东西……"（《绘画论》）眼睛看到的这一切当然都来自主观投射，但如果没有墙壁上的痕迹和石块上的斑点就不可能激起视知觉的积极活动。对于这种自然形象的积极观看常常可以诱导创造性想象，成为艺术创造的开端。

我国宋代画家宋迪在评论陈用之的山水画时，也说过类似达·芬奇说的话，但那是在 11 世纪，比达·芬奇要早四百年。他说，要使山水画表现出自然之趣，可以在一堵破旧的墙壁上挂上一幅薄绢，透过薄绢看墙上的斑痕，看长久了，就能看出高低曲折的山水和飞动往来的人禽草木，把它们画出来，就能把山水画得活灵活现。这种指导意见对绘画创作究竟有怎样的启发很难估计，但对研究视知觉心理实在是一个好资料，证明了视知觉的主观能动性决不容忽视，主观投射不仅能影响形象的读解，而且也是创造艺术形象的动力。

在史前人类的创造活动中，这种以自然形象为出发点，对它做出某种读解，并把它稍加改制，使它更接近于自己心目中某种事物形象的做法可能更为常见。图 124－1 是欧洲一处岩石上马的浅浮雕像，

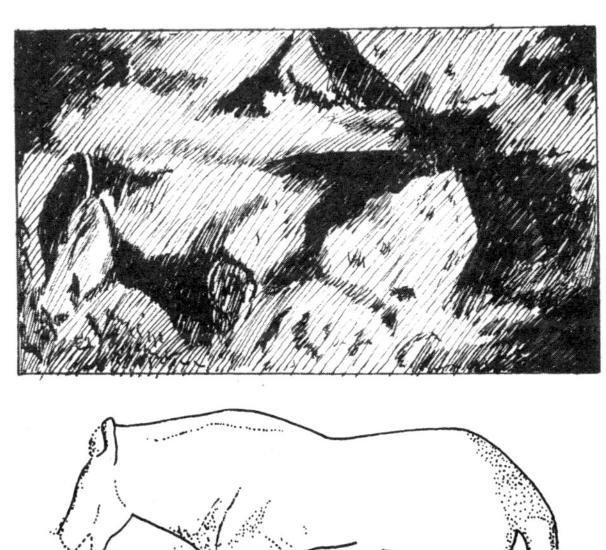

图 124－1

(《艺术与错觉》P. 126)

其中大部分是自然形成的，但也有人类加工的痕迹。这雕像是史前人类制作的，他们从岩石上看出了类似马的模糊形影，经过他们的加工，模糊的形影就变得清晰了。如果他们的眼睛没有把岩石上的模糊形影读解成一匹马，就不可能对它进一步做这样的加工。

图 124－2
（据“毛猴”玩具作图）

在一些民间工艺品和现代流行起来的一些造型艺术上，也依然能够看到这种利用自然形象的事例。在北京的传统儿童玩具中，有一种叫“毛猴”，是利用中药蝉蜕（知了壳）和辛夷（这是一种有绒毛的果实）制作的。别看它材料平常，凭作者的匠心和智慧，巧妙地用辛夷做身体，截取知了壳的头和爪子粘在适当位置，就能得心应手地制作出千姿百态、别有风趣的人形玩具——“毛猴”。图 124－2 就是这种叫“毛猴”的玩具。这种有趣玩具的制作当然也是从视知觉对蝉蜕和辛夷形象的读解和主观投射开始的。时下还有一种受到欢迎并且吸引了许多业余爱好者从事创作的根雕艺术，用的材料是经过细心选择的树根，但只有那些能引起某种想象的树根才会被选中。这也就是说，创作者从那些树根的自然形态上看见了自己心目中的某种形象。而后，再对它进行改制、加工，使它把心目中的形象较完美地体现出来。请看图 124－3 的几件根雕作品，不是一眼就能看出是什么，而且能感受到一种特殊的情趣吗？从这样的艺术品上，最容易理解视知觉的投射作用。它们的形象和相应物体的形象也有很大的差异，说它们像什么，其实只是似像非像，在像与不像之间。正是这种似像非像的形象对人产生了无比的魅力。为什么会这样呢？因为它们能诱导想象，唤起主观投射，给人们的视知觉留下足够的活动余地。

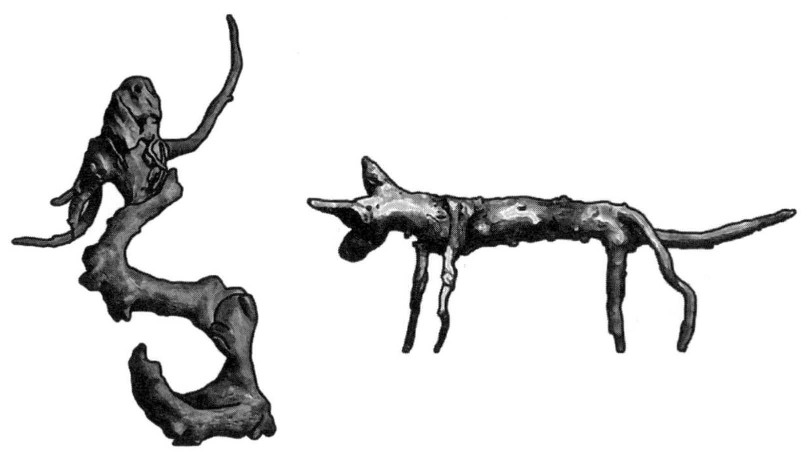

图 124－3
（据根雕作品作图）

125. 美，眼睛能直接看见

美在哪里？美是什么？怎样的事物才美？美是事物的一种性质吗？美的本质和美的表现能分得开吗？……

这一连串的问题你想到过没有？你能否一一做出解答？

你可能回答不出，就是专门研究美学的专家们也在为这些问题争论不休，无法得出一个能让大家都满意的答案。不过，说人们一点不懂得美也不对，因为几乎每一个人的眼睛都能看得出哪些形象是美的。从理论上很难把握住的美，对眼睛来说却不是什么难题，常常一眼就能看得出。

请看图 125－1，左右各有一条曲线，它们的形状稍有不同。你觉得哪一条曲线比较美？也许你会认为左面的曲线比较美，而右面的曲线不大能引起美感。不妨多让一些人试试，看看他们是否同你的意见一样。据心理学家的试验和统计，绝大多数人都认为左面的曲线美。为什么左面的曲线比右面的曲线美呢？可以用种种道理解释，但这些道理对我们并不重要，不知道它们也丝毫不会影响我们对

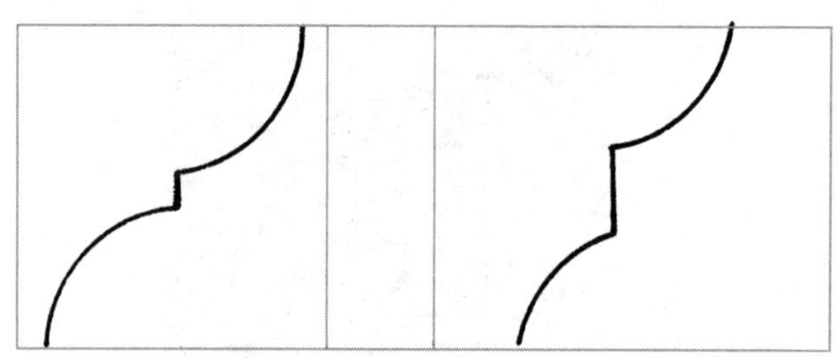

图 125－1

(《秩序感》P. 97)

美的判断，我们确信眼睛具有直接看见美的能力。

又比如，长方形两个边的长度可以有种种不同的比例，按不同长度比例能构成种种不同的长方形。你可注意过，在这些长方形中，有一种边长比例似乎最恰当，眼睛看见这种长方形就觉得它比其他长方形更美。在图 125－2 中，十个长方形的边长比例都不同，你觉得其中哪一个最美？每个长方形中标出的数字之比，就是边长的比。这是实验美学的创始人斐西洛设计的一种实验图形，接受他主持的这种实验的男性 228 人，女性 119 人，结果是喜爱两边之比为 34∶21 的长方形的人最多。后来，又有韦太默、安基耶等心理学家做过同样的实验，结果也大致相同。其实，在四五百年以前，达·芬奇和其他几位画家就已发现两边之比为 8∶5 的长方形最美，并称这样的比例为“黄金分割”。图 125－3 就是边长之比符合“黄金分割”的长方形，它同前图中那个边长之比为 34∶21 的长方形的形状不是十分接近吗？它们的边长比值只相差 0.19。那么，为什么边长 8∶5 或 34∶21 的长方形使人们感到最美呢？美学家们进行了长久的争论，也没有得出一致的意见。不过我们的眼睛不须依赖美学的理论，没有这种理论，也能看出哪一个形象是最美的。

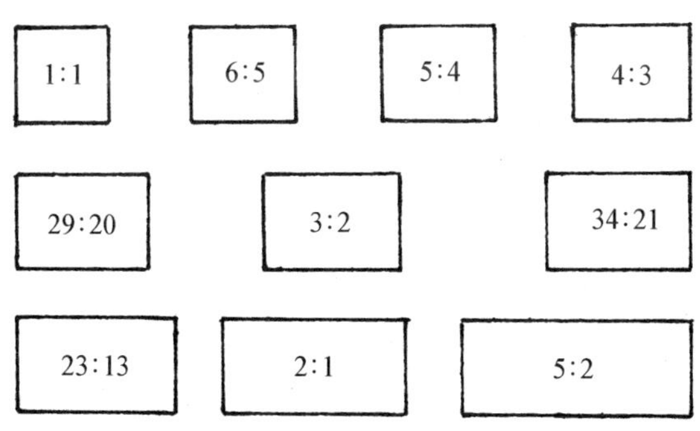

图 125－2

(《朱光潜美学论文集》第 1 卷 P.303)

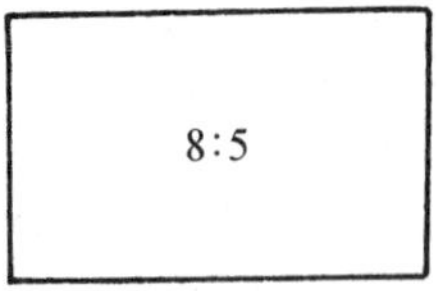

8:5

图 125－3

（《朱光潜美学论文集》第 1 卷 P. 303）

哲学家康德在论证美不依赖于理性概念时曾举例说："花，自由的素描，无任何意图地相互缠绕着的、被人称作簇饰的纹线，它们并不意味着什么，并不依据任何一定的概念，但却令人愉快满意。"他的美学理论曾受到许多人的批评，但他所举的上述事实的确存在，谁也不能否认。比如，图 125－4 中的图案纹样无疑是美的，每个人的眼睛都能看出它的美，哪里要什么理性思维呢？不能不承认，眼睛的确能直接从形象上看见美，的确具有识别美的能力。

图 125－4

自然山川的美和艺术美比起上面提到的形式美要复杂得多。形象有一点微小差异，便会使人产生不同的感受，甚至会觉得它从美变成了丑。从理论上来探讨这样的事实是不容易的，很难得到普遍认可的论断。不过，形象上影响美感的最微小的差异也能被眼睛抓住，眼睛是最高明的鉴赏家，通常它能正确辨别美丑，鉴别美的高低。当艺术家在构思形象难于做出决定时，他们常常把设想的几种形象都画出来，让自己的眼睛来选择，这就是画家在绘制大幅作品时常常先画一些素描草稿的原因。图 125－5 是达·芬奇《绘画论》中的插图，画家得考虑，这么多不同的鼻子，哪一种鼻子最适合所画的人物？对于我们来说，问题可以提得更简单些：你觉得哪一个或哪几个鼻子的形状比较美？相信你一定能做出正确的选择。

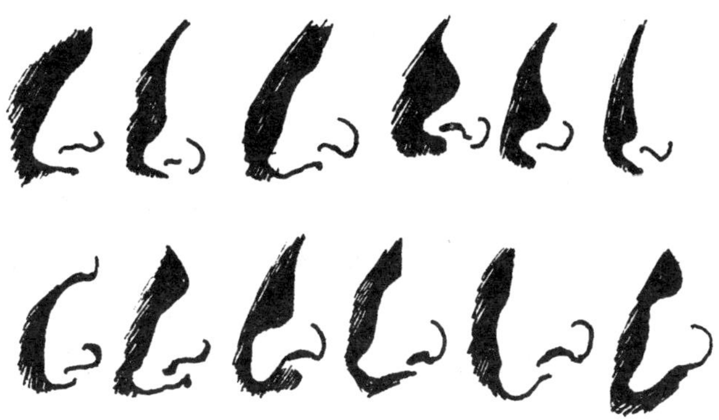

图 125－5

（《艺术与错觉》P.420）

现在再请你想一想吧：如果眼睛只是像照相机那样摄取物体的形象，它又怎么能看出物体的美来呢？眼睛观看实际上是包括头脑中复杂神经结构和神经过程的视知觉系统的活动，这是物质的活动，也是主体活动，但我们自己意识不到它，而只能意识到它的结果。正因为这样，我们才只知道眼睛看见的形象美不美，而说不出它美的原因。

126. 看得见的风和声音

眼睛能看见世界上许多东西，但并不是任何东西都能被看见。如果没有光，如果光的强弱明暗不能把物体形象的信息传达给眼睛，那么眼睛就看不出这个物体。如果物体的某种性质深藏在内部，从外表上根本看不出，眼睛也就不能发现这种性质。眼睛的本领毕竟是有限的。不过，有些事物虽然不能直接向眼睛显现出形象，却能让眼睛通过别的形象间接看见它。这样，视知觉世界就扩大了，眼睛的本领就超越了原来的局限。

先说风吧。风是空气的流动，空气是没有形迹的，自然眼睛也看不见风。当我们在户外活动时，风吹到脸上，我们就知道有风，这是靠皮肤的感觉，不是靠视觉。可是，当我们在室内时，如果想知道外面是不是刮风，往往抬起头向窗外看，看什么呢？看树梢是不是摇动。树梢摇动就是有风从树梢头吹过了。这不是靠眼睛知觉到的风吗？水面微波、柳条轻拂、雨丝斜飘都是风造成的，眼睛看见了这些，就看见了风。在有些常年刮大风的风口，树木的枝干被风吹得变了形，背着风向弯曲地生长。图 126－1 的树枝形象正是凝固了的风的形象。眼睛不仅能看见一时吹过的风，还能看见往日的风，历史上的风。

再说声音。声音得靠耳朵听才能感觉到，眼睛看不见声音，这是事实。可是，有时视觉也能使我们间接感觉到声音的特色和高低强弱，这从日常语言中可以找到不少证据。比如，“尖锐”原来是指形状，得靠眼睛才能看见，但人们也常常用它来形容声音，谁的嗓音高，人们就说他是“尖嗓子”。声音的素质不仅表现在高低上，也表现在音色上。“音色”这个术语显然是从只有眼睛才能看见的颜色那里得

图 126－1

到启发才创造出来的。人们不是常称赞声音嘹亮的歌手为“金嗓子”吗？嗓子有着黄金一般光亮的色彩，这也是听觉和视觉相通的证据。图 126－2 是一幅著名的版画，标题是《尖叫》，即使不说出这个标题，你也能看出画中的那个人正发出恐怖的尖叫声。是不是这样呢？由此可见，声音的确也能够由眼睛看出来。

图 126－2

蒙克《尖叫》（石版画。1895 年出版）

（采自《艺术发展史》P.314）

传说我国古代有一位技艺高超的说书艺人，他善于说《三国》故事。有一段书里得学猛将军张飞的一声怒吼，那吼声十分响亮，像打雷一般，把曹操的兵马吓得退避三舍。要模仿这样的吼声不是太难了吗？那位说书艺人是怎样表演的呢？原来他只是瞪大眼睛，张大口，长久不合拢，但并不发出一丝声音。而听众却觉得那吼声在空中震响回荡，如雷贯耳。为什么听众会有这样的感受？就是因为那位说书艺人运用巧妙的表演技术，把声音转变成了视觉形象，向观众的眼睛传达了张飞怒吼的信息。

另外还有更神奇的传说呢。据说唐朝著名诗人王维精通音律，有人请他看一幅奏乐图，他一看就说："这张图上画的是演奏《霓裳羽衣曲》第三叠的第一拍。"别人不相信，就请了一支乐队来演奏这曲子，奏到第三叠第一拍时骤然停下，看演奏者的手指动作正和图中画的一样。有人不信这个传说，但也有人认为既然乐器的声音是靠手指的动作引发的，声音自然也能从手指的动作上看出来。

眼睛能看见风，能看见声音，这不是超出了视知觉的界限了吗？几乎有些像现在众说纷纭的特异功能了。然而这并不是特异功能，而是一种"通感"现象。原来应该由某种感觉器官接受的外界信息能由另外一种或几种感觉器官代替它来接受，这就叫"通感"。眼睛作为人类最重要的感觉器官之一，它具有特别广泛的"通感"功能，许多原来不是靠眼睛知觉的事物和性质，眼睛都能把它们转化成视觉形象。

127. 视觉·触觉·味觉

前一节谈到了“通感”。为什么会有“通感”呢？归根到底是由于人的各种感觉都汇集在大脑里，在那里它们受到加工，组合成外部世界的信息，因此两种或两种以上的感觉相互沟通，相互融合是很正常的事，不足为奇。在人的各种感官中，眼睛和耳朵最重要。耳朵可以听见很远的声音，根据这声音便能大致知道那里发生了什么情况；但真要了解情况究竟如何，还得靠眼睛看个明白。只有眼睛才是外部世界的最后见证人。前面曾说到眼睛怎样看见风和声音，就表明了眼睛的本领实际上已超出视知觉的范围。

我们在世界上生活，不能只是观看，更重要的是实践，是动手改变世界。因此，我们的手必须同许多物体接触。手指接触物体也能得到一种感觉，这就是触觉。触觉可以使我们知觉到物体的另一些性质，如表面是光滑、润泽，还是粗糙、滞涩，是柔软、有弹性还是坚实、僵硬，等等。不过，这样一些性质有时也能在用手抚摸以前先被眼睛看出来。桌上有一件玻璃制品，它的表面致密、光滑，不用你伸出手摸，眼睛就能感觉到。如果是一块粗铁板，它的表面凸凹不平，甚至有一些尖锐的疙瘩，像长了刺似的，你一看也就能感觉到。图127-1中两个圆形球体，哪一个表面平滑，哪一个表面粗糙，不是凭眼睛看就能看出吗？

靠触觉感知的性质大多数用眼睛都能看得出，这是因为它们反光的情况不同。有经验的眼睛能从反光的微小差异上分辨出它们是光滑还是粗糙，等等。不过，这种视觉感受同触觉的感受毕竟是不同的。手或身体其他部分的皮肤接触到光滑、柔软的物体，不仅能知道这些性质，而且心里还产生一种特殊的愉快感，这种感觉，视觉通常

图 127－1

无法获得，有些人喜欢用“触感”“手感”这样的词语来代替“触觉”，正是由于它不仅使人产生知觉，而且能使人产生一种同情绪紧紧联结着的感受。有些爬行动物（如蛇、蛙等）的身体不仅能使人看出是腻滑而有黏液的，还能使人一见就觉得恶心，甚至会使人全身起“鸡皮疙瘩”。视知觉既然能引起这样的反应，表明它实际上已多少代替了触觉的功能。不过，这种情况虽然有时会发生，但并不十分常见。一般说来，眼睛获得的触感是很有限的。

画家不但能够借线条和色彩来造型，而且也能用这些视觉手段来制造触感，使观众能从画面上感到物体表面性质所引起的独特感受。图 127－2 是欧洲著名画家的两幅动物画。看见那兔子，你就能感到它全身毛茸茸的，柔软、温暖；看见那大象，就能感到它全身有一层多褶皱的粗糙厚皮。你看了这两个图形能产生这样的感受吗？

味觉和触觉有些类似，也必须接触才能产生。可以说味觉是一种特殊的触觉，只有靠舌头接触物体，才能知道它是什么滋味。眼睛是看不出滋味的，甚至让眼睛直接接触食物也不能得到味觉。不过，眼睛观看能影响人的食欲，使人预先体验到食品的滋味。高明的厨司制作菜肴和点心，不仅要求滋味鲜美，有松脆滑嫩的口感，而且要颜色配置适当，形状美观。过去人们对食物要求色、香、味俱全，现在

伦勃朗：大象（1637 年。维也纳，阿尔贝蒂纳藏画馆）

丢勒：野兔（水彩。1502 年。维也纳，阿尔贝蒂纳藏画馆）

图 127－2

（《艺术发展史》P.8）

又进而要求造型精美，可见食物的颜色和形状对食欲确实能起一种特殊的激励作用。厌食的儿童并不是当食品入口后才厌恶进食的，常常是一看见食物就起反感，失去食欲。同样，进食的兴致也起于眼睛的观看，食品还未进口，往往口涎就已经大量分泌出来。我国有一句成语叫“垂涎三尺”，说的就是这样的事实。这不也证明了眼睛也具有一种可以代替味觉的功能吗？

128. 眼睛看见的数

许多人以为，眼睛看见的都是具体形象，对于抽象事物的认识得靠头脑，靠思维。这种看法是对视知觉的误解。眼睛从外部世界的物体上究竟能看到什么，并不完全由外部物体的形象决定，还得看视知觉系统怎样处理外部传来的信息。我们在日常生活中常常对具体形象视而不见，反而直接注意到了具体形象中包含的某些抽象性质。你也许对这说法抱怀疑的态度吧。那么，就请你看看事实。

图 128－1

（据收集到的儿童画制作）

图 128－1 是一种最常见的儿童画，画的是一个人形。眼睛看见的人怎么会是这样一个形象呢？你也许会说，儿童不善于绘画，才把人画成这个模样。其实，这种儿童画中表现出的正是儿童们通过视知觉所得到的认识。你瞧，这画尽管十分拙劣可笑，但毕竟能使我们看出是人形，有一个头，还有躯干和四肢。人体的主要构造正是这样的。再看那一双手吧，每只手由五个手指组成，手掌却给略去了，五个手指就生长在手臂上。你不觉得儿童们画的这种人形是对人体形象的一种抽象吗？特别是对四肢、手指的数目有着正确的观察。他们的眼睛并不关心人体的具体外形，不关心肌肉和腰臀的曲线，而只注意主要的结构，注意"数"。这证明眼睛所看见的形象虽然是具体的，但经过大脑神经系统处理过的知觉却可以是抽象的。不但儿童的视知觉是这样，成人的视知觉一般

也并不把看见具体的感性形象当作目标，而只是注意看自己需要知道的那些方面，因而，往往也对抽象的性质，对“数”特别注意。

我们知道，眼睛观看物体时，常要辨别物体的大小远近，而大小远近正是一种数量关系，它们是从具体物体上抽象出来的。请看图 128－2，这两个正方形哪一个大呢？当然是左面那个大。大多少呢？用左图虚线分割成的小正方形来同右面那正方形比较，就不难看出：大正方形是小正方形的四倍。我们认识到这个数量关系靠的正是眼睛。要知道物体距离我们多远也得靠眼睛，直接看不出时就一步步走过去，需要走多少步才能达到目标，就说那目标离我们有多少步远。至于一步有多远，靠眼睛是能够看出来的。在进行这样的计量活动时，眼睛所注意看的就不是形象，而是从形象中表现出来的“数量”。

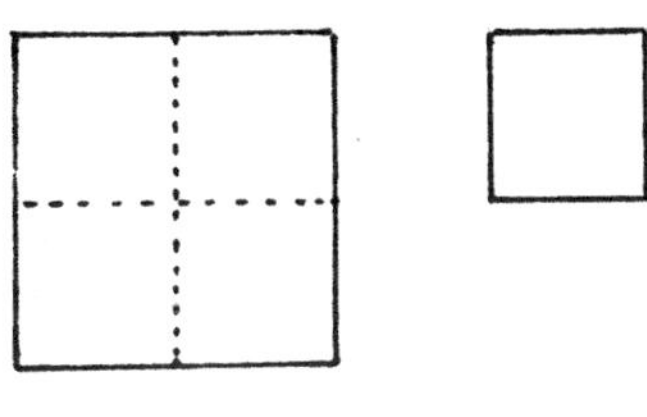

图 128－2

“数”和“量”起初是分不开的。把“数量”进一步抽象化就得到纯粹的数。不管被计量的物体是什么，也不管用什么做单位来计量，这样注意到的就是那不能再进一步抽象的“数”。这样的“数”也能靠眼睛看见吗？且看图 128－3，图上是用各种式样的碗盛的饭。请你稍看片刻之后，立即把图掩上，说出一共有几碗饭。你一定能正确回答出“有六碗”。如果问你那些碗有怎样一些不同式样，也许你就回答不出，只得说：“我没有注意。”这证明刚才你看图时，并没有看见饭碗的具体形象，看见的只是抽象的数。再比如说，开会前要点一点到会的人数，人们看了全场以后，便知道来了几个，缺几个，而后才进一步注意到缺席的是哪几个人。这事实也证明眼睛先看的是数，而后才看具体的人。

在汉语里，对各种不同的物体要运用各种不同的量词，如说“一碗饭”“一头牛”“一条鱼”“一块肥皂”“一把刀”等。这些量词本来都

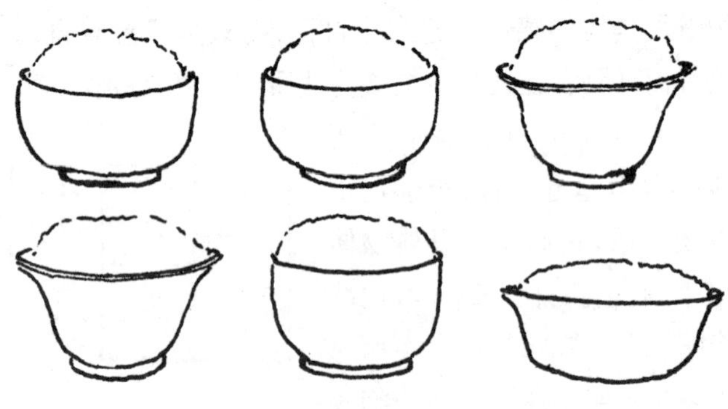

图 128-3

是名词,指具体物体,后来用作量词,含义逐渐抽象化,直到失去原有的具体意义。在古汉语中,数词多半和物体的名称直接连在一起,不用量词,如说“一人”“一牛”“一瓢”等。现代汉语中虽然普遍使用量词,实际上量词只不过是数词的附属品,并没有独立的意义。这种语言现象也表明了抽象化在视知觉活动中的重要地位。自从人类有了数的观念以后,当人想知道数时,眼睛就只看见“数”,而不再看见其他。在第116节、117节中曾谈过视知觉的掩蔽效应,眼睛对于数的知觉也正是靠掩蔽效应造成的。

129. 数和形

从具体形象中看出"数"，这是认识活动的抽象过程。但"数"最初并不是靠抽象思维产生的，它也来源于视知觉。眼睛不仅能从形象中抽象出"数"，而且能看出抽象的"形"，这种抽象的"形"就是通常所说的几何图形。在自然界中，完全符合"圆"的定义的圆形是极少的。树干的横断面、水果和种子的轮廓、太阳和月亮的形状等等都不是正圆形，圆周上任何一点跟圆心距离相等的那种圆形是人们头脑中形成的抽象图式，它是视知觉系统从自然界各种接近圆形的物体形象中概括、抽象出来的(图 129－1)。正方形、三角形、正多边形等几何形状也都是抽象的形，也是头脑中形成的图

图 129－1

式。人们生产的工业产品和手工产品大都是按照这种几何形状生产的。

在自然物的不规则形状中，数的关系十分复杂，要掌握它们十分困难；而在抽象的几何形状中，数的关系就简单得多，因此工业产品大都采取这种形状。数学是随着人们的生产活动和科学研究一起发展的，它是一种最抽象的科学，纯粹用数的关系来反映事物的关系，用数学演算的方式来实现在头脑中很难甚至根本无法进行的推理和证明。初学数学的人往往觉得数学十分抽象，离开实际生活和具体事物太遥远，不知怎样用数学的方式来思考。其实，数的关系也都是从“形”上表现出来的，数学公式、数学符号、方程式、算式等等都有形，尽管这种“形”是抽象的，但眼睛能看得见。因此，数学关系并不是无从捉摸的。要学好数学，也得依靠视知觉，离开视知觉系统的活动来思考数学问题便如同堕入五里雾中，茫无头绪，找不到解决问题的途径。

幼儿学加减法常要借助手指，想起这些也许觉得可笑，其实当人知道用自己的手指来代表数和数的组合时，那正是数学的开端。英语表示“整数数字”的词 digit 原义是“手指”或“足趾”，英语的“计算”(calculate)一词是来自拉丁语的“卵石”，汉语的“算”，本义是一种供人计数用的“竹筹”。从这些语义的来源中可以看出“数”和“形”有着怎样源远流长的关系。从我国古已有之的算盘到西方的计算尺和当代发明并已广泛运用的计算机，都有显示“数”的功能，都证明了人们必须通过“形”来掌握“数”。

圆周率这个数字不论用“π”来表示，还是写成$\frac{335}{113}$，或3.14159265358979……都是很神秘的，但我国古代的圆作木工早已从圆木桶的形状上把握住它，不管圆桶底的直径有多长，圆桶一圈的长度总是桶底直径的三倍多一点儿。抽象的圆周率就体现在这样的具体形状上。又如商高定理(勾股弦定理)，在西方称为毕达哥拉斯定理，写成数学式是 $c=\sqrt{a^2+b^2}$，我国古代的建筑师在设计屋架时，得计算脊檩到檐檩的长度，这个长度就是“弦”(c)，从梁的一半长度“股”(a)和脊檩到梁的长度“勾”(b)可以推算出来。最初，凭实地测量，凭眼看来找到这个长度，有了足够的经验，便找到了计算的公式。现在，我们是从直角三角形上看见这个关系：$c^2=a^2+b^2$。而且三边长度的平方还能以三个正方形来表示(见图 129－2)。不靠眼睛看能对这种数的关系有深刻理解吗？

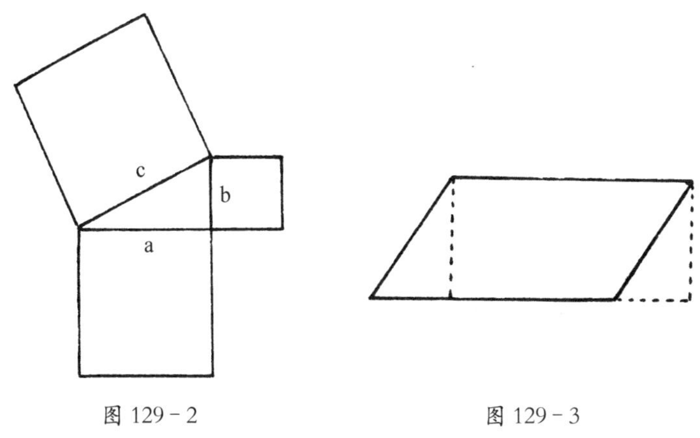

图 129－2　　图 129－3

在解数学题时，常常要用图示法。有时还得在图形上添加辅助线，使解决问题的方法直接显示出来。举一个例子吧，为了找到求平行四边形面积的方法，必须像图 129－3 那样加上辅助线，这样一眼就能看出它的面积跟长边和高度相同的矩形完全一样。又如图 129－4，已知圆的半径，求外切正方形的面积。如果半径像图 a 中那样画，问题的解决就比较难，如果像图 b 那样，半径画在切点上，正方形的面积就一望可知。

从形和数的关系中又一次让我们看出视知觉的本领，可以说这本领是无限的。眼睛不仅能看见具体的形象，而且能看出抽象的“形”和“数”的关系。当然，这种本领需要经过系统的训练才能发展起来。

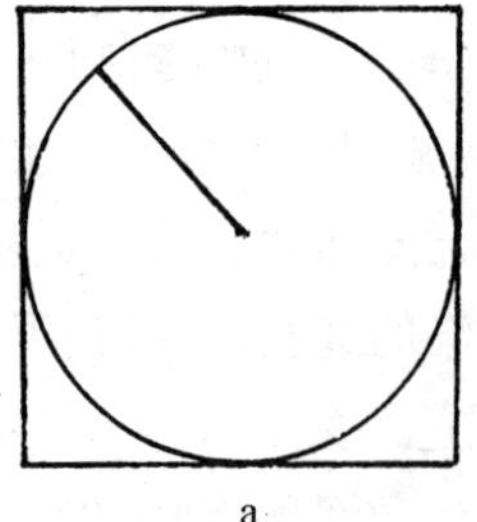
a

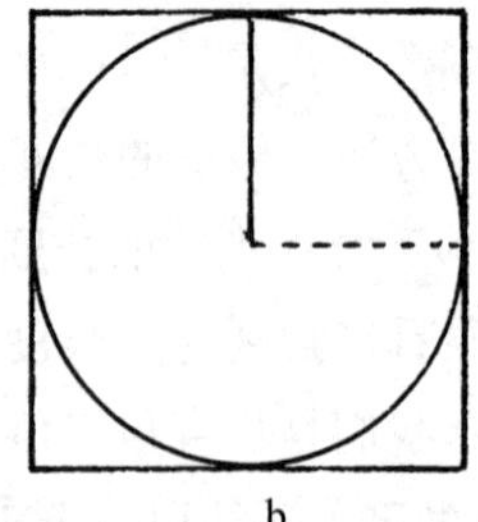
b

图 129-4

130. 从图式到象形文字

眼睛从具体事物上能看出“数”，表明视知觉系统有把事物抽象化的本领。其实，当眼睛看见形象并对它做出读解时，就已经进行了抽象化。前面曾经说过，由于生活实践和视知觉的活动，头脑中形成了表示物体形象的图式，这种图式是对具体形象的简化和概括，它只能表现和储存在大脑皮质的神经机制中，跟真实物体的具体形象不同，因此，它正是一种抽象形式。头脑中的图式不仅同事物形象联系在一起，而且同事物的意义（主要指事物相互间的关系和人同事物的关系）联系在一起，后来又进一步同语言机制联系在一起。这样，就形成了一整套的主观意识体系，形成了各种主观意识形式，这就是通常所说的“表象”“概念”“思想”等。有了这些主观形式，头脑才能反映客观世界。如果头脑中不先形成图式，这些主观形式也就不可能发展起来。由此可见，视知觉活动对主观意识的形成十分重要，它是各种主观意识形式形成和发展的基础。

头脑中形成的一套主观形式还必须表达出来，变成客观世界里的声音和形状，才能成为人们思想情感的载体把它当作交流工具。这种交流工具就是语言文字。文字，也得靠眼睛看才能再度转化成头脑里的意识形式。眼睛看文字符号，是直接接受抽象形式的信息，和观看具体的事物形象不同，能使人更迅速、更广泛地了解外界情况，获得别人的经验，把祖先和前世创造的文明一代代传下去。文字的重要性是人人都知道的。文字的创造、文字的书写和阅读也都离不开视知觉的活动。

世界上最早出现的文字是象形文字。大约在公元前3500年到3000年左右，古埃及处在旧王朝时期，在南方的尼罗河河谷，即所谓上埃及地区，就已经有了文字。从发掘出的那时期的陶器上可以看到一些符号，那就是埃及古文字的萌芽。图 130－1 就是那种古埃及文字的一些例子。从左到右，依次是“树”“呕”“星”“牛皮”“灵魂”。“树”和“星”大概一看就能明白。“呕”字的形状是由嘴的上下唇和从里面吐出的一股水构成的，这不正是“呕”的形象吗？“牛皮”是一张剥下来并绷成长方形的皮，用一条牛尾标志出它是从什么动物身上剥下的。“灵魂”是用一双手来表示的，大概在古代埃及人看来，人的手能劳动，能创造一切，归根到底是由于人体内有灵魂的缘故。

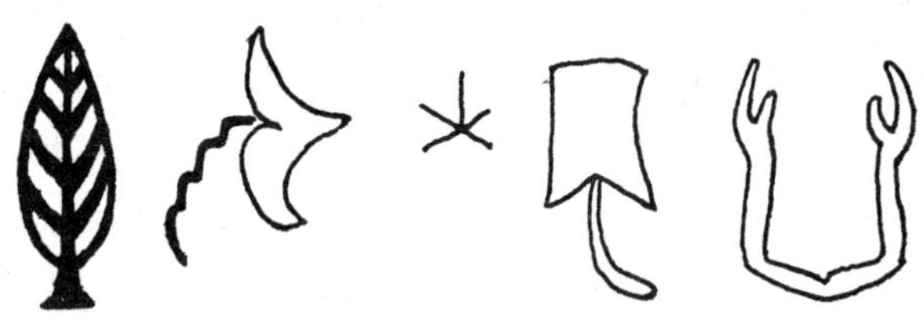

图 130－1

（据《文史知识》1984 年第 5 期 P.61）

我国古代的象形文字更富于生命力，直到今天在通行的汉字中还保存着图式的痕迹，只是进一步把图式简化和规范化了。现在的楷书汉字中，“日”“月”“木”这些字同古代的象形文字“⊙”“☽”“ᛘ”不是还十分相近吗？商周时代的甲骨文和金文中，有着大量的象形文字，它们和实物形象十分接近，可以说它们简直就是一些图式。请看图 130－2，上面一排，从左到右，依次是“马”“鱼”“鹿”“车”“猴”“麦”；下面一排字的形状看起来更怪一些，大概是由于我们对它们代表的物体不熟悉的缘故。还有些字不是代表一件物体，而是代表人的行为和事件，因此就更难认识。请看一遍吧，从左到右，是“钺”“戈”“弓”“矢”“盾牌”，都是当时的武器。还有四个结构更复杂的字依次表示“一手持钺，一手抓着俘虏”“人肩着戈”“用弓射箭”“一手持戈，一手持盾牌”。这些文字形式显然是从视知觉图式产生的。

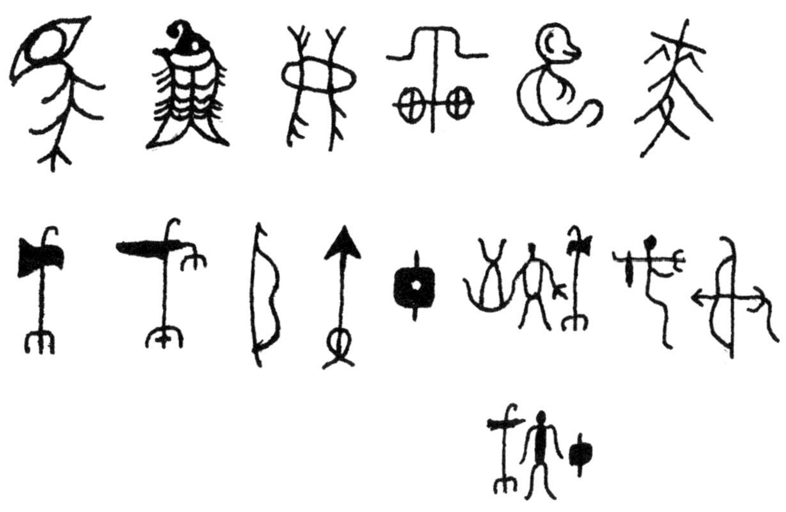

图 130－2

（据《文史知识》1986 年第 5 期 P.80，P.77，P.18 及其他）

也许有人认为，象形文字是远古时代使用的，现在世界上大多数民族的文字都是表音文字，那就同图式无关了。这样的看法并不完全正确 。要知道，表达出来的语言虽然是靠拼音，但在头脑中，字音跟视知觉图式仍然密切联系在一起。没有图式，声音就不可能和意义联系起来，不可能转化为主观意识形式；如果头脑中没有视知觉图式，也就不可能创造代表它们的拼音文字。

131. 视知觉的透视力

一些年来，有人热衷于宣扬人体特异功能。传说有些孩子眼睛能透过铁匣看见里面折成几叠的纸上写的字，还有人能看穿别人的脏腑，看出他们的内脏有什么疾病，甚至有一位少女说自己能看见地下三尺深的泥土中钉螺的活动……这些特异功能到处表演，使观众感到十分神奇。

这些所谓的特异功能究竟是怎么一回事，有待于进一步证实和研究。然而稍有科学常识的人都明白：眼睛之所以能够看见物体的形象，是靠光源和物体表面的反光，因此眼睛只能看见暴露在光线中的物体，而不可能透视不透明物体的内部和被物体遮挡住的东西。不过，对视知觉也不能做机械的理解，视知觉虽然依靠光刺激，但当人们说自己的眼睛看见了什么时，头脑已对眼睛接受的光刺激进行了处理，进行了分离、组合，并把它们同大脑皮质中原已储存的有关信息联结了起来，这样产生的视知觉同眼睛直接受到的光刺激已经不尽相同，因此，它完全有可能知觉到眼睛没有直接看见的东西。这种能力已超越了感觉，可以称它为超感能力或透视力，但它同前面说的那种特异功能毕竟不同，对它可以做出科学的解释，既不神秘，也不耸人听闻。

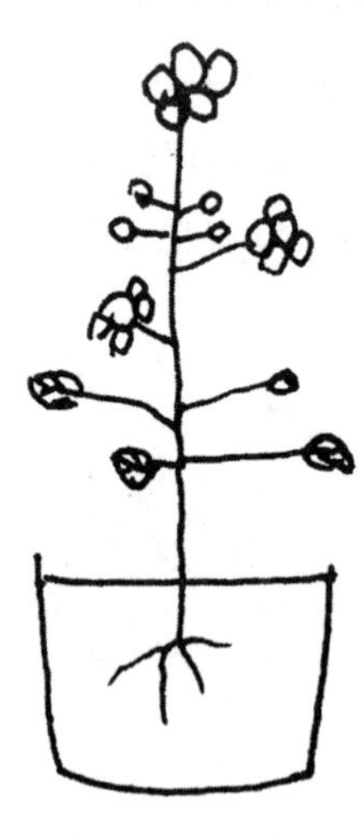

图 131－1

（据收集到的儿童画改作）

图 131－1 是一张儿童画，类似的图画是常常可以看到的。画的是一个花盆，盆里种着花。如果把这张画拿给年龄较大的儿童看，并且问他们有画错的地方没有，他们一定会抢着回答："不

该把花盆里的根和茎画出来，隔着花盆眼睛看不见它们。”“盆里还有泥土，根被泥土盖着，眼睛怎么能看见呢?”这些回答是正确的。但这样回答的儿童也同画这张图的儿童一样，知道在花盆里和在泥土下面藏着茎的一部分和根。当他们的眼睛看见花盆时，不但看见了露在花盆和泥土外面的花和茎叶，也知道泥土下面还有茎和根。这不也是靠眼睛知觉到的吗？虽然这知觉不是直接的，但也绝不是凭空想出来的。眼睛看见了物体的一部分，就好像看见了全体。视知觉有一种趋合效应，前面曾经谈了不少(见第 50—52 节)，你该还记得吧？既然眼睛能看出那被遮住的一部分物体，说视知觉具有透视力不也就可以了吗？那么，像图 131－1 这样的儿童画也就不能说是错误的，只不过画出的不是眼睛直接看见的，而是靠眼睛和头脑知觉到的。这样画又有何不可呢？现代立体主义画家也常把被遮住的物体画出来。图 131－2 就是模仿这样的画制作的。你看，其中有些物体的线条被另外一些物体遮住了，画家还是把它们画了出来。绘画究竟应该只画出眼睛直接看见的形象，还是应该画出人们知觉到的一切，这是绘画理论中一个难以解决的问题，我们在这里就不再多谈了。不过，眼睛除了能直接看见物体反光所表现的形象而外，还能知觉到更多的东西，这样的事实是不容忽视的。正由于眼睛有这样的本领，人的认识才能够深入事物的底蕴，揭示出事物的本质，人的感性认识才能够发展成为理性认识。

图 131－2

(布拉克《桌子上的白兰地酒瓶和吉他》,《艺术与错觉》P. 341)

132. 眼睛看见的因果关系

我们说视知觉有透视力，不仅指眼睛能看见被遮住的某些物体，还指人能够通过眼睛看见事物的本质，看见事物的内在关系。这种关系种类很多，其中大量的是因果关系。不论是自然界还是社会生活到处都有这种因果关系，但它们有时潜藏得很深，表现得曲折、隐晦，眼睛很难发现它们。不过当人们一旦发现它们时，这种关系就一定会暴露在目光注视下，视知觉能证实它们的存在。

比利时心理学家米肖特曾经设计了一种显示因果关系知觉的实验。他让人们观看一个长条形窗口中两个小方块——一个黑方块，一个灰方块——的运动。起初，两个方块都静止不动，黑方块在灰方块的左面，相隔一段距离（图 132 - 1a）；然后，黑方块向灰方块移动（图 131 - 1b），不到一秒钟之后，两个方块相互接触，黑方块停止运动（图 132 - 1c）；极短暂的静止以后，灰方块向右移动，黑方块仍停留在原处（图 132 - 1d）；最后，灰方块停止运动，停止在黑方块右面的一段距离之外（图 132 - 1e）。看了这样的运动状况后，人们得到了这样的印象：黑方块的运动是灰方块运动的原因，灰方块的移动是黑方块对它撞击的结果。这印象是怎样产生的呢？是经过

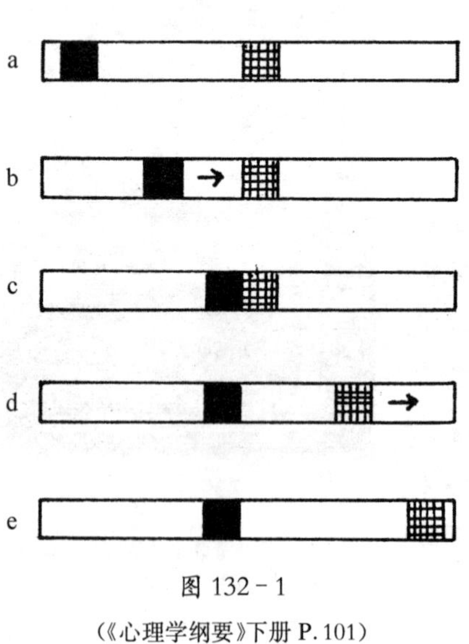

图 132 - 1

（《心理学纲要》下册 P. 101）

思维以后才认识到的吗？不是。人们都说是眼睛直接看出来的，一看见这运动的情况，就立刻知觉到灰方块运动和黑方块运动之间的因果关系。

米肖特还试着改变两个方块运动的速度、距离和静止的时间来演示上述运动，研究不同的运动状况给观者的印象有什么差异。他发现，人们可以看出两种不同的因果关系：如果黑方块运动的速度比灰方块运动的速度大，两个方块接触后静止的时间又极短，那么人们看到的是一种发射关系，是黑方块推动了灰方块，把力传到了灰方块上；如果灰方块的速度大大快于黑方块，那么人们看到的是一种释放关系，黑方块和灰方块接触时，并不是把力量传给灰方块，而是启动了灰方块内部的能量，使能量骤然释放出来，因而发生了高速运动。比如，用球拍击球，就是发射关系，燃放爆竹，就是释放关系。这两种关系是怎样被认识到的呢？也并不是靠推理思维，而是直接靠视知觉。

有许多隐蔽、复杂的因果关系的确要靠思维才能发现，但促使人们思维的仍然是眼睛直接看见的现象。而且，人们经过思维，经过研究、探讨以后认识到的因果关系本来也并不是完全抽象的，它必须体现在某些具体事物上，因而也应该能被眼睛知觉到。如果它们没有被知觉到，只不过是由于人们没有注意到它而已。传说牛顿发现地心吸力和万有引力是由于看见了苹果从树上坠落到地面的现象，尽管这说法并不完全可信，但证明了因果关系的确能够直接向视知觉呈现。在日常生活中，许多现象都被人们看得很平常，不以为奇，而实际上，处处都表现出了因果关系和事物内部的其他联系，只是没有把它们提高到理论上来认识。一旦人们的认识达到一定理性高度，事物的本质和内部关系便会从具体现象上暴露出来，眼睛也就能直接看出它们。当你把一团废纸丢进废物箱时，废纸团向下坠落不正是由于地球引力的作用吗？你花费人民币购买一件衣服，这不正是在实现商品流通吗？一艘船浮在水面上，这不是就表现出了水的浮力、船体的比重以及其他物理关系了吗？只要把视知觉系统理解为由眼球、视神经和大脑皮质构成的一个整体，就不至于认为眼睛只能看见表面现象，就不会把感性认识和理性认识硬行割裂开来，这样，也就能理解眼睛为什么有看出因果关系的能力。

133. 视知觉世界的扩展

宇宙是无限的，而眼睛看见的世界是有限的。眼睛靠光源和物体的反光看出身外世界，如果光线太微弱，或者物体的距离太远，体积太小，形象就看不清楚，甚至完全不能看见。我们日常生活接触的世界同眼睛所能看见的世界大体上是一致的，可以称这样的世界为视知觉世界。这个世界的范围不是固定不变的，它随着社会的发展而不断发展，人类的视知觉能力达到怎样的程度，视知觉世界的范围就扩展到怎样的程度。

前面曾多次提到，视知觉同人的主动性活动分不开，主动性越强，视知觉越活跃，越敏锐。如果缺少主动性，眼睛往往会视而不见。社会实践是一种主动性很强的活动，它需要视知觉高度集中、积极活动，因此，人类的视知觉能力在实践中不断得到提高。猎人常常远眺天尽头的密林草莽，搜索走兽飞禽的踪影，他们的眼睛就比别人看得远，而且有较高的分辨力。染色行业的专家对颜色特别敏感，据说有些染色技师的眼睛能区分出 150 种色彩和 200 级不同的亮度值。他们的视知觉世界自然就比一般人广阔。

文化、科学和技术的提高，大大开拓了人类实践活动的领域，视知觉世界也就随之扩展。显微镜、望远镜的发明，潜水、航空、航天事业突飞猛进的发展，更大大扩展了人类的眼界，使视知觉世界的范围扩大到旷古未有的程度。摄影、电影、电视这些传播技术又把新技术获得的图像迅速传送到广大群众的眼里，人类通过视知觉所见到的世界形象就更加包罗万象、丰富多彩。

请看图 133－1。这是通过电子显微镜拍摄到的形象。图中那个又大又圆的绒毛球似的物体是人体结缔组织里的巨噬细胞，两

图 133-1
（据照片改画）

个较小的球体是红细胞。红细胞的寿命只有 120 天左右，衰老以后，就由巨噬细胞把它们吞噬下去，分解为铁及其他物质，继续供给造血系统作为原料。图中显示的是巨噬细胞正在吞噬两个红细胞。凭我们的肉眼当然看不见这样的情景，而科学技术的发展使我们看见了它。这不是提高了我们的视知觉能力了吗？

诸如此类的微观景象一个又一个呈现在我们眼前，视知觉世界便从日常生活的范围扩展到微观世界的范围。而且这微观世界还日益扩大，使我们看见许多离奇古怪的事物形象。另一方面，无边无际的宏观世界对于人类原来也是陌生的，宇宙空间和天体对于古代的人类来说只是闪烁的星空和诱发神秘幻想的神话世界，但它们的实际状况终于逐渐被视知觉揭示出来。人类现在不仅对太阳系有了较具体的理解，而且看见了银河系和河外星云；不仅靠推理和计算对宇宙空间有所认识，而且从射电望远镜提供的光学照片上看见了类星体的隐约蓝光，看见了脉冲星，看见了星际分子的光谱。人类的视知觉竟然突破了光波的界限，达到了射电波，看见了由射电波段物质转化来的光学形象。

让我们再从天空回到地球上来。人类的眼睛不仅能突破空间的界限，而且还能突破时间的界限。地质学、考古学、人类学等也使我们的视知觉世界大大拓宽。请看图 133-2，这是根据北京人头骨残片复原的中国猿人的完整头骨和一个女性中国猿人的头颅和脸面。我们从这图形上看见了五十多万年以前祖先的容貌。从更古老的化石上我们还可看见几亿年以前的古生物形象，看出一条从原始脊索动物到现代哺乳类动物进化演变的线索。时间终于不再能遮断人类回顾自己的历史和自然史的目光了。

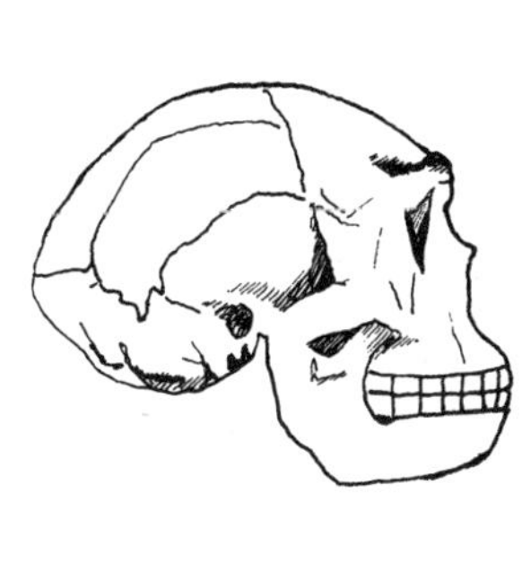

图 133 - 2

（采自《人体和思维》P. 112，P. 116）

视知觉世界的扩展主要是靠科学技术的进步，但这绝不是说视知觉本身在这样的过程中没有发生任何作用。科学技术所揭示的世界奥秘最后还是要经过眼球、视神经而进入人的头脑，而且还得经过视知觉系统的分离、组合和读解才能转化成为人们的意识。此外，在科学研究、实验和生产劳动的过程中，在任何一个重要的环节上都离不开视知觉的活动。从这个意义上来说，视知觉世界的扩展正是视知觉活动的必然结果，把视知觉能力提高到现在这样水平的正是视知觉本身。当然，视知觉是属于人的，而人是在长期的社会实践中把自己变成文明人和现代人的，因此，视知觉世界不断扩展的根本原因归根到底是人和人的实践。

134. 视知觉和哲学

人们通常都以为眼睛的功能只是看见具体的形象，现在我们已经知道，抽象的“数”和“形”也是从眼睛观看中发现的。我们头脑里的图式、表象、概念，日常生活所不能缺少的语言、文字等也都和视知觉有关。抽象思维既离不开概念、语言和其他意识形式，因此它也必须以视知觉为基础。哲学是抽象思维的最高层次，它几乎把一切具体事物和形象都排除了，成了一种纯粹的抽象意识活动，然而，即使这样的意识活动，最初也是依靠视知觉才建立起自己的形式系统的。

哲学中最重要的一个范畴是“物质”。物质是眼睛看不见的，但世界上任何存在的东西都由物质构成 。古希腊最早的哲学家的头脑中没有“物质”这个概念，他们认为世界万物是由四种基本元素——地、水、火、气——构成，地、水、火、气眼睛能够直接看见或间接看见，它们能相互转化和变化成无数性质各异的物体。而我国古代的哲学中则有“阴阳五行”之说，所谓“五行”，就是金、木、水、火、土，同古希腊的四元素说有些类似；但在“五行”之上，又有“阴阳”，它具有更大的概括性，是万物的起源，可以用它表示天地、日月、明暗、男女、正反、强弱等等相互对立的概念。由此可以看出，哲学思维排除具体事物形象的过程是渐进的，先由万物到较少的几种物体，而后达到四五种元素，最后达到“二”（“阴阳”和“对立之物”）和“一”（物质）。一直到相当高的发展阶段，哲学思维才完全摆脱了形象，而在这以前，仍不免依赖于形象，也就是依赖于视知觉。

不论是哪一种哲学派别都十分重视存在的变或不变，这种变或不变都可以从“形式”“质”“量”这些基本范畴上表现出来。“形式”“质”“量”不是眼睛直接能够看见的，但要把它们从具体事物的形象上抽象出来靠的仍然是视知觉。这个道理似乎有些玄妙，也许你不能一下子就接受，那么就请你看一看图 134－1。图中共有十二个图形，排成四列三行。先竖看，每一列的三个图形都是一样的，但颜色、大小不一样；再横看，每一行的四个图形都不一样，但颜色相同。从这样的观察中，你不知不觉对这些图形做了形状、大小、颜色三个方面的比较，这三个方面也就代表了“形式”“量”和“质”。你看这些图形时并没有想到要对它们做什么抽象，但头脑里的视知觉系统会自动进行比较、分析和归纳，把具体形象中的几种抽象因素分离开来。在实际生活中，眼睛接触到许多具体形象，比图 134－1 中的几何图形不知道要复杂多少倍，但对它们进行比较时，也会看出“形式”“量”“质”这些抽象因素。这些因素普遍存在于事物之中，哲学思维正是以它们为起点。

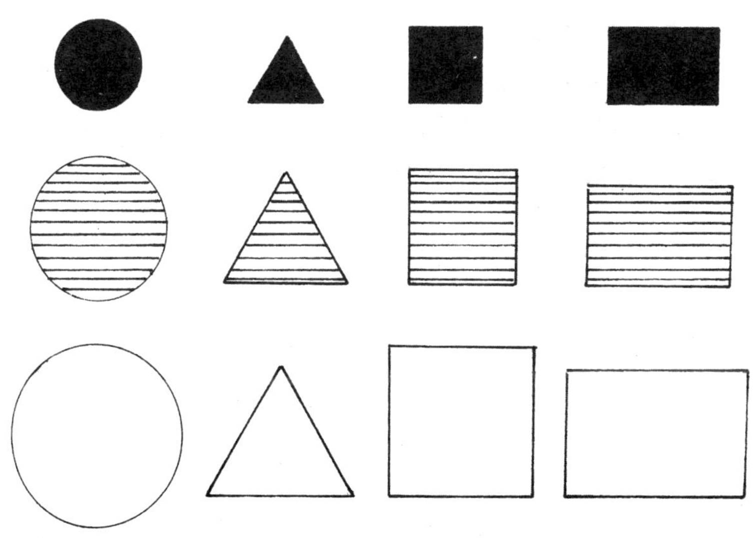

图 134－1

（据卡尔·波普尔《科学发现的逻辑》中的示意图改作，转引《图像与眼睛》P. 361）

所有的抽象规律原来也都是从具体事物的形象中表现出来，人看得多了，在头脑里就会渐渐形成概括的认识，具体形象被排除了，抽象的意识形式、思维形式就渐渐形成。如果眼睛从来也没有接触过客观世界中的光信息，没有看见过各种具体的事物形象，当然也就谈不上对规律性的认识。黑格尔在《小逻辑》一书中说明量变引起质变的规律时，用这样的问题来启发读者："譬如，问一粒麦是否可以形成一堆麦，又如问从马尾上拔去一根毛，是否可以形成秃的马尾？"一粒麦一粒麦的增加，这是量变，到成为一堆麦时，就发生了质变；从马尾上拔去一根毛算不得什么，可是最后到一根毛不剩时，马尾完全变秃，就不再是马尾。这也是从量变到质变的事例。这些事例能离得开眼睛的观看吗？

不但哲学的内容有许多是靠视知觉获得的，哲学的表达形式往往也要利用眼睛看得见的图形或符号。这种图形和符号比起语言形式更直接，更明白易懂。逻辑学在论述概念之间的关系时，常利用图134－2中的几种图形来说明，从a到e，分别表示"从属关系""并列关系""交叉关系""差别关系"和"对立关系"。这些关系用语言解说颇为麻烦，而眼睛看了图形就容易理解得多。

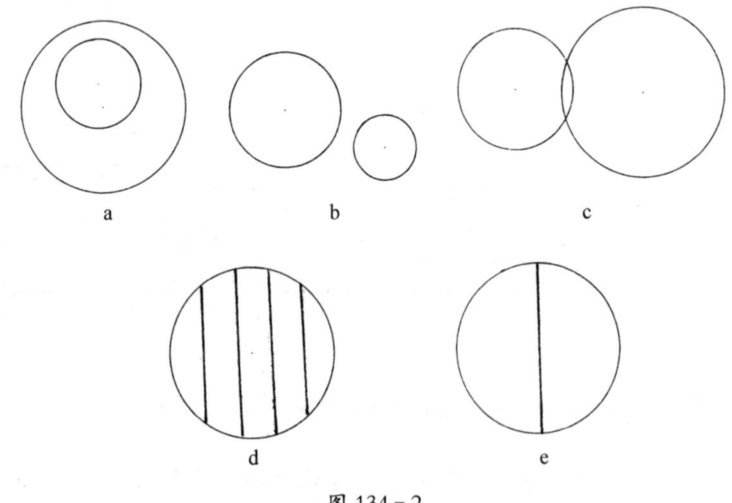

图134－2

（据常见逻辑学书籍中的图制作）

我国古代哲学思想除了以语言文字来表达外，还会直接用极为简单的图形符号来表达。这种符号可以突破语言文字的局限使更多的人理解，而且，它的内涵比任何语言文字表达的内容更丰富，更普遍，也更富于启发性。比如在第 68 节中曾介绍过的“阴阳符”（见图 68－3），不是蕴含着十分丰富的哲学思想吗？圆形中包含着两个形状相同而方向相反、黑白对立的形象，它们就是“阴”和“阳”，这两者相反相成、对立统一、静中有动，世界万物都是由它们变化出来的。它们究竟是什么？是物质？是精神？是原子？是熵和能的统一？随便你怎样解释都行。这样一个神秘多义，富于概括性的抽象形式，却是视知觉的对象，是眼睛直接可以看出来的。

我国的“八卦”也是这样一个神秘、多义的形式，一个充满哲理的视知觉形式。图 134－3 就是“八卦”。它的基本形式只有两种，就是“———”和“— —”，名称叫作“爻”（音 yáo），“———”是“阳爻”，“— —”是“阴爻”。取三个“爻”组成一个“经卦”，一共有八种式样，所以叫作“八卦”。“阳爻”“阴爻”代表“阴”和“阳”，八卦代表各种事物和现象。“八卦”可以组合成六十四卦，所代表的事物、现象就无限多了。据近代学者的研究，量子力学原理在我国古籍《周易》对“八卦”卦象的解释中已有所体现。德国伟大的数学家莱布尼兹在 1713 年曾看到过《易经》，并试图用二进位数学阐明“六十四卦”的奥义。据说“八卦”中两个符号（阳爻“———”和阴爻“— —”）及其排列法

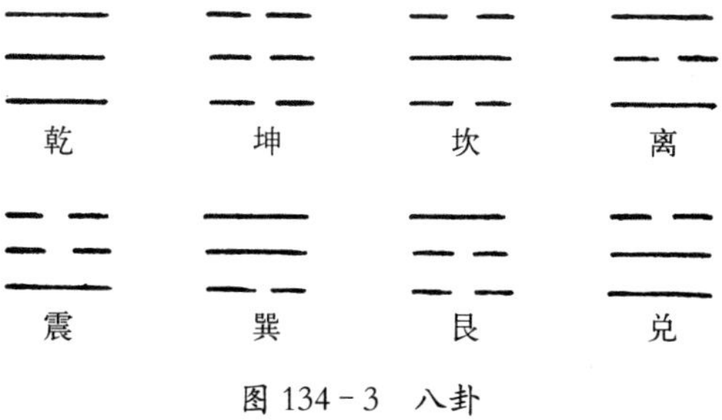

乾　　坤　　坎　　离

震　　巽　　艮　　兑

图 134－3　八卦

（据《周易》作图）

可以贯通等差级数、等比级数、二进位、二项式定理及电磁波、连锁反应等原理，现代电子计算机的开闭电路同“阳爻”“阴爻”更是不谋而合，令人惊叹。“八卦”和“爻”无疑是一种最概括、最抽象的哲学思维形式，但它也是以视知觉形象表现出来的。由此可见，视知觉不仅同感性认识有密切联系，而且也直接联系于理性思维。

135. 眼和脑

对于视知觉的考察到这里就要结束了,我们看到了许多新奇有趣、过去可能没有注意过的现象,其中有些简直令人吃惊和出乎意料,可能会在你的头脑里留下深深的印象。不过,这一切不该只是使你觉得有趣而已,还应该引起你的思考,引起你研究自己的认知活动的兴趣。如果能产生这样的效果,那么以上的考察讲解就不是毫无意义的了。

说起视知觉,人们常常把它看得很简单,以为这都是眼睛的功劳,世界上有什么,眼睛就看见什么,心里也就知道什么。这种看法不仅一般人头脑里有,甚至有些哲学家也这么看,他们把人的认知活动看成是消极的、被动的,认为眼睛观看同镜子照映出物体的影像一样,或者同照相机摄影一样。这种看法是不符合事实的。前面各节中有不少事例都证明了视知觉活动的复杂性,从网膜上的映像到头脑中产生对外界物体的知觉和认识,要经过一系列的神经过程;而且,眼睛接收到的只是外界的光信息,要把光信息转变成大脑中的神经冲动,并依靠它再现物体的形象,通过这种形象进而认识到物体的存在以及它同人类的关系,等等,这些任务绝不是眼睛单独所能完成的。通常,我们说眼睛是视知觉器官,其实只是说眼睛是接受光信息的器官,并不是说视知觉完全由它产生。脑生理学家已弄清楚大脑皮质是形成感觉、知觉的中心,它分成若干功能区,大脑后部叫作“枕叶”的区域就是视觉区。图 135 - 1 就是大脑皮质功能区简图,从图中可以看出视觉区的部位。从眼球到大脑皮质视觉区,有着复杂的神经联系,其中最主要的是从网膜上伸出的视神经束,在眼后左右交叉,分别进入左右外侧膝状体,再通向枕叶。从眼球到枕叶这样一个神经线路,就是人们通常所说的视知觉系统(见图 135 - 2)。除了视觉而

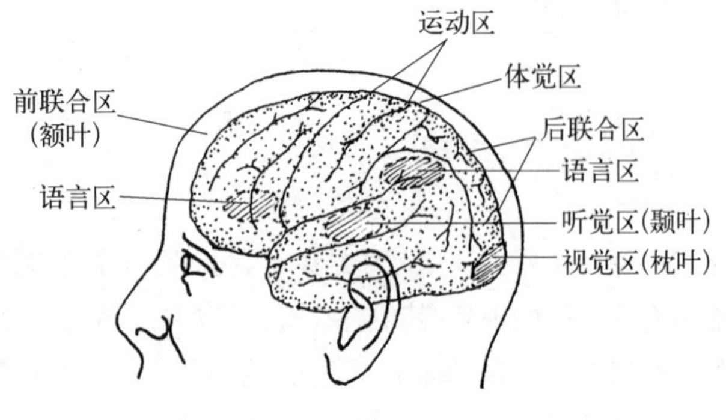

图 135－1

(《心理学纲要》下册 P. 317)

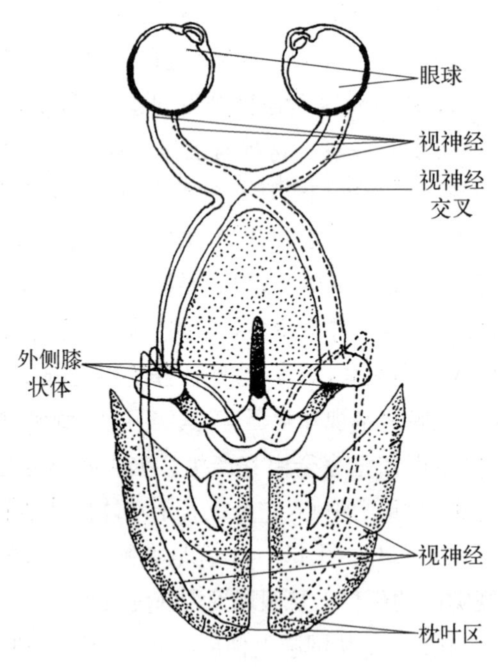

图 135－2

(视知觉系统《心理学纲要》下册 P. 174)

外，人的知觉还可以从听觉器官、体觉等多方面获得，因此，视知觉系统并不是一个独立的神经网络，它同大脑皮质的神经网络总体是分不开的。视知觉只是人类意识活动的一个侧面，离开人的意识机制整体也就谈不到视知觉。既然这样，就更不应该把视知觉的产生完全归功于眼睛。

视知觉是同人的主体活动紧密相联的。一个活生生的人是一个主体，他生活在地球上，生活在自然环境中，也生活在一定的社会环境中。人所处的外部环境决定着人的肉体、生理和精神、心理活动。视知觉活动也由外部环境决定，由人的生存活动和社会实践决定。也就是说，视知觉系统是在人的实践中发展起来的，同时，也为人的实践而服务。这个视知觉系统同大脑皮质神经网络整体一样，虽然它的生理构造主要是来自遗传的因素，但它的功能机制——反映外部环境、外部关系的神经网络和处理外部信息的程序——是在后天的实践经验中逐渐形成的。这样的具体功能机制因人而异，可以说，人的个性，人的具体主体性都体现在大脑皮质中这一套功能机制上。为什么人们对世界的视知觉和认识并不完全一样？为什么不同的人对于同一物体的形象会做出不同的读解？为什么人们的想象、幻想和创造性活动各各不同？这都得从人的主体性和大脑皮质的功能机制上来寻找答案。图 135 - 3 是一张视知觉信息处理加工模式图。图的中间有排成一列的八个方格，分别表示在大脑皮质神经网络总体中所体现的心理活动因素，如“图式”“情感、情绪”“概念和概念间的关系”“思维”“语言”“意志”“运动”等。在视知觉形成的每一个阶段上，这个神经网络总体都在发生作用。同时，每一次视知觉活动又会反过来影响这个网络总体，使它进一步强化、扩展或有所改变。大脑皮质中发生的这些变化并不都能以主观意识形式表现出来，因此，人们自己并不能知道这一切，人们所知道的只是自己的种种主观意识形式。视知觉活动也是这样，只有在最后阶段才显现出以意识形式表现的视知觉，我们所说的看见了什么，就是这最后出现的意识

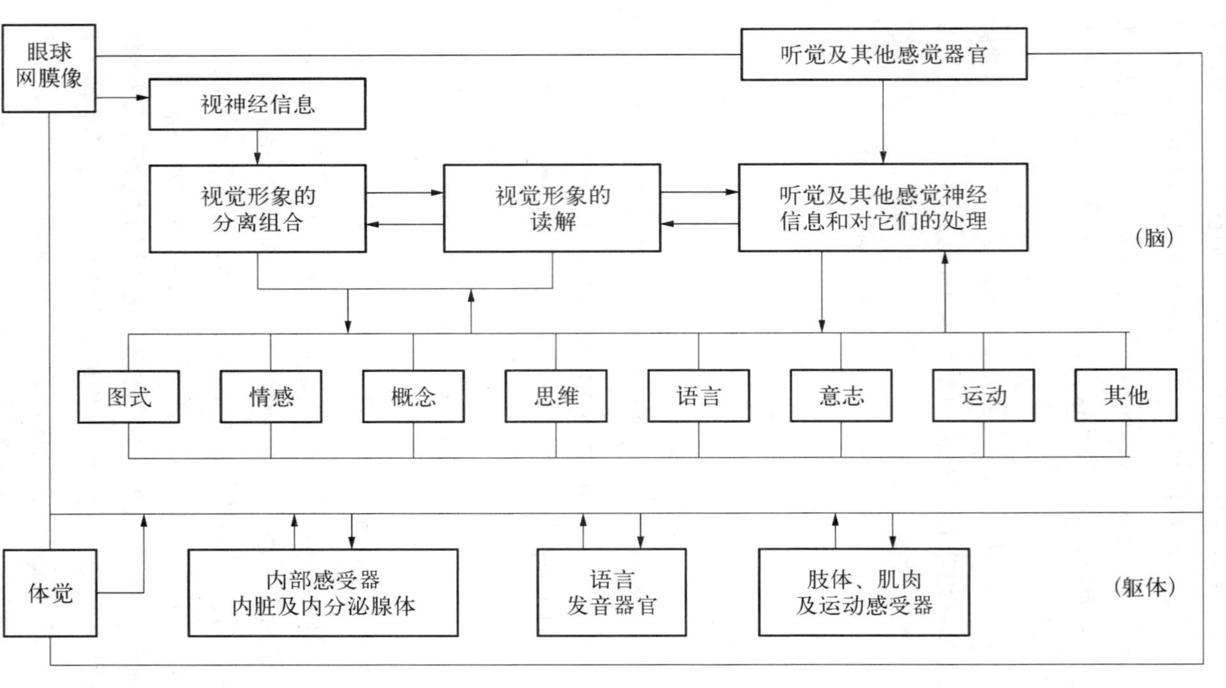
眼球
网膜像
听觉及其他感觉器官
视神经信息
视觉形象的
分离组合
视觉形象的
读解
听觉及其他感觉神经
信息和对它们的处理
(脑)
图式
情感
概念
思维
语言
意志
运动
其他
体觉
内部感受器
内脏及内分泌腺体
语言
发音器官
肢体、肌肉
及运动感受器
(躯体)

图 135－3

内容。

我们强调了主体和大脑皮质功能机制在视知觉活动中的重要作用，并不是看轻眼睛的功能，更不是否定客观世界是视知觉的根源。有些心理学家把大脑皮质功能机制看成完全来自遗传，没有看见社会实践是形成这种机制的动力；还有些心理学家只看到视知觉同客观世界的差别，只看到视知觉的主体性、主观性，而看不到视知觉内容归根到底来自客观世界，来自自然界和社会生活。这些看法都不符合实际。唯一正确的态度是既不轻视主体的作用，又尊重客观环境，尊重人类生活于其中的那个客观世界。眼睛是人类的探测器，人类为了生存和从事各种实践，必须了解客观世界的情况和规律，必须依赖眼睛、耳朵等探测器来搜集外部世界的信息。知觉，就是对这些信息初步加工以后所得到的认识。

说了这么多，我们对视知觉仍旧只有十分粗浅的理解，要想进一步理解它，还有许多事情可做。不过，我们不能只是等待科学家的研究，不能只是通过读书从书本上得到知识，更加重要的是要在日常生活中多多观察，多多思考，从实践中得到真正的认识。当代英国的一位著名视知觉心理和艺术史专家贡布里希曾在一本著作的中文版序言中向中国读者指出，研究视知觉并不在于读书，而在于观察我们自己的视觉活动同可见世界和图像的联系。他说："我希望读者能像我一样从这种经验中得到乐趣，我至今还在享受这种乐趣。"希望读者们也能享受到这种乐趣，看完这本书以后，一有机会就去观察自己和别人的视知觉活动，相信一定能得到更多的收获，并对视知觉产生更深刻、更具体的理解。

主要参考书及图像资料来源

[英] E. H. 贡布里希著，林夕、李本正、范景中译：《艺术与错觉：图画再现的心理学研究》，浙江摄影出版社，1987 年 11 月版

[英] E. H. 贡布里希著，范景中 杨思梁 徐一维 劳诚烈译：《图像与眼睛：图画再现心理学的再研究》，浙江摄影出版社，1989 年 1 月版

[英] E. H. 贡布里希著，杨思梁、徐一维译：《秩序感：装饰艺术的心理学研究》，浙江摄影出版社，1987 年 9 月版

[英] E. H. 贡布里希著，范景中译：《艺术发展史》，天津人民出版社，1988 年 4 月版

[美] 鲁道夫·阿恩海姆著，滕守尧、朱疆源译：《艺术与视知觉：视觉艺术心理学》，中国社会科学出版社，1984 年 7 月版

[美] 克雷奇等著，周先庚等译：《心理学纲要》，文化教育出版社，1980 年 10 月版

[美] J. P. 查普林、T. S. 克拉威克著，林方译：《心理学的体系和理论》，商务出版社，1984 年 9 月版

[德] 格罗塞著，蔡慕晖译：《艺术的起源》，商务出版社，1984 年 10 月版

[法] 丹纳著，傅雷译：《艺术哲学》，人民文学出版社；1983 年 1 月版

朱光潜：《美学文集(一)：文艺心理学》，上海文艺出版社，1982 年 2 月版

宗白华：《美学散步》，上海人民出版社，1981 年 6 月版

后 记

本书的作者是我们的父母亲，他们离开我们已经有好多年了，但他们没有走远，他们善良勤奋刚毅的身影一直在我们身边，在我们心里。现在我们陪着父母亲把这本书奉献给喜爱这本书的广大读者朋友。

在这里要感谢文汇出版社对本书出版的大力支持，感谢付出了大量精力和智慧的责任编辑、美术编辑及其他参与本书出版工作的各位老师。

本书作者后人

2023 年 4 月